Mario Pauli

Dekontaminierung verseuchter Böden durch Mikrowellenheizung

AF665160

Karlsruher Forschungsberichte
aus dem Institut für Hochfrequenztechnik und Elektronik

Herausgeber: Prof. Dr.-Ing. Thomas Zwick

Band 64

Dekontaminierung verseuchter Böden durch Mikrowellenheizung

von
Mario Pauli

KIT Scientific Publishing

Dissertation, Karlsruher Institut für Technologie
Fakultät für Elektrotechnik und Informationstechnik, 2011

Impressum

Karlsruher Institut für Technologie (KIT)
KIT Scientific Publishing
Straße am Forum 2
D-76131 Karlsruhe
www.ksp.kit.edu

KIT – Universität des Landes Baden-Württemberg und nationales
Forschungszentrum in der Helmholtz-Gemeinschaft

SOME RIGHTS RESERVED

Diese Veröffentlichung ist im Internet unter folgender Creative Commons-Lizenz
publiziert: http://creativecommons.org/licenses/by-nc-nd/3.0/de/

KIT Scientific Publishing 2011
Print on Demand

ISSN: 1868-4696
ISBN: 978-3-86644-696-0

Vorwort des Herausgebers

Grundwasser ist der weltweit meist genutzte Rohstoff. Jährlich werden 600-700 Mrd. Tonnen gefördert. Die Qualität des Grundwassers ist allerdings vielerorts durch den menschenverursachten Eintrag von Schadstoffen in die Böden gefährdet. Eine wesentliche Rolle spielen dabei Treibstoffe, die z.B. in den vergangenen 65 Jahren aus Tanklagern in Militärarealen in größeren Mengen ins Erdreich gesickert sind. Die Sanierung dieser Flächen ist essentiell für den Erhalt der Grundwasserqualität. Hierzu gibt es grundsätzlich zwei Möglichkeiten: das Abtragen des verunreinigten Bodens, so dass dieser an anderer Stelle gereinigt oder endgelagert werden kann, sowie die Reinigung vor Ort. Das Letztere, auch In-Situ genannte Verfahren, beruht entweder auf chemischen bzw. biologischen Prozessen oder, falls die Schadstoffe flüchtig sind, d.h. einen niedrigen Siedepunkt haben, werden diese durch einfaches Erhitzen verdampft und abgesaugt. Erste Erfolge wurden dabei durch konventionelles Erhitzen erzielt, wobei es hierbei extrem nachteilig ist, dass die Wärmeleitfähigkeit der Böden bei abnehmendem Flüssigkeitsgehalt drastisch abnimmt. In diesem Punkt ist die von Dr. Mario Pauli betrachtete Methode der Nutzung von Mikrowellenstrahlung zur Bodendekontaminierung klar im Vorteil. Die Dämpfung der Mikrowellenstrahlung sinkt mit abnehmendem Flüssigkeitsgehalt, d.h. die Reichweite der Strahlung erhöht sich im Boden mit abnehmendem Schadstoffanteil.

Herr Pauli hat in seiner Arbeit die elektrodynamischen Eigenschaften verschiedener Böden insbesondere mit unterschiedlichem Feuchtigkeitsgehalt messtechnisch untersucht und darauf basierend optimale Antennen entwickelt, die für alle Bodentypen die gewünschten Eigenschaften, d.h. gute Anpassung und Leistungsverteilung im Boden, erreichen. Im zweiten Teil der Arbeit wurde ein gekoppeltes Simulationsmodell aus elektrodynamischer Feldberechnung unter Berücksichtigung der thermischen Prozesse aufgebaut, das es ermöglicht, optimale Antennenkonfigurationen (Anzahl, Abstand usw.), Dauer, Energiebedarf und damit Kosten einer mikrowellenbasierten Entseuchung von konkreten kontaminierten Bodenbereichen zuverlässig vorherzusagen. Verifikationsmessungen des Simulationsmodells runden die Arbeit ab und demonstrieren die Leistungsfähigkeit des Modells.

Die Arbeit von Herrn Pauli bildet nicht nur eine gute Basis für weitere Forschungen sondern bietet gleichzeitig auch ein großes Anwendungspotential. Ich wünsche ihm alles Gute für die Zukunft und hoffe, dass er seine exzellenten und vielseitigen Fähigkeiten auch weiterhin erfolgreich einsetzen kann.

Prof. Dr.-Ing. Thomas Zwick
-Institutsleiter-

Karlsruhe, im Februar 2011

Forschungsberichte aus dem
Institut für Höchstfrequenztechnik und Elektronik (IHE)
der Universität Karlsruhe (TH) (ISSN 0942-2935)

Herausgeber: Prof. Dr.-Ing. Dr. h.c. Dr.-Ing. E.h. Werner Wiesbeck

Band 1 Daniel Kähny
Modellierung und meßtechnische Verifikation polarimetrischer, mono- und bistatischer Radarsignaturen und deren Klassifizierung (1992)

Band 2 Eberhardt Heidrich
Theoretische und experimentelle Charakterisierung der polarimetrischen Strahlungs- und Streueigenschaften von Antennen (1992)

Band 3 Thomas Kürner
Charakterisierung digitaler Funksysteme mit einem breitbandigen Wellenausbreitungsmodell (1993)

Band 4 Jürgen Kehrbeck
Mikrowellen-Doppler-Sensor zur Geschwindigkeits- und Wegmessung - System-Modellierung und Verifikation (1993)

Band 5 Christian Bornkessel
Analyse und Optimierung der elektrodynamischen Eigenschaften von EMV-Absorberkammern durch numerische Feldberechnung (1994)

Band 6 Rainer Speck
Hochempfindliche Impedanzmessungen an Supraleiter / Festelektrolyt-Kontakten (1994)

Band 7 Edward Pillai
Derivation of Equivalent Circuits for Multilayer PCB and Chip Package Discontinuities Using Full Wave Models (1995)

Band 8 Dieter J. Cichon
Strahlenoptische Modellierung der Wellenausbreitung in urbanen Mikro- und Pikofunkzellen (1994)

Band 9 Gerd Gottwald
Numerische Analyse konformer Streifenleitungsantennen in mehrlagigen Zylindern mittels der Spektralbereichsmethode (1995)

Band 10 Norbert Geng
Modellierung der Ausbreitung elektromagnetischer Wellen in Funksystemen durch Lösung der parabolischen Approximation der Helmholtz-Gleichung (1996)

Band 11 Torsten C. Becker
Verfahren und Kriterien zur Planung von Gleichwellennetzen für den Digitalen Hörrundfunk DAB (Digital Audio Broadcasting) (1996)

Forschungsberichte aus dem
Institut für Höchstfrequenztechnik und Elektronik (IHE)
der Universität Karlsruhe (TH) (ISSN 0942-2935)

Band 12 Friedhelm Rostan
Dual polarisierte Microstrip-Patch-Arrays für zukünftige satellitengestützte SAR-Systeme (1996)

Band 13 Markus Demmler
Vektorkorrigiertes Großsignal-Meßsystem zur nichtlinearen Charakterisierung von Mikrowellentransistoren (1996)

Band 14 Andreas Froese
Elektrochemisches Phasengrenzverhalten von Supraleitern (1996)

Band 15 Jürgen v. Hagen
Wide Band Electromagnetic Aperture Coupling to a Cavity: An Integral Representation Based Model (1997)

Band 16 Ralf Pötzschke
Nanostrukturierung von Festkörperflächen durch elektrochemische Metallphasenbildung (1998)

Band 17 Jean Parlebas
Numerische Berechnung mehrlagiger dualer planarer Antennen mit koplanarer Speisung (1998)

Band 18 Frank Demmerle
Bikonische Antenne mit mehrmodiger Anregung für den räumlichen Mehrfachzugriff (SDMA) (1998)

Band 19 Eckard Steiger
Modellierung der Ausbreitung in extrakorporalen Therapien eingesetzter Ultraschallimpulse hoher Intensität (1998)

Band 20 Frederik Küchen
Auf Wellenausbreitungsmodellen basierende Planung terrestrischer COFDM-Gleichwellennetze für den mobilen Empfang (1998)

Band 21 Klaus Schmitt
Dreidimensionale, interferometrische Radarverfahren im Nahbereich und ihre meßtechnische Verifikation (1998)

Band 22 Frederik Küchen, Torsten C. Becker, Werner Wiesbeck
Grundlagen und Anwendungen von Planungswerkzeugen für den digitalen terrestrischen Rundfunk (1999)

Band 23 Thomas Zwick
Die Modellierung von richtungsaufgelösten Mehrwegegebäudefunkkanälen durch markierte Poisson-Prozesse (2000)

Forschungsberichte aus dem
Institut für Höchstfrequenztechnik und Elektronik (IHE)
der Universität Karlsruhe (TH) (ISSN 0942-2935)

Band 24 Dirk Didascalou
Ray-Optical Wave Propagation Modelling in Arbitrarily Shaped Tunnels (2000)

Band 25 Hans Rudolf
Increase of Information by Polarimetric Radar Systems (2000)

Band 26 Martin Döttling
Strahlenoptisches Wellenausbreitungsmodell und Systemstudien für den Satellitenmobilfunk (2000)

Band 27 Jens Haala
Analyse von Mikrowellenheizprozessen mittels selbstkonsistenter finiter Integrationsverfahren (2000)

Band 28 Eberhard Gschwendtner
Breitbandige Multifunktionsantennen für den konformen Einbau in Kraftfahrzeuge (2001)

Band 29 Dietmar Löffler
Breitbandige, zylinderkonforme Streifenleitungsantennen für den Einsatz in Kommunikation und Sensorik (2001)

Band 30 Xuemin Huang
Automatic Cell Planning for Mobile Network Design: Optimization Models and Algorithms (2001)

Band 31 Martin Fritzsche
Anwendung von Verfahren der Mustererkennung zur Detektion von Landminen mit Georadaren (2001)

Band 32 Siegfried Ginter
Selbstkonsistente Modellierung der Erhitzung von biologischem Gewebe durch hochintensiven Ultraschall (2002)

Band 33 Young Jin Park
Applications of Photonic Bandgap Structures with Arbitrary Surface Impedance to Luneburg Lenses for Automotive Radar (2002)

Band 34 Alexander Herschlein
Entwicklung numerischer Verfahren zur Feldberechnung konformer Antennen auf Oberflächen höherer Ordnung (2002)

Band 35 Ralph Schertlen
Mikrowellenprozessierung nanotechnologischer Strukturen am Beispiel von Zeolithen (2002)

Forschungsberichte aus dem
Institut für Höchstfrequenztechnik und Elektronik (IHE)
der Universität Karlsruhe (TH) (ISSN 0942-2935)

Band 36 Jürgen von Hagen
Numerical Algorithms for the Solution of Linear Systems of Equations Arising in Computational Electromagnetics (2002)

Band 37 Ying Zhang
Artificial Perfect Magnetic Conductor and its Application to Antennas (2003)

Band 38 Thomas M. Schäfer
Experimentelle und simulative Analyse der Funkwellenausbreitung in Kliniken (2003)

Band 39 Christian Fischer
Multistatisches Radar zur Lokalisierung von Objekten im Boden (2003)

Band 40 Yan C. Venot
Entwicklung und Integration eines Nahbereichsradarsensorsystems bei 76,5 GHz (2004)

Band 41 Christian Waldschmidt
Systemtheoretische und experimentelle Charakterisierung integrierbarer Antennenarrays (2004)

Band 42 Marwan Younis
Digital Beam-Forming for high Resolution Wide Swath Real and Synthetic Aperture Radar (2004)

Band 43 Jürgen Maurer
Strahlenoptisches Kanalmodell für die Fahrzeug-Fahrzeug-Funkkommunikation (2005)

Band 44 Florian Pivit
Multiband-Aperturantennen für Basisstationsanwendungen in rekonfigurierbaren Mobilfunksystemen (2005)

Band 45 Sergey Sevskiy
Multidirektionale logarithmisch-periodische Indoor-Basisstationsantennen (2006)

Band 46 Martin Fritz
Entwurf einer breitbandigen Leistungsendstufe für den Mobilfunk in Low Temperature Cofired Ceramic (2006)

Band 47 Christiane Kuhnert
Systemanalyse von Mehrantennen-Frontends (MIMO) (2006)

Band 48 Marco Liebler
Modellierung der dynamischen Wechselwirkungen von hoch-intensiven Ultraschallfeldern mit Kavitationsblasen (2006)

Forschungsberichte aus dem
Institut für Höchstfrequenztechnik und Elektronik (IHE)
der Universität Karlsruhe (TH) (ISSN 0942-2935)

Fortführung als
"Karlsruher Forschungsberichte aus dem Institut für Hochfrequenztechnik und Elektronik" bei KIT Scientific Publishing
(ISSN 1868-4696)

Karlsruher Forschungsberichte aus dem Institut für Hochfrequenztechnik und Elektronik
(ISSN 1868-4696)

Herausgeber: Prof. Dr.-Ing. Thomas Zwick

Die Bände sind unter www.ksp.kit.edu als PDF frei verfügbar oder als Druckausgabe bestellbar.

Band 55 Sandra Knörzer
Funkkanalmodellierung für OFDM-Kommunikationssysteme bei Hochgeschwindigkeitszügen (2009)
ISBN 978-3-86644-361-7

Band 56 Fügen, Thomas
Richtungsaufgelöste Kanalmodellierung und Systemstudien für Mehrantennensysteme in urbanen Gebieten (2009)
ISBN 978-3-86644-420-1

Band 57 Pancera, Elena
Strategies for Time Domain Characterization of UWB Components and Systems (2009)
ISBN 978-3-86644-417-1

Band 58 Timmermann, Jens
Systemanalyse und Optimierung der Ultrabreitband-Übertragung (2010)
ISBN 978-3-86644-460-7

Band 59 Pontes, Juan
Analysis and Design of Multiple Element Antennas for Urban Communication (2010)
ISBN 978-3-86644-513-0

Band 60 Lambrecht, Andreas
True-Time-Delay Beamforming für ultrabreitbandige Systeme hoher Leistung (2010)
ISBN 978-3-86644-522-2

Band 61 Adamiuk, Grzegorz
Methoden zur Realisierung von dual-orthogonal, linear polarisierten Antennen für die UWB-Technik (2010)
ISBN 978-3-86644-573-4

Band 62 Kühn, Jutta
AlGaN/GaN-HEMT Power Amplifiers with Optimized Power-Added Efficiency for X-Band Applications (2011)
ISBN 978-3-86644-615-1

Karlsruher Forschungsberichte aus dem
Institut für Hochfrequenztechnik und Elektronik
(ISSN 1868-4696)

Band 63 Janson, Małgorzata
Hybride Funkkanalmodellierung für ultrabreitbandige MIMO-Systeme
(2011)
ISBN 978-3-86644-639-7

Band 64 Pauli, Mario
Dekontaminierung verseuchter Böden durch Mikrowellenheizung
(2011)
ISBN 978-3-86644-696-0

Dekontaminierung verseuchter Böden durch Mikrowellenheizung

Zur Erlangung des akademischen Grades eines

DOKTOR-INGENIEURS

der Fakultät für
Elektrotechnik und Informationstechnik
am Karlsruher Institut für Technologie (KIT)

genehmigte

DISSERTATION

von

Dipl.-Ing. Mario Pauli
aus Lahr

Tag der mündlichen Prüfung: 10.02.2011
Hauptreferent: Prof. Dr.-Ing. Dr. h.c. Dr.-Ing. E.h. Werner Wiesbeck
Korreferent: Prof. Dr.-Ing. habil. Jürgen Detlefsen

Vorwort

Die vorliegende Arbeit entstand während meiner Tätigkeit als wissenschaftlicher Mitarbeiter am Institut für Hochfrequenztechnik und Elektronik (IHE) des Karlsruher Instituts für Technologie (KIT). Mein erster Dank gilt daher Herrn Prof. Dr.-Ing. Dr. h.c. Dr.-Ing. E.h. Werner Wiesbeck für die Initiierung und Unterstützung der Arbeit sowie die Übernahme des Hauptreferates. Ebenso bedanke ich mich bei Herrn Prof. Dr.-Ing. habil. Jürgen Detlefsen für das Interesse an der Arbeit und die Übernahme des Korreferates. Ein weiterer Dank gilt Herrn Prof. Dr.-Ing. Thomas Zwick, der als Nachfolger von Herrn Prof. Wiesbeck die Institutsleitung übernahm, für seine Unterstützung bei der Durchführung der Arbeit.

Für das angenehme Arbeitsklima und die freundschaftliche Arbeitsatmosphäre bedanke ich mich bei allen Mitarbeitern am Institut, dem Sekretariat, den Mitarbeitern in der Technik, der Werkstatt und besonders bei meinen Zimmerkollegen, Herrn Dr.-Ing. Florian Pivit, Herrn Dr.-Ing. Sergey Sevskiy und Herrn Dipl.-Ing. Thorsten Kayser. Herrn Dr.-Ing. Thomas Fügen, Frau Dr.-Ing. Anne von Vietinghoff sowie Herrn Dipl.-Ing. Thorsten Kayser sei an dieser Stelle ausdrücklich gedankt für die kritische Durchsicht des Manuskripts. Insbesondere die fachlichen Diskussionen mit Herrn Kayser seien an dieser Stelle erwähnt, für die ich mich herzlich bedanken möchte. Ferner danke ich den ehemaligen Studien- und Diplomarbeitern, die durch die gewissenhafte Bearbeitung ihrer Aufgabenstellungen zu dieser Arbeit beigetragen haben.

Der größte Dank gilt meiner Lebensgefährtin Eva Lukasch und meiner Tochter Caroline, für deren Unterstützung und den immer währenden Rückhalt, ohne den diese Dissertation kaum entstanden wäre. Nicht zuletzt will ich mich ganz herzlich bei meinen Eltern für deren stetige Unterstützung bedanken, die ebenfalls maßgeblich zum Gelingen dieser Arbeit beigetragen hat.

Karlsruhe, im Februar 2011

Mario Pauli

Inhaltsverzeichnis

Verzeichnis der verwendeten Abkürzungen und Symbole

In dieser Arbeit wird für reelle und komplexe Größen dieselbe Schreibweise verwendet. Auf rein relle Größen wird im Text hingewiesen.

Abkürzungen

BTEX	Benzol, Toluol, Ethylbenzol, Xylole (engl. *benzene, toluene, ethylbenzene, xylenes*)
CCMS	Committee on the Challenges of Modern Society
CLAIRE	Contaminated Land: Application In Real Environments
EPA	Environmental Protection Agency (amer. Umweltschutzbehörde)
EU	Europäische Union
FEM	Finite Elemente Methode
HFSS®	High Frequency Structure Simulator®
HMX	Octogene (engl. *High-Molecular-weight rdX*) (Bestandteil von Sprengstoffen und Raketentreibstoff)
HP	Hewlett-Packard™
ISM	Industrial, Scientific and Medical
MUT	zu untersuchende Materialprobe (engl. *material under test*)
NATO	North Atlantic Treaty Organization
NOBIS	Netherland Onderzoeksprogramma Biotechnologische In situ Sanering
PAK/PAH	Polyzyklische aromatische Kohlenwasserstoffe (engl. *Polycylic Aromatic Hydrocarbons*)
PCB	Polychlorierte Biphenyle (engl. *polychlorinated biphenyls*)
PTFE	Polytetraflourethylen, Teflon™
RDX	Research Department Explosive (auch Hexogen, Cyclonit, T4) (Bestandteil von Sprengstoffen)
SVOC	halbflüchtige organische Verbindungen (engl. *Semi Volatile Organic Compounds*)
TDR	Zeitbereichsreflektometrie (engl. *Time Domain Reflectometry*)
TE	transversal elektrisch

TEM	transversal elektro-magnetisch
TM	transversal magnetisch
TRL	Transmission, Reflection, Line (Kalibrationsverfahren)
UPDS	franz. *Union Professionelle des Entreprises de Dépollution de Sites*
VEGAS	Versuchseinrichtung zur Grundwasser- und Altlastensanierung
VNA	Vektorieller Netzwerkanalysator
VOC	flüchtige organische Verbindungen (engl. *Volatile Organic Compounds*)
WHO	Weltgesundheitsorganisation (engl. *World Health Organisation*)

Konstanten

c_0	Lichtgeschwindigkeit im Vakuum: $c_0 = 299792458\,\mathrm{m/s}$
e	Elementarladung des Elektrons: $e = 1{,}6 \cdot 10^{-19}\,\mathrm{As}$
ε_0	Dielektrizitätskonstante des Vakuums: $\varepsilon_0 = 8,85418... \cdot 10^{-12}\,\mathrm{As/Vm}$
μ_0	Permeabilitätskonstante des Vakuums: $\mu_0 = 4\pi \cdot 10^{-7}\,\mathrm{Vs/Am}$
π	Kreiszahl Pi: 3,14159...
σ	Stefan-Boltzmann-Konstante: $\sigma = 5{,}67 \cdot 10^{-8}\,\mathrm{W/m^2K^4}$
$R_{\mathrm{s,Luft}}$	spezifische Gaskonstante von Luft: $R_{\mathrm{s,Luft}} = 287{,}058\,\mathrm{J/kgK}$
$R_{\mathrm{s,Dampf}}$	spezifische Gaskonstante von Dampf: $R_{\mathrm{s,Dampf}} = 461{,}5\,\mathrm{J/kgK}$
Z_{F0}	Wellenwiderstand im Freiraum: $Z_{\mathrm{F0}} = \sqrt{\frac{\mu_0}{\varepsilon_0}} \approx 377\,\Omega$

Großbuchstaben

A	Fläche	$\mathrm{m^2}$
A_{H}	Aperturlänge der Hornantenne	m
B_{H}	Aperturbreite der Hornantenne	m
$\vec{B}$	magnetischer Flussdichtevektor	$\mathrm{T=Vs/m^2}$
C	Kapazität	F
C_i	Konzentration des Stoffes i	$\mathrm{kg/m^3}$
$\vec{D}$	elektrischer Verschiebungsdichtevektor	$\mathrm{As/m^2}$
D_{i}	Diffusionskoeffizient des Stoffes i	$\mathrm{m^2/s}$
D_{p}	Eindringtiefe	m
$\vec{E}$	elektrischer Feldstärkevektor	V/m
$\vec{F}_{\mathrm{L}}$	Lorentzkraft	N
G	Leitwert	S
$\vec{H}$	magnetischer Feldstärkevektor	A/m
$\vec{J}$	Stromdichtevektor	$\mathrm{A/m^2}$
K	(hydraulische) Permeabilität des porösen Mediums	$\mathrm{m^2}$
P	Leistung	W
Q	Wärmemenge	J

Q_S	(latente) Schmelzwärme	J
Q_V	(latente) Verdampfungswärme	J
$\vec{S}$	Poyntingvektor	W/m^2
T	Temperatur	K
V	Volumen	m^3
V_B	Bodenvolumen	m^3
Y	komplexer Leitwert	S
Z	Wellenwiderstand	Ω
Z_{FH}	Wellenwiderstand der H-Welle im Rechteckhohlleiter	Ω
Z_{Koax}	Wellenwiderstand einer Koaxialleitung	Ω

Kleinbuchstaben

a	Innenbreite des Hohlleiters	m
a	Abstand der Schlitzebenen (Koaxialantenne)	m
b	Innenhöhe des Hohlleiters	m
b	Schlitzbreite (Koxialantenne)	m
c	spezifische Wärmekapazität	J/kgK
c_p	spezifische Wärmekapaziät bei konstantem Druck	J/kgK
d	Abstand, Entfernung	m
h	Schlitzhöhe (Koxialantenne)	m
f_c	cut-off-Frequenz	Hz
$f_{res,Luft}$	Resonanzfrequenz in Luft	Hz
$f_{res,MUT}$	Resonanzfrequenz mit Dielektrikum	Hz
k	Wärmeleitfähigkeit	W/mK
l	Länge	m
l_{eff}	effektive Länge	m
l_{HL}	Länge des Rechteckhohlleiters am Hohlleiter-Koaxialleiter-Übergang	m
l_{Taper}	Länge der Taperung	m
m	Masse	kg
$\dot{m}'''$	Verdampfungsrate	kg/m^3s
n	Zählindex	1
p	Druck	Pa
q	Wärmefluss, Wärmestrom	W
q''	Wärmeflussdichte, Wärmestromdichte	W/m^2
q'''	Wärmeleistungsdichte	W/m^3
r_a	Außenleiterradius (Koaxialleiter)	m
r_i	Innenleiterradius (Koaxialleiter)	m
r_{Taper}	oberer Radius der Taperung	m
t_S	Signallaufzeit	s

v	Geschwindigkeit	m/s
w	Wandstärke	m
z_H	Länge der Hornantenne	m

Griechische Symbole und Variablen

α	Dämpfungskonstante	1/m
$\alpha_{\mathrm{TE}_{20}}$	Dämpfungskonstante des TE_{20} Modes	1/m
α_H	Öffnungswinkel der Hornantenne in H-Ebene	°
β_H	Öffnungswinkel der Hornantenne in E-Ebene	°
$\beta = \frac{2\pi}{\lambda}$	Phasenkonstante	1/m
β_c	cut-off-Wellenzahl	1/m
β_z	Wellenzahl im Hohlleiter	1/m
$\gamma = \alpha + j\beta$	komplexe Ausbreitungskonstante	1/m
ε	Emissivität	1
$\varepsilon_\mathrm{r} = \varepsilon_\mathrm{r}' - j\varepsilon_\mathrm{r}''$	relative dielektrische Permittivitätszahl	1
ε_r'	Realteil der rel. dielektrischen Permittivitätszahl	1
ε_r''	Imaginärteil der rel. dielektrischen Permittivitätszahl	1
$\tan\delta = \frac{\varepsilon_\mathrm{r}''}{\varepsilon_\mathrm{r}'}$	Verlusttangens, Verlustwinkel	1
ε_s	dielektrische Permittivitätszahl für $f = 0$, statisch	1
ε_∞	dielektrische Permittivitätszahl für $f \to \infty$	1
ρ	Raumladungsdichte	$\mathrm{C/m^3}$
ρ	Dichte	$\mathrm{kg/m^3}$
η	dynamische Viskosität	Pas
μ_r	relative magnetische Permeabilitätszahl	1
λ	Wellenlänge	m
λ_z	Wellenlänge im Hohlleiter	m
φ	Porosität	1
σ	elektrische Leitfähigkeit	S/m
σ_DC	statische elektrische Leitfähigkeit	S/m
$\omega = 2\pi f$	Kreisfrequenz	1/s
τ	Relaxationszeit	s

Operatoren und mathematische Symbole

Δ	Laplace-Operator
∇	Nabla-Operator
$(\cdot)^*$	konjugiert komplex

Allgemeine Hoch- und Tiefindizes

a	atomar
abs	absorbiert
d	dipolar
e	elektronisch
f	Fluid
grav	gravimetrisch
konv	Konvektion
m	Medium
m,n	Modenbezeichnung im Hohlleiter
MUT	Material unter Test
MW	Maxwell-Wagner
O	Oberfläche
r	relativ
rad	Abstrahlung
rms	Mittelwert (engl. *root mean square*)
s	statisch ($f = 0$)
s,l,g	fest (solid), flüssig (liquid), gasförmig
Umg	Umgebung
vol	volumetrisch

1 Einleitung

Die vorliegende Arbeit beschreibt ein System zur thermischen Dekontaminierung von Erdböden, die mit flüchtigen bzw. halbflüchtigen organischen Verbindungen (engl. *Volatile Organic Compounds, VOCs* bzw. engl. *Semi Volatile Organic Compounds, SVOCs*) wie Treibstoffen oder Lösungsmitteln verschmutzt sind. Dabei werden Mikrowellen mit einer Frequenz von 2,45 GHz zur Erwärmung verwendet. Die Mikrowellen werden von einem Magnetron als Mikrowellengenerator erzeugt und über geeignete Antennen in den Boden eingebracht. Der Dekontaminierungsprozess beruht auf der Wärmewirkung der in den Boden eingekoppelten Mikrowellenenergie. Der Boden wird solange erhitzt, bis der Siedepunkt der Schadstoffe erreicht ist. Anschließend können die gasförmigen Schadstoffe abgesaugt, kondensiert und entsorgt werden.
Entscheidend für den Erfolg dieses Verfahrens ist eine möglichst verlustarme Einbringung der Mikrowellen in das Erdreich. Dazu werden in dieser Arbeit Antennensysteme entwickelt, die in der Lage sind, die Mikrowellen effizient in den kontaminierten Erdboden einzukoppeln. Grundlage des Systemdesigns ist hierbei eine genaue Kenntnis der elektromagnetischen und thermischen Vorgänge im Boden. Diese Vorgänge sind stark miteinander verkoppelt und können nicht unabhängig voneinander betrachtet werden.
Daher wird in dieser Arbeit ein neuartiges Systemmodell entwickelt, dass die nichtlinearen Wechselwirkungen des elektromagnetischen und thermischen Feldes realitätsnah wiedergibt. Dies macht eine Bewertung des Dekontaminierungsverfahrens in verschiedenen Umgebungen bereits im Vorfeld möglich.
Das entwickelte Modell berücksichtigt nicht nur die Erwärmung des Bodens durch die Mikrowellenenergie, sondern auch die Rückkopplung des thermischen Feldes auf das elektromagnetische Feld. Darüber hinaus beschreibt dieses Modell alle relevanten beteiligten Prozesse zum Wärme- und Stofftransport innerhalb des Erdbodens vollständig und ermöglicht damit die realistische Bestimmung der Wärmeentwicklung und Wärmeausbreitung im Boden.

1.1 Motivation und Umfeld der Arbeit

Die Ressource Boden stellt entscheidende Funktionen für den Menschen und die Umwelt dar. Die Güte des Bodens hat direkte Auswirkungen auf die Gesundheit von Mensch und Tier, auf die Artenvielfalt aber auch die Qualität und Sicherheit der Nahrungsmittel und des Grundwassers.

Da Boden praktisch nicht erneuerbar ist, ist die Erhaltung und der Schutz des Bodens überaus wichtig. Die Gefahren für den Boden sind vielfältig. Dazu gehören Versiegelung des Bodens durch Bebauung, Erosion, Verdichtung durch landwirtschaftliche Bearbeitung, Versalzung aber vor allem auch die Kontaminierung durch Schadstoffe wie z.B. Treibstoffe, Lösungsmittel oder Chemikalien.

Verunreinigungen des Bodens durch Schadstoffe treten dabei an unterschiedlichsten Stellen auf. Dazu gehören neben Flughäfen und Hafenanlagen auch stillgelegte Industrie- und Gewerbestandorte, die Bereiche um Tankstellen und der petrochemischen Industrie, belastete Deponiegelände, Minengelände und ehemalige Militärstützpunkte [1–3]. Auch im Bereich des Straßen- und Schienenverkehres können durch Unfälle, falsche Handhabung oder Leckagen flüchtige Kontaminationen wie Treibstoffe, Öle oder Lösungsmittel in den Erdboden gelangen [1, 4, 5]. Schätzungen zufolge gelangen jährlich über 1 Million Tonnen Öl in die Umwelt [6, 7].

Aufgrund des Ausmaßes und der Vielfältigkeit an kontaminierten Flächen, ist eine genaue Aussage über die Größe und Anzahl der verseuchten Flächen in Deutschland nicht möglich. Nach Angaben der Bundesregierung gab es im Jahr 2005 10 595 Flächen mit Altlasten und mehr als 230 500 Altlastenverdachtsfälle [8]. Innerhalb der EU (engl. *European Union*) wird die Anzahl der potentiell kontaminierten Flächen auf über 3,5 Millionen geschätzt, die Anzahl akut sanierungsbedürftiger Flächen auf etwa 500 000 (Stand 2007) [9].

Betrachtet man frühere Armeestützpunkte der westlichen Streitkräfte und der östlichen Besatzungsmächte, ergibt sich daraus eine kontaminierte Fläche von fast 9 500 km^2 in Deutschland [10], wobei ein Großteil dieser Verunreinigungen aus flüchtigen und halbflüchtigen organischen Verbindungen (VOCs) bzw. (SVOCs) besteht [1]. Flüchtige organische Verbindungen ist ein Überbegriff für kohlenstoffhaltige Verbindungen, die gemäß Definition der Weltgesundheitsorganisation WHO (engl. *World Health Organisation*) einen Siedepunkt im Bereich von 50 °C bis 260 °C (VOCs) bzw. 260 °C bis 400 °C (SVOCs) aufweisen mit Ausnahme von Pestiziden. Beispiele für VOCs bzw. SVOCs sind leichte und mittlere Kohlenwasserstoffe, Petroleumbestandteile wie Benzin oder Diesel, Aldehyde, Lösemittel, aber auch verschiedene aromatische Verbindungen wie Benzol, Toluol oder Xylol, wie sie ebenfalls in Treibstoffen vorkommen [11].

Diese Kontaminierungen stellen eine Gefahr für Mensch, Tier und Umwelt dar. Zum einen können besonders die flüchtigen Bestandteile eingeatmet werden, zum anderen besteht die Möglichkeit, dass die Schadstoffe in Nahrungsmittel oder in das Grundwasser gelangen. Um dies zu verhindern, ist eine Dekontaminierung der betroffenen Gebiete unabdingbar und von grundlegender Bedeutung für die Erhaltung und Wiederherstellung einer intakten Umwelt.

Innerhalb Europas gibt es deshalb zahlreiche Förderprogramme, welche die Erforschung von Sanierungstechnologien unterstützen. Zu den bekanntesten internationalen Programmen zählt beispielsweise die NATO/CCMS (engl. *North Atlantic Treaty Organization/Committee on the Challenges of Modern Society*) Pilotstudie [12–14], in der die einzelnen Teilnehmerländer verschiedene Sanierungstechnologien untersuchten. Weiterhin existieren einige nationale Programme wie z.B. das TUP Programm, das von der Dänischen Umweltbehörde finanziert wird, das niederländische NOBIS Programm (holl. *Netherland Onderzoeksprogramma Biotechnologische In situ Sanering*), das deutsche VEGAS Programm (*Versuchseinrichtung zur Grundwasser- und Altlastensanierung*) sowie die beiden britischen Programme CLAIRE (engl. *Contaminated Land: Application In Real Environments*) und exSite, die in [3] ausführlich beschrieben sind.

Neben öffentlichen Institutionen wie Universitäten und Forschungszentren sind auch industrielle Partner in die Programme mit eingebunden. Diese Förderprogramme aber auch eine Sensibilisierung der Öffentlichkeit für die Belange des Umweltschutzes haben zur Folge, dass sich die Anzahl der Unternehmen, die im Bereich der Bodensanierung arbeiten und auch das Umsatzvolumen in den letzten Jahren stetig erhöht hat. So stieg nach Angaben der UPDS (franz. *Union Professionelle des Entreprises de Dépollution de Sites*), einer Vereinigung aus 34 Unternehmen aus dem Bereich der Bodensanierung, die 1992 gegründet wurde, der Umsatz in Frankreich von 20 Millionen Euro im Jahr 1999 auf 149 Millionen Euro im Jahr 2006. In Deutschland wurde mit Bodensanierungen im Jahr 2004 ein Umsatz von über 1,1 Milliarden Euro erzielt [15]. Ähnlich hoch sind die Umsätze in den Niederlanden (ca. 1,05 Milliarden Euro) und Dänemark mit etwa 950 Millionen Euro. Der Europäischen Umweltbehörde EEA (engl. *European Environment Agency*) zufolge belaufen sich die Kosten zur Sanierung der kontaminierten Flächen in der EU auf schätzungsweise 115 Milliarden Euro [16]. In der Schweiz rechnet man in den kommenden Jahren mit Kosten von etwa 5 Milliarden Franken für die Beurteilung von etwa 50 000 belasteten Standorten und für die Sanierung von rund 4 000 Altlasten [17]. Die amerikanische Umweltschutzbehörde EPA (engl. *Environmental Protection Agency*) schätzte im Jahr 2004, dass im Zeitraum der nächsten 30 Jahre etwa 294 000 Gebiete saniert werden müssen. Die dazu erforderlichen Kosten werden auf 209 Milliarden US-Dollar geschätzt [18].

Bedingt durch die großen Flächen erscheint ein Aushub des belasteten Bodens nicht sinnvoll, da hierbei enorme Mengen des kontaminierten Aushubs auf Deponien zwischen- oder endgelagert werden müssen. Durch den Einsatz von Sanierungsmethoden, die ohne Bodenaushub auskommen, können diese Probleme umgangen werden. Da ein Großteil der Verunreinigungen aus Treibstoffen mit relativ niedrigen Siedepunkten besteht, erweisen sich thermische Verfahren als vorteilhaft. Mikrowellenbasierte Verfahren besitzen hierbei einen weiteren Vorteil. Im Gegensatz zu herkömmlichen thermischen Methoden sind sie deutlich weniger von der Wärmeleitfähigkeit des Bodens abhängig und haben damit einen sehr weiten Einsatzbereich. Das in dieser Arbeit vorgestellte System ermöglicht durch seine hohe Flexibilität eine schnelle und nur minimal invasive Sanierung belasteter Flächen. Das entwickelte Simulationsmodell, das durch Messungen verifiziert wird, beinhaltet alle relevanten Prozesse zur Berechnung der Wärmeausbreitung. Es bietet somit den entscheidenden Vorteil, bereits im Vorfeld eine Bewertung des Dekontaminierungsverfahrens vorzunehmen.

1.2 Stand der Technik

Grundsätzlich lassen sich die Sanierungsverfahren in zwei Gruppen unterteilen. Man unterscheidet zwischen der sogenannten *ex-situ-* und der *in-situ-*Methode.

1.2.1 Ex-Situ-Verfahren

Bei dieser Methode wird der kontaminierte Boden großflächig ausgehoben und anschließend gereinigt, weiterverwertet oder entsorgt. Angaben des Sachverständigenrates für Umwelt zufolge werden etwa 70 % der kontaminierten Böden aus Altlasten unbehandelt auf Deponien abgelagert, während nur 30 % thermisch gereinigt und anschließend teilweise wiederverwendet werden, z.B. im Straßenbau [19]. Das *ex-situ*-Verfahren ist die am weitesten verbreitete Vorgehensweise [3]. Ein Vorteil dieses Verfahrens ist, dass die Anwendbarkeit kaum von der Bodenbeschaffenheit abhängt. Weiterhin kann bei diesem Verfahren schon auf Erfahrungswerte zurückgegriffen werden. Der Sanierungsprozess vor Ort ist schnell und die Ergebnisse sind leicht zu kontrollieren [3]. Allerdings hat dieses Verfahren einige Nachteile. So eignet es sich kaum, wenn Schadstoffe tief in den Boden eingedrungen sind. Während des Abtragens des kontaminierten Bodens können die flüchtigen Schadstoffe freigesetzt werden [3], was zu einer erneuten Gefährdung der Umgebung führen kann. Des Weiteren ist diese Methode sehr invasiv und kostenintensiv. Beim Aushub entsteht neben der Belästigung durch Lärm und etwaige Dämpfe zusätzlich der Nachteil, dass das abgetragene Material transportiert und endgelagert werden muss, woraus für Mensch und Umwelt zusätzliche Gefahren resultieren können [20].

1.2.2 In-Situ-Verfahren

Um die Menge des Materials, das auf Deponien endgelagert werden muss, zu verringern und die Auswirkungen auf Mensch und Natur gering zu halten, müssen alternative Sanierungstechniken gefunden werden. Verfahren, die den Nachteil des Bodenaushubs umgehen, sind die sog. *in-situ*-Verfahren. Bei dieser Methode erfolgt die Dekontaminierung des Bodens vor Ort, man verzichtet also auf die Abtragung des Bodens. Verglichen mit ex-situ-Verfahren sind sie minimal invasiv und können speziell dann einen Zeit- und Kostenvorteil aufweisen, wenn sich die Kontaminierung in größeren Tiefen des Erdreichs oder unter bestehenden Straßen, Schienen und Gebäuden befindet. Aufgrund der Vermeidung zusätzlicher Belästigungen durch Lärm, Staub und Ausgasungen, wie sie beim Abtragen des Bodens vorkommen, sind die in-situ-Verfahren in vielen Fällen das bevorzugte Mittel. Nachteilig bei in-situ-Verfahren ist die größere Abhängigkeit des Sanierungserfolges von der Bodenbeschaffenheit und die schwierigere Erfolgskontrolle.

1.2.3 Klassifizierung der Sanierungsmethoden

Die beiden genannten Verfahren können je nach zugrunde liegender Methode weiter unterteilt werden. Man unterscheidet hierbei

- biologische,
- chemische,
- mechanische und
- thermische

Verfahren. Grundsätzlich weist jedes Verfahren besondere Merkmale auf und ist somit abhängig von der Art der Kontaminierung und den äußeren Randbedingungen wie Bodenbeschaffenheit, Zeit und Kosten geeignet auszuwählen. In den meisten Fällen werden die verschiedenen Verfahren miteinander kombiniert. So erweisen sich beispielsweise im Falle von thermischen oder biologischen Verfahren das Einblasen von Luft oder Sauerstoff und die Absaugung der Bodengase als vorteilhaft.
Im Folgenden werden die einzelnen Verfahren beschrieben, ihre Vor- und Nachteile abgewogen und die Grenzen ihrer Anwendbarkeit aufgezeigt.

Biologische Verfahren Zu den biologischen Verfahren gehören der natürliche Schadstoffabbau, der ohne Zutun des Menschen erfolgt [21] oder der forcierte Schadstoffabbau durch gezieltes Einbringen von Mikroorganismen in den kontaminierten Boden in Form von Bakterien oder Pilzen [6, 22–24]. Diese Mikroorganismen produzieren Enzyme, die in der Lage sind, die organischen Komponenten zu Kohlendioxid (CO_2), Methan (CH_4), Wasser und Mineralsalzen abzubauen bzw. in andere Stoffwechselprodukte umzuwandeln [25]. Gute Ergebnisse mit biologischem Abbau konnten vor allem bei Kontaminationen mit Kohlenwasserstoffen [22, 26, 27], polyzyklischen aromatischen Kohlenwasserstoffen [28, 29] und mit sprengstofftypischen Kontaminationen (TNT, HMX, RDX) [24] erreicht werden. In den meisten Fällen lag die Abbaueffizienz bei über 90 %. Die biologischen Verfahren werden in der Regel nicht als alleinige Verfahren angewendet, sondern als sanierungsbegleitende Maßnahme in Kombination mit der Abtragung des Bodens und anschließender Kompostierung [18, 26, 30] oder als abschließende Maßnahme in der Endphase des Dekontaminierungsprozesses [21].
Der relativ einfachen und kostengünstigen Anwendung der biologischen Verfahren stehen jedoch einige Einschränkungen gegenüber. Biologische Verfahren eignen sich nach

[21] besonders dann, wenn es sich um mittelkörnige Böden handelt, da feinkörnige Böden mit hohem Tonmineralgehalt eine schlechtere Durchlässigkeit für Sauerstoff haben, den die Mikroorganismen benötigen. Für Tiefen über ca. 30 cm muss der Boden entweder umgegraben werden oder es muss über ein Ventilationssystem Luft bzw. Sauerstoff eingeblasen werden [23, 31, 32], was eine gewisse Permeabilität des Bodens voraussetzt. Des Weiteren benötigen die Bakterien für eine hohe Aktivität einen bestimmten Vorrat an Nährstoffen wie Stickstoff oder Ammonium sowie Spurenelemente. Untersuchungen [18, 21, 23, 33] haben gezeigt, dass neben den bereits erwähnten Bedingungen auch der Wassergehalt, der pH-Wert des Bodens und die Bodentemperatur einen entscheidenden Einfluss auf die Abbaurate haben. Nach [33] liegt der optimale Bereich zwischen 20 °C und 40 °C, da der Stoffwechsel bei tieferen Temperaturen verlangsamt ist. Diese Bedingungen lassen sich unter Umständen nur durch Unterstützung mit thermischen Methoden erreichen.
Beim biologischen Abbau von Treibstoffen können sich weitere Probleme ergeben. Bei zu hoher Schadstoffkonzentration oder vorhandenen Schwermetallen ist das Wachstum der Bakterien stark eingeschränkt. Darüber hinaus können die Stoffwechselprodukte der Bakterien bei nicht vollständigem Abbau teilweise toxischer sein als die ursprüngliche Verschmutzung [21]. Die benötigte Zeit für den biologischen Abbau der Kohlenstoffverbindungen steigt mit ihrer Kettenlänge. Diesel und Kerosin sind weniger flüchtig und eignen sich sehr gut für den biologischen Abbau, während langkettige Verbindungen auch unter optimalen Bedingungen nur sehr zeitinsiv über mehrere Jahre abgebaut werden können [33].

Fazit: Biologischer Schadstoffabbau kann bei Kontaminierungen mit Kohlenwasserstoffen wie Treibstoffen und auch verschiedenen aromatischen Verbindungen genutzt werden. Bekannte Beispiele, bei denen der biologische Abbau mit Mikroorganismen sanierungsbegleitend eingesetzt wurde, sind das Exxon-Valdez Tankerunglück in Alaska [35] oder die Dekontaminierung von ölverseuchten Wüstengebieten in Kuwait [30].
Dennoch ist die Anwendbarkeit aufgrund der oben genannten Bedingungen stark eingeschränkt und in der Regel nur als begleitende Maßnahme erfolgversprechend. Die Dekontaminierungsdauer beträgt zumeist mehrere Monate, bei längerkettigen Kohlenwasserstoffen mehrere Jahre. Über die Kosten dieses Verfahrens lassen sich keine zuverlässigen Angaben machen, da diese stark von den anderen beteiligten Dekontaminierungsprozessen abhängig sind. Im günstigsten Fall einer leichten oberflächennahen Kontaminierung, bei der keine weitere Bearbeitung notwendig ist, liegen sie im Bereich von etwa 30 US-Dollar, bei komplexeren Verfahren bei knapp 270 US-Dollar pro Tonne kontaminiertem Materials [18, 33].

Mechanische Verfahren Zu den mechanischen Verfahren zählt beispielsweise die Bodenwäsche, die sowohl in-situ als auch ex-situ stattfinden kann. Bei der ex-situ-

Bodenwäsche wird der Boden ausgehoben und in eine Bodenwaschanlage gebracht. Der Waschvorgang selbst kann hierbei mit Wasser oder mit einem speziellen Lösungsmittel durchgeführt werden [33]. Bei der Bodenwäsche werden zunächst die feineren Bestandteile des Bodens mechanisch von den gröberen Anteilen getrennt. Da die Kontaminierungen fast ausschließlich an den kleinen Bestandteilen anhaften, können die gröberen Anteile wie Kies relativ leicht gewaschen werden und direkt wiederverwendet werden [36]. Die kleineren Bestandteile müssen in der Regel mehrfach gewaschen werden. Böden mit einem hohen Lehm- bzw. Tonanteil sind für dieses Sanierungsverfahren kaum geeignet [36].

In der Regel wird für die Bodenwäsche nicht nur Wasser verwendet, sondern ein Reinigungsmittel, das speziell auf die Kontaminierung ausgelegt ist. Dies können Säuren, Laugen, alkoholische Lösungsmittel oder Tenside sein [36–39]. Der gewaschene Boden wird im Anschluss mit biologischen Verfahren weiterbehandelt, wobei der Reinigungsgrad zwischen 97,6 % und 99,1 % liegt. Bei Verunreinigungen mit PAKs und schweren Kohlenwasserstoffen wird durch die Wäsche mit reinem Wasser ein Reinigungsgrad von 12 % erreicht, bei der Verwendung von speziellen Lösungsmitteln 57 % bzw. 59 % nach einer Prozessierungsdauer von 24 Stunden [38]. Hauptsächlich angewendet wird die Bodenwäsche bei SVOCs, Treibstoffen, Schwermetallen, polyzyklischen aromatischen Kohlenwasserstoffen, chlorierten Kohlenstoffverbindungen und Pestiziden [33].

Neben der erwähnten ex-situ Bodenwäsche gibt es ein weiteres Verfahren, das jedoch direkt vor Ort angewendet werden kann und ohne Bodenaushub auskommt: das Bodenspülverfahren. Hierbei wird der Boden mit einer Waschlösung durchgespült, welche die Verunreinigung auswäscht. Da die Flüssigkeit durch den Boden hindurchströmen muss, ist dieser Prozess in der Regel zeitaufwändiger als die Bodenwäsche. Das eingesetzte Lösungsmittel muss an anderer Stelle zusammen mit den ausgewaschenen Kontaminierungen abgepumpt und entsorgt werden. Daher ist vor Beginn des Verfahrens sicherzustellen, dass sich die ausgespülten Schadstoffe nicht in andere Gebiete oder in das Grundwasser ausbreiten. Dieses Verfahren wird nach [33] in erster Linie für anorganische Schadstoffe oder Radionuklide angewendet, ist jedoch weniger effizient für Pestizide, VOCs, SVOCs oder Treibstoffe. Da das Verfahren auf die Wasserdurchlässigkeit angewiesen ist, ist seine Wirksamkeit bei feinporigen Böden wie Lehm deutlich eingeschränkt.

Weitere verwendete Verfahren sind die Bodenbelüftung und die Absaugung der Bodenluft bzw. der Bodendämpfe.

Bei der Bodenbelüftung wird Luft, in manchen Fällen auch Sauerstoff, in den Boden eingebracht. Dieses Verfahren eignet sich am besten für mittellange Kohlenwasserstoffverbindungen wie Diesel oder Kerosin [33]. Auch bei diesem Verfahren muss der Boden eine gewisse Luftdurchlässigkeit aufweisen, womit das Verfahren nur in der grundwasserfreien Bodenzone effizient angewendet werden kann.

Die Absaugung der Bodendämpfe wird ebenfalls meist bei flüchtigen Kontaminierungen in der ungesättigten Bodenzone angewendet [33]. Dabei werden in der Umgebung der

Verschmutzung Rohre eingebracht und die Schadstoffe abgesaugt. Dieser Prozess ist wie die Bodenbelüftung auf eine gute Luftdurchlässigkeit des Bodens angewiesen und am effizientesten bei leicht flüchtigen Schadstoffen wie Benzin [33]. Bei schwereren Kohlenwasserstoffen wie Diesel oder Kerosin ist die Dekontaminierung meist weniger erfolgreich. Sie kann jedoch verbessert werden, wenn zusätzlich warme Luft in den Boden eingeblasen wird [33, 40]. Die Sanierungsdauer beläuft sich unter idealen Bedingungen auf bis zu zwei Jahre, wobei die Kosten bezogen auf die Sanierungsrate mit der Zeit ansteigen.

Fazit: Die Bodenwäsche stellt mit Ausnahme von feinporigen Lehm- und Tonböden in Kombination mit biologischen Verfahren einen effizienten Reinigungsprozess dar. Der Hauptvorteil liegt darin, dass die groben Bodenanteile nach der Wäsche als Füllmaterial wieder direkt verwendet werden können. Zwar ist es möglich, durch den Zusatz von chemischen Lösungsmitteln verschiedenste Verunreinigungen zu beseitigen, es muss jedoch beachtet werden, dass auch die verwendeten Lösungsmittel und das Spülwasser geeignet behandelt und entsorgt werden müssen. Zudem muss bei der Bodenwäsche der Boden ausgehoben werden.
Die Bodenspülung kommt ohne den Aushub des kontaminierten Materials aus, allerdings ist vorher der Ort genau auf seine Eignung für das Spülverfahren zu untersuchen. So muss sichergestellt werden, dass die ausgespülte Kontaminierung keinesfalls ins Grundwasser oder in andere Gebiete gelangt. Die exakte Kenntnis der Verhältnisse im Boden ist deshalb unabdingbar.
Die Kosten für Bodenwäsche bzw. Bodenspülungen bewegen sich im Rahmen von 160 US-Dollar bis 320 US-Dollar pro Tonne und sind somit etwas teurer als die rein biologischen Verfahren.
Die Bodenbelüftung eignet sich vor allem für mittelflüchtige Kohlenwasserstoffe und ist auf einen porösen Boden angewiesen. In der Regel wird sie nur unterstützend eingesetzt und benötigt einen Zeitraum von einigen Monaten bis zu zwei Jahren [33]. Die Kosten zur Sanierung einer Tonne kontaminierten Bodens belaufen sich auf 30 US-Dollar bis 90 US-Dollar.
Eine Absaugung der Bodendämpfe eignet sich für überwiegend grobkörnige poröse Böden, die mit leicht flüchtigen Kohlenwasserstoffen verunreinigt sind. Sanierungsgrade von über 90 % sind nach [33] nur schwer zu erreichen. Für sehr feuchte Böden eignet sich dieses Verfahren nicht, da deren Luftdurchlässigkeit stark eingeschränkt ist. Die Sanierungskosten liegen zwischen 20 US-Dollar und 50 US-Dollar je Tonne.

Chemische Verfahren Chemische Sanierungsverfahren beruhen auf dem Prinzip der Oxidation. Dazu wird ein Oxidationsmittel in den Boden eingebracht, das die ursprüngliche Kontaminierung in leichter abbaubare Komponenten umwandelt [41]. Als Oxidationsmittel wird beispielsweise Ozon, Kaliumpermanganat, Natriumpermanganat oder das sog. Fentonreagens, eine Wasserstoffperoxidverbindung mit Eisensalzen, benutzt [42]. Chemische Verfahren eignen sich besonders zur Sanierung von kleineren Bodenvolumina, die mit Treibstoffen, chlorierten Kohlenwasserstoffen oder Sulfiten verunreinigt sind [41–43]. Die Verwendung von Ozon als Oxidationsmittel hat den Nachteil, dass die Erzeugung sehr teuer ist und sich das Ozon schnell abbaut, was den Aktionsradius im Boden einschränkt [42]. Vorteilhaft ist jedoch, dass sich bei der Reaktion von Ozon und dem Schadstoff Sauerstoff bildet, der ein anschließendes biologisches Verfahren unterstützen kann [41]. Anstelle von Ozon wird aus Kostengründen oftmals ein Fentonreagens benutzt. Da dieses Oxidationsmittel toxisch auf Mikroorganismen wirkt, ist eine gleichzeitige biologische Behandlung nicht möglich [42]. Als weitere Oxidationsmittel kommen Kalium- bzw. Natriumpermanganat in Betracht. Diese sind in der Herstellung deutlich günstiger als Ozon und wirken nicht toxisch auf Mikroorganismen. Allerdings sind weder Kalium- noch Natriumpermanganat zur Reduktion von Benzin oder Diesel geeignet [42].

Fazit: Chemische Verfahren sind verglichen mit anderen Verfahren relativ schnell und kostengünstig, da die meisten Oxidationsmittel mit Ausnahme von Ozon günstig herzustellen sind. Andererseits hängt der Erfolg des Verfahrens von der Größe der Kontaminierung und den Bodeneigenschaften ab. Kontaminierungen mit kleinem Volumen und poröse grobkörnige Böden sind von Vorteil, ton- und lehmhaltige Böden eignen sich etwas schlechter. Die Dauer des Dekontaminierungsprozesses liegt zwischen einigen Tagen und Monaten, abhängig von der Bodenbeschaffenheit. In Laborversuchen mit Sand und Torf, der mit Diesel verunreinigt war [41], wurden Sanierungsraten von bis zu 97,5 % erreicht.
Die Sanierungskosten sind stark abhängig von Boden und benutztem Oxidationsmittel. Sie reichen von weniger als einem US-Dollar pro Tonne für Sand, der einer Fentonbehandlung unterzogen wird bis hin zu über 330 US-Dollar für dieselverseuchten Torfboden, der mit Ozon saniert wird [41].

Thermische Verfahren Bei thermischen Verfahren wird das kontaminierte Erdreich erwärmt. Der Temperaturbereich kann hierbei sehr groß sein. Zur Unterstützung des biologischen Abbaus reichen Temperaturen um 30 °C aus, zur Verdampfung von Schadstoffen wie Benzin oder Kerosin sind hingegen Temperaturen zwischen 25 °C und 240 °C nötig. Diesel und Heizöle gehen bei Temperaturen zwischen 170 °C und 390 °C in den gasförmigen Zustand über und können von der Bodenmatrix gelöst werden. Der Siedepunkt von Schwerölen und Altöl liegt in einem Bereich von 300 °C bis 700 °C. Durch den weiten Temperaturbereich eignen sich thermische Verfahren für die meisten Kohlenwasserstoffverbindungen, VOCs, SVOCs, sowie für PAHs, PCB und Pestizide [3, 33]. Bei höheren Temperaturen verdampft auch das im Boden enthaltene Wasser und unterstützt somit den Reinigungsprozess, da die Schadstoffe durch den Dampf gelöst und abtransportiert werden. Ein weiterer Vorteil des Wassers liegt darin, dass sich der Siedepunkt der enthaltenen Schadstoffe durch das Vorhandensein des Wasser reduziert. So sinkt beispielsweise der Siedepunkt eines Gemisches aus Wasser und Leichtöl auf etwa 58 °C, bei Wasser und Schweröl auf etwa 82 °C [44]. Die Sanierungsgrade, die mit thermischen Verfahren erreicht werden können sind sehr hoch und liegen bei über 99 % [33, 45].

Das Erwärmen des Bodens kann auf verschiedene Arten erfolgen. Sehr oft werden Heizstäbe in den Boden eingebracht, die das umgebende Erdreich aufwärmen. Der Abstand der Heizelemente hängt dabei von der Kontaminierung und den Bodeneigenschaften ab. Typischerweise beträgt der Abstand etwa 2 m [46]. Für geringere Tiefen bis ca. 50 cm werden auch Heizdecken verwendet, die auf dem Boden ausgebreitet werden [47]. Diese Verfahren sind von der Wärmeleitfähigkeit des Bodens abhängig und eignen sich primär für feuchte grobkörnige Böden [33, 46]. Da das Wasser bei höherer Temperatur verdampft, führt dies zu einem sinkendem Wassergehalt womit auch die Wärmeleitfähigkeit des Bodens abnimmt.

In [47] und [48] wird der Boden mittels Wechselstrom bei einer Frequenz von 60 Hz erwärmt. Prinzipiell eignet sich also auch die ohmsche Erwärmung, wobei zu berücksichtigen ist, dass sich die Impedanz des Bodens mit abnehmendem Wassergehalt stark vergrößert, was den Energieeintrag in das Erdreich erschwert.

Die Vorteile der thermischen Verfahren liegen in der Abdeckung eines weiten Temperaturbereiches. Damit können diese Verfahren für verschiedenste Kontaminierungen angewendet werden und eignen sich auch für sehr hohe Schadstoffkonzentrationen. Des Weiteren lassen sich diese Verfahren einfach mit verschiedenen biologischen oder mechanischen Verfahren kombinieren, was den Einsatzbereich weiter vergrößert. Es fallen keine weiteren Abfallprodukte an, die gesondert entsorgt oder zusätzlich behandelt werden müssen. Ein weiterer entscheidender Vorteil ist die sehr kurze Sanierungszeit im Vergleich mit anderen Verfahren.

Nachteilig ist die Abhängigkeit von den jeweiligen Bodeneigenschaften. Thermische Verfahren sind auf die Wärmeleitfähigkeit des Bodens angewiesen, die mit abnehmendem Wassergehalt geringer wird. Da die verdampften Schadstoffe in der Regel abgesaugt werden, eignen sich thermische Verfahren primär für poröse Böden.

Die Abhängigkeit herkömmlicher thermischer Verfahren von der Wärmeleitfähigkeit lässt sich durch die Verwendung dielektrischer Heizverfahren deutlich verringern. Gegenstand der Forschung sind daher dielektrische Heizverfahren bei Frequenzen im Radio- und Mikrowellenbereich. Damit wird die Wärme aufgrund dielektrischer Materialverluste direkt im Erdboden erzeugt. Diese volumetrische Erwärmung trägt zu einer deutlichen Reduzierung der Sanierungszeit bei. Die Verwendung von Frequenzen bei 6,78 MHz bzw. 13,56 MHz wird beispielsweise in [47, 49–51] vorgeschlagen und ist in verschiedenen Feldversuchen erfolgreich angewendet worden.

Da die im Boden umgesetzte Leistung nach

$$P_W = 2\pi f \varepsilon_0 \varepsilon_r'' |E|^2 V \tag{1.1}$$

direkt proportional zur verwendeten Frequenz f ist, erscheint die Benutzung möglichst hoher Frequenzen sinnvoll. Hierbei ist jedoch zu beachten, dass mit zunehmender Frequenz auch die Eindringtiefe der Mikrowellen in das Erdreich abnimmt, so dass sich unter praktischen Gesichtspunkten gewisse Einschränkungen hinsichtlich der verwendeten Frequenzen ergeben.
Eine Möglichkeit, die umgesetzte Leistung im Boden bei gleichzeitig tolerierbarer Eindringtiefe zu erhöhen, stellt die Verwendung von Mikrowellen bei 2,45 GHz dar. Ein weiterer Vorteil dieser Frequenz ist die Verfügbarkeit kostengünstiger Mikrowellenquellen.
Die prinzipielle Anwendbarkeit von Mikrowellen zur thermischen Dekontaminierung kontaminierter Böden wurde bereits in zahlreichen Laborversuchen mit speziellen Applikatoren nachgewiesen [44, 52–55].
Fazit: Thermische Verfahren eignen sich für verschiedenste Kontaminierungen und sind einfach mit anderen Verfahren kombinierbar. Die Sanierungsgrade sind hoch und der Dekontaminierungszeitraum liegt im Bereich von Wochen bis Monaten. In Europa gibt es über 30 Sanierungsfälle, bei denen thermische ex-situ-Verfahren in großem Maßstab angewendet werden [3]. Die in-situ-Anwendung ist weniger weit fortgeschritten und wird derzeit in größerem Umfang nur in Großbritannien, Frankreich und in den USA betrieben. Zur Erwärmung des Bodens kann je nach Bodeneigenschaften auf verschiedene Möglichkeiten zurückgegriffen werden. Dazu gehören Heißluft, Dampf, Heizdecken oder Heizstäbe. Vorteile bietet vor allem die dielektrische Erwärmung, da die Wärme direkt innerhalb des Bodenvolumens erzeugt wird und die Abhängigkeit von der Wärmeleitfähigkeit deutlich reduziert ist.
Die Kosten liegen im Falle einer ex-situ-Dekontaminierung zwischen 40 US-Dollar und 130 US-Dollar je Tonne behandelten Erdreichs, für in-situ-Dekontaminerung zwischen 25 US-Dollar und 80 US-Dollar je Tonne.

1.3 Aufgabenstellung

Im Rahmen dieser Arbeit soll ein in-situ-System zur Dekontaminierung von Erdböden entwickelt werden, die vorrangig mit flüchtigen oder halbflüchtigen organischen Stoffen wie Benzin oder Diesel belastet sind. Prädestiniert erscheinen speziell für diese Schadstoffe thermische Verfahren bzw. deren Erweiterungen mit physikalischen und biologischen Verfahren, wie sie in Abschnitt 1.2 beschrieben sind. Herkömmliche thermische Verfahren mit Heizstäben und Heizdecken sind stark abhängig von der Wärmeleitfähigkeit des Bodens, die mit 0,2 W/mK bis 2 W/mK relativ gering ist [56]. Weiterhin ist die Wärmeleitfähigkeit des Bodens abhängig vom Wassergehalt. Zu Beginn der Dekontami-

nierungsphase ist die Wärmeleitfähigkeit deutlich höher als gegen Ende, wenn das Wasser im Boden nahezu verdunstet ist.
Dieser Nachteil lässt sich durch die Benutzung dielektrischer Mikrowellenheizverfahren umgehen, da der Boden bei Einsatz von Mikrowellen volumetrisch geheizt wird. Dies bedeutet, die Wärme entsteht direkt im kontaminierten Boden und nicht an einer ortsfesten Wärmequelle. Damit spielt die Wärmeleitfähigkeit des Bodens nur noch eine untergeordnete Rolle. Die Wärmewirkung der Mikrowellen beruht auf den dielektrischen Verlusten des zu erwärmenden Materials. Diese sind bei hohem Wassergehalt hoch und nehmen mit zunehmender Trocknung des Bodens ab. Dadurch wird der kontaminierte Boden stärker erwärmt als bereits trockener Boden. Mit zunehmender Dekontaminierung bewegt sich also die Wärmequelle durch das zu dekontaminierende Medium. Bereits dekontaminierte Bodenanteile werden kaum noch geheizt und von den Mikrowellen mit wenig Verlust durchdrungen. Im Vergleich zu Radiowellen [47, 49–51] ist die umgesetzte Leistung wesentlich höher, was zu kürzeren Sanierungszeiten beiträgt. Bisherige Arbeiten auf dem Gebiet der Dekontaminierung mit Mikrowellen [44, 52–55] zeigen die Machbarkeit überwiegend in speziellen Laborapplikatoren oder in handelsüblichen Mikrowellengeräten.
Die vorliegende Arbeit soll den bisherigen Stand der Technik in mehreren Hinsichten erweitern: Einerseits wird ein vollständiges In-Situ-System vorgestellt, das in der Lage ist, das kontaminierte Gebiet möglichst schnell und effizient vor Ort zu sanieren. Das System soll möglichst einfach aufgebaut und für verschiedene Bodentypen geeignet sein. Es ist daher wünschenswert, dass auf aufwändige Anpassnetzwerke und Zirkulatoren verzichtet werden kann, wie sie in bisherigen Systemen zum Einsatz kommen. Andererseits soll es bereits im Vorfeld möglich sein, das Dekontaminierungssystem an die örtlichen Gegebenheiten und Randbedingungen anzupassen und das Verfahren zu bewerten. Hierzu ist ein Modell notwendig, das die gegenseitigen nichtlinearen Verkopplung der elektrischen und thermischen Felder berücksichtigt. Eine wesentliche Erweiterung bei mikrowellenunterstützen In-Situ-Systemen liefert hierfür das in dieser Arbeit entwickelte Simulationsmodell, das alle relevanten Wärme- und Stofftransportprozesse beinhaltet und den Sanierungsprozess damit realitätsnah beschreibt.
Die genannten Anforderungen an ein einfaches und effizientes Verfahren können nur durch den Einsatz spezieller Antennen erreicht werden, die auf unterschiedlichste Bodenimpedanzen ausgelegt sind. Sie stellen daher eine wesentliche Komponente des entwickelten Systems dar. Die erzeugte Mikrowellenenergie muss möglichst vollständig in das Erdreich eingekoppelt werden. Dazu sind die Antennen so auszulegen, dass die reflektierte Leistung minimiert wird. Dies ist insbesondere deswegen schwierig, weil die Bodenimpedanz stark vom Bodentyp, dem Wassergehalt und der Temperatur abhängig ist [57] und sich somit im Laufe des Dekontaminierungsprozesses verändert. Weiterhin sollen die Antennen einfach in die Erde eingebracht werden können und gleichzeitig den Anforderungen nach hoher mechanischer und thermischer Stabilität genügen. Der Temperaturbereich soll so gewählt werden können, dass einerseits der biologische Abbau bei

etwa 35 °C unterstützt werden kann. Andererseits soll es aber auch möglich sein, Schadstoffe mit höheren Siedepunkten aus dem Boden auszudampfen. Eine weitere Herausforderung an die Antenne stellt die hohe Leistung und die damit verbundene hohe Feldstärke dar. Pro Antenne soll eine Mikrowellenleistung von mindestens 2 kW übertragen werden, ohne dass hierbei Überschläge in der Antenne entstehen. Des Weiteren ist es notwendig, den Boden in verschiedenen Tiefen sanieren zu können. Daher sollen die Antennen in der Lage sein, sowohl oberflächennahe als auch tiefere Schichten zu erwärmen.

Die feldtheoretische Modellierung muss die gegenseitige nichtlineare Verkopplung des elektromagnetischen und des thermischen Feldes berücksichtigen. Die Modellierung stellt somit einen weiteren elementaren Bestandteil der vorliegenden Arbeit dar. Veränderliche Bodenparameter sollen in diesem Modell ebenso implementiert werden wie die beteiligten Wärme- und Stofftransporte. Dies macht eine Aussage über den Dekontaminierungsprozess hinsichtlich des Energieaufwandes und der Dauer möglich, abhängig vom Schadstoff und der Art des Bodens. Es ist somit möglich, wichtige Prozessparameter schon im Vorfeld der Dekontaminierung zu bestimmen. Ferner wird ein Laborversuch aufgebaut, um die Gültigkeit des erstellten Modells zu verifizieren.

1.4 Lösungsansatz und Gliederung der Arbeit

Aus der Aufgabenstellung ergeben sich hohe Anforderungen an das zu entwerfende Gesamtsystem bezüglich des Einsatzbereiches für verschiedene Bodenparameter und zu beseitigende Schadstoffe. Aus diesem Grund wird in dieser Arbeit eine Kombination aus thermischem Dekontaminierungsverfahren und physikalischem Verfahren verwendet. Als Wärmequelle kommen hierbei Mikrowellen bei einer Frequenz von 2,45 GHz zum Einsatz. Damit wird das Problem der geringen Wärmeleitfähigkeit des Bodens umgangen, da die Heizung nahezu ausschließlich volumetrisch im verunreinigten Boden erfolgt. Da die benutzte Frequenz innerhalb eines ISM-Bandes liegt, kann sie ohne Lizenzierung verwendet werden. Ferner wird diese Frequenz standardmäßig in Haushaltsmikrowellen und für industrielle Zwecke benutzt. Als Mikrowellengeneratoren kommen in über 98 % der Fälle Magnetrons zum Einsatz [58]. Magnetrons sind kostengünstig und bieten einen relativ hohen Wirkungsgrad von bis zu 80 % [59, 60]. Sie stellen deshalb auch die Basis des in dieser Arbeit entwickelten Systems dar.

Um der Anforderung der Dekontaminierung in verschiedenen Bodenschichten nachzukommen, werden mehrere Antennentypen untersucht. Für oberflächennahe Bodenschichten wird eine Hornantenne vorgestellt. Sie ist einfach in ihrer Herstellung und erlaubt hohe Feldstärken und damit hohe Leistungen. Zur Erwärmung tieferer Schichten werden koaxiale Antennen vorgeschlagen. Diese erlauben eine radialsymmetrische Abstrahlung und können einfach in Bohrlöcher eingebracht werden. Bei der koaxialen Wanderwellenantenne ist eine gute Anpassung über einen weiten Bereich der Bodenpermittivität gewährleistet. Sie eignet sich aufgrund des verwendeten Materials bis zu einer Temperatur von ca. 250 °C. Damit ist sie für die meisten Kontaminierungen mit Treibstoffen und Lösungsmitteln geeignet. Ein weiterer Vorteil dieses Antennentyps ist die vielseitige Verwendbarkeit bei anderen Frequenzen. So wird dieser Antennentyp im Rahmen dieser Arbeit auch für Versuche bei einer Frequenz von 915 MHz erfolgreich angewendet, da bei dieser Frequenz Mikrowellengeneratoren mit höherer Leistung zur Verfügung stehen. Müssen höhere Temperaturen erreicht werden, kann die geschlitzte Koaxialantenne eingesetzt werden, die durch ihre Abmessungen in das gleiche Bohrloch eingeführt werden kann. Da diese Antenne ausschließlich aus Metall besteht, kann der mögliche Temperaturbereich auf über 600 °C erhöht werden, was den Einsatzbereich des Systems erweitert. Zusätzlich zu der Erwärmung des Erdreiches wird die Bodenluft abgesaugt bzw. Druckluft wird durch die Antennen durchgeblasen. Dies führt einerseits dazu, dass die Antennen gekühlt werden und andererseits wird der Stofftransport im Boden verbessert, was den Dekontaminierungsvorgang insgesamt beschleunigt. Ein mögliches Systemkonzept ist in Bild 1.1 zu sehen.

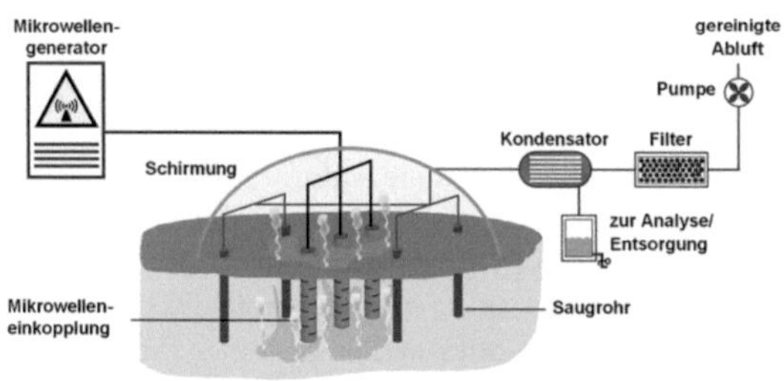

Bild 1.1: Systemkonzept zur Bodendekontaminierung mit Mikrowellen

Die Mikrowellen werden im Generator (Magnetron) erzeugt und über Antennen in das umgebende Erdreich eingekoppelt. Dieses wird durch die Verluste im Boden erwärmt bis die Schadstoffe ihren Siedepunkt erreichen. Nachdem die Schadstoffe in den gasförmigen Zustand übergegangen sind, werden sie zusammen mit der Bodenluft abgesaugt und kondensiert. Das Kondensat kann dann entsorgt oder wieder verwertet werden. Die Abluft wird über Aktivkohlefilter gereinigt und in die Umgebung abgelassen. Zur thermischen Isolierung und zur Vermeidung ungewollter Mikrowellenabstrahlung in die Umgebung, wird die Anordnung mit einer Schirmung versehen.

Zur Entwicklung der Antennen und zur Modellierung des Systems ist es wichtig, die dielektrischen Eigenschaften des Erdbodens in Abhängigkeit der Temperatur und des Wassergehaltes zu kennen. Dazu sind in der Literatur kaum Werte zu finden. Aus diesem

Grund wird ein Messverfahren zur Bestimmung der dielektrischen Parameter von granularen, festen und flüssigen Materialien entwickelt. Das Verfahren basiert auf Messung der Transmission und der Reflexion in einem Hohlleiter und eignet sich zur Messung der Stoffparameter über einen weiten Temperaturbereich. Mit den gewonnenen Werten für die Permittivität ε_r' und die Verluste ε_r'' des Bodens und der Schadstoffe wird eine Auslegung des Systems und die Modellbildung ermöglicht.

Unter Verwendung eines Finite-Elemente-Verfahrens wird ein Modell entwickelt, das die Wärmeausbreitung in granularen Medien realistisch beschreibt. In dieses Modell gehen die temperatur- und feuchtigkeitsabhängigen Werte der Permittivität des Bodens ebenso ein wie dessen thermische Eigenschaften. Somit kann das elektrische Feld innerhalb des Bodens unter Berücksichtigung des Dekontaminierungsfortschritts bestimmt werden. Die nichtlinearen Wechselwirkungen des thermischen und elektrischen Feldes werden in diesem Modell ebenso berücksichtigt wie die relevanten Stofftransportprozesse. Eine weitere Besonderheit des Modells ist die realistische Beschreibung der Phasenumwandlung des Schadstoffes. Das Modell ist vollständig parametriert und erlaubt somit eine einfache Simulation verschiedener Schadstoffe in beliebigen Böden. Dadurch ist einerseits eine simulative Beschreibung des Dekontaminierungsprozesses möglich andererseits auch eine *a priori* Aussage über die Dauer des Dekontaminierungsvorganges und den notwendigen Energiebedarf und damit die Kosten. Dies ermöglicht bereits im Vorfeld der Dekontaminierung eine Aussage über die Wirtschaftlichkeit des angewendeten Verfahrens.

Die Gliederung der vorliegenden Arbeit ergibt sich wie folgt: Kapitel 2 schafft die theoretischen Grundlagen zur Erzeugung von Mikrowellen und beschreibt umfassend deren Wärmewirkung. Die Abhängigkeit der Wärmewirkung und der Eindringtiefe von Mikrowellen in einem Medium von dessen dielektrischen Materialparametern wird besonders erläutert. In dem darauf folgenden Kapitel 3 wird beschrieben, welche Messverfahren eingesetzt werden, um die dielektrischen Materialparameter von festen, flüssigen und granularen Stoffen zu bestimmen. Das in dieser Arbeit verwendete Hohlleitermessverfahren wird ausführlich beschrieben und Ergebnisse der Messungen für verschiedene Erdböden und Flüssigkeiten werden präsentiert. Die Beschreibung des vorgeschlagenen Dekontaminierungssystems für Erdböden ist in Kapitel 4 zu finden. Beginnend mit der Beschreibung des Magnetrons als Mikrowellengenerator werden die Grundlagen von Rechteck- und Rundhohlleitern erläutert und Übergänge von Hohlleitern auf die Antennen vorgestellt. Weiterhin werden Antennen, wie sie im Rahmen dieser Arbeit für die Einkopplung von Mikrowellen in kontaminiertes Erdreich entwickelt wurden, detailliert beschrieben. Kapitel 5 schafft die theoretischen Grundlagen zur Berechnung elektromagnetischer und thermischer Felder. Des Weiteren wird in diesem Kapitel auf Transportprozesse von Wärme und Masse eingegangen. Abschließend wird die nichtlineare Wechselwirkung der elektromagnetischen und thermischen Felder unter Berücksichtigung der relevanten Transportprozesse beschrieben. Aufbauend auf diesen Grundlagen beschreibt Kapitel 5 die Modellierung des aufgebauten Laborsystems für die Erwärmung von trockenem Sand mit und ohne zusätzliche Bodenbelüftung sowie von nassem Sand mit einer Finiten Elementen Methode (FEM). In Kapitel 6 werden typische Dekontaminierungsszenarien simuliert und bewertet. Die Laboraufbauten, mit denen die Messungen zur Verifizierung des Modells durchgeführt werden, sind in Kapitel 7 beschrieben. Die Messergebnisse des Laborversuchs werden dargestellt und die Ergebnisse der Modellierung verifiziert. Das Kapitel schließt mit einer abschließenden Bewertung des Systems. Kapitel 8 fasst die vorliegende Arbeit nochmals zusammen. Im Anhang finden sich schließlich detaillierte Herleitungen verschiedener Zusammenhänge sowie elektrische und physikalische Eigenschaften der beteiligten Stoffe.

2 Theoretische Grundlagen der Mikrowellenerwärmung

In diesem Kapitel werden die Grundlagen der Mikrowellenerwärmung eingeführt. Dazu wird ausgehend von den elektromagnetischen Feldern in einem verlustbehafteten Medium die Wellengleichung hergeleitet. Von entscheidender Bedeutung für die Wellenausbreitung ist hierbei die komplexe Permittivität ε_r des Mediums. Diese hat unmittelbare Auswirkungen auf die komplexe Ausbreitungskonstante und damit auf die Dämpfung und die Ausbreitungsgeschwindigkeit der Wellen im Medium. Der Realteil der komplexen Ausbreitungskonstante γ ist ein Maß für die in Wärme umgesetzte Leistung und die Eindringtiefe der elektromagnetischen Wellen in das Material. Des Weiteren werden die thermodynamischen Grundlagen wie Wärmekapazität und spezifische Wärme eines Stoffes beschrieben. Schließlich werden in diesem Kapitel die grundlegenden Wärme- und Stofftransportphänomene, d.h. Wärmeleitung, Wärmestrahlung und Konvektion eingeführt.
Auf die gegenseitige Verkopplung der einzelnen Prozesse wird in diesem Kapitel nicht eingegangen. Diese werden in Kapitel 5 und Kapitel 6 ausführlich beschrieben.

2.1 Elektromagnetische Felder in verlustbehafteten Medien

Basis für die Berechnung elektromagnetischer Felder sind die Maxwellschen Gleichungen. Die vollständigen Maxwellgleichungen lauten in Differentialform

$$\operatorname{rot} \vec{H} = \frac{\partial \vec{D}}{\partial t} + \vec{J} \tag{2.1}$$

$$\operatorname{rot} \vec{E} = -\frac{\partial \vec{B}}{\partial t} \tag{2.2}$$

$$\operatorname{div} \vec{B} = 0 \tag{2.3}$$

$$\operatorname{div} \vec{D} = \rho \quad . \tag{2.4}$$

Ist der betrachtete Feldraum frei von Ladungen gilt zudem

$$\rho = 0 \quad . \tag{2.5}$$

Weiterhin gelten die Materialgleichungen

$$\vec{J} = \sigma\vec{E} \tag{2.6}$$

$$\vec{D} = \varepsilon\vec{E} = \varepsilon_0\varepsilon_r\vec{E} \tag{2.7}$$

$$\vec{B} = \mu\vec{H} = \mu_0\mu_r\vec{H} \quad , \tag{2.8}$$

wobei sich die Materialparameter σ, ε_r und μ_r bedingt durch die lokale Erwärmung des Mediums über der Zeit und dem Ort ändern können. Allerdings werden im Rahmen der Arbeit nur nicht-magnetische Materialien betrachtet, so dass stets $\mu_r = 1$ gilt, womit die zeitlichen und örtlichen Ableitungen von μ verschwinden.
Unter Verwendung der Zusammenhänge (2.6) - (2.8) lassen sich die Gleichungen (2.1) - (2.4) gemäß

$$\operatorname{rot}\vec{H} = \sigma\vec{E} + \frac{\partial\varepsilon}{\partial t}\vec{E} + \varepsilon\frac{\partial\vec{E}}{\partial t} \tag{2.9}$$

$$\operatorname{rot}\vec{E} = -\mu\frac{\partial\vec{H}}{\partial t} \tag{2.10}$$

$$\operatorname{div}(\mu\vec{H}) = \mu\operatorname{div}\vec{H} = 0 \tag{2.11}$$

$$\operatorname{div}(\varepsilon\vec{E}) = \varepsilon\operatorname{div}\vec{E} + \operatorname{grad}\varepsilon\cdot\vec{E} = 0 \tag{2.12}$$

schreiben.

2.1.1 Wellenausbreitung in verlustbehafteten dielektrischen Medien

Zur Herleitung der Wellengleichung wird die Rotation auf Gleichung (2.10) angewendet und liefert somit

$$\operatorname{rot}\operatorname{rot}\vec{E} = \operatorname{rot}\left(-\mu\frac{\partial\vec{H}}{\partial t}\right) = -\operatorname{grad}\mu\times\frac{\partial\vec{H}}{\partial t} - \mu\operatorname{rot}\frac{\partial\vec{H}}{\partial t} = -\mu\operatorname{rot}\frac{\partial\vec{H}}{\partial t} \quad , \tag{2.13}$$

da $\mu_r = 1$ vorausgesetzt wird und somit $\operatorname{grad}\mu = 0$ gilt.
Wird die Vektoridentität

$$\operatorname{rot}\frac{\partial\vec{H}}{\partial t} = \operatorname{rot}\left(\frac{\partial}{\partial t}\vec{H}\right) = \operatorname{grad}\frac{\partial}{\partial t}\times\vec{H} + \frac{\partial}{\partial t}\operatorname{rot}\vec{H} = \frac{\partial}{\partial t}\operatorname{rot}\vec{H} \tag{2.14}$$

auf (2.13) angewendet, ist zu sehen, dass die Reihenfolge der örtlichen und zeitlichen Differentiation vertauscht werden kann, und (2.13) lässt sich schreiben als

$$\operatorname{rot}\operatorname{rot}\vec{E} = -\mu\frac{\partial}{\partial t}\operatorname{rot}\vec{H} \quad , \tag{2.15}$$

woraus sich nach Einsetzen von (2.9)

$$
\begin{aligned}
\operatorname{rot}\operatorname{rot}\vec{E} &= -\mu\frac{\partial}{\partial t}\left(\sigma\vec{E} + \varepsilon\frac{\partial\vec{E}}{\partial t} + \frac{\partial\varepsilon}{\partial t}\vec{E}\right) \\
&= -\mu\left(\dot{\sigma}\vec{E} + \sigma\frac{\partial\vec{E}}{\partial t} + \dot{\varepsilon}\frac{\partial\vec{E}}{\partial t} + \varepsilon\frac{\partial^2\vec{E}}{\partial t^2} + \ddot{\varepsilon}\vec{E} + \dot{\varepsilon}\frac{\partial\vec{E}}{\partial t}\right) \\
&= -(\mu\dot{\sigma} + \mu\ddot{\varepsilon})\vec{E} - (\mu\sigma + 2\mu\dot{\varepsilon})\frac{\partial\vec{E}}{\partial t} - (\mu\varepsilon)\frac{\partial^2\vec{E}}{\partial t^2}
\end{aligned}
\tag{2.16}
$$

ergibt.
Da die Werte der Materialparameter von der Temperatur abhängen und die Änderung der Temperatur des Mediums verglichen mit der Änderung des elektromagnetischen Feldes nur sehr langsam erfolgt, kann die zeitliche Ableitung der Materialparameter $\dot{\sigma}$, $\dot{\varepsilon}$ und $\ddot{\varepsilon}$ gegenüber den zeitlichen Ableitungen der Felder vernachlässigt werden und (2.16) vereinfacht sich zu

$$
\operatorname{rot}\operatorname{rot}\vec{E} = -\mu\sigma\frac{\partial\vec{E}}{\partial t} - \mu\varepsilon\frac{\partial^2\vec{E}}{\partial t^2} \quad . \tag{2.17}
$$

Berücksichtigt man die Operatorenidentität [61]

$$
\operatorname{rot}\operatorname{rot}\vec{E} = \operatorname{grad}\operatorname{div}\vec{E} - \Delta\vec{E} \tag{2.18}
$$

sowie Gleichung (2.12) ergibt sich damit

$$
\operatorname{rot}\operatorname{rot}\vec{E} = -\operatorname{grad}\left(\frac{1}{\varepsilon}\operatorname{grad}\varepsilon\cdot\vec{E}\right) - \Delta\vec{E} \tag{2.19}
$$

und mit (2.17) schließlich

$$
\Delta\vec{E} = \mu\sigma\frac{\partial\vec{E}}{\partial t} + \mu\varepsilon\frac{\partial^2\vec{E}}{\partial t^2} - \frac{1}{\varepsilon}\operatorname{grad}\left(\operatorname{grad}\varepsilon\cdot\vec{E}\right) \quad . \tag{2.20}
$$

Betrachtet man komplexe harmonische Signale mit der Kreisfrequenz ω, gilt für die zeitliche Ableitungen $\frac{\partial}{\partial t} = j\omega$, womit sich folgende Gleichung ergibt:

$$
\Delta\vec{E} = j\omega\mu\sigma\vec{E} - \omega^2\mu\varepsilon\vec{E} - \frac{1}{\varepsilon}\operatorname{grad}\left(\operatorname{grad}\varepsilon\cdot\vec{E}\right) \quad . \tag{2.21}
$$

Es soll nun eine ebene TEM-Welle in einem kartesischen Koordinatensystem betrachtet werden. Damit lässt sich (2.21) in die einzelnen Komponenten zerlegen:

$$\begin{aligned}
\frac{\partial^2 E_x}{\partial x^2}+\frac{\partial^2 E_x}{\partial y^2}+\frac{\partial^2 E_x}{\partial z^2} &= j\omega\mu\sigma E_x-\omega^2\mu\varepsilon E_x-\frac{1}{\varepsilon}\frac{\partial}{\partial x}\left(\frac{\partial\varepsilon}{\partial x}E_x+\frac{\partial\varepsilon}{\partial y}E_y+\frac{\partial\varepsilon}{\partial z}E_z\right)\\
\frac{\partial^2 E_y}{\partial x^2}+\frac{\partial^2 E_y}{\partial y^2}+\frac{\partial^2 E_y}{\partial z^2} &= j\omega\mu\sigma E_y-\omega^2\mu\varepsilon E_y-\frac{1}{\varepsilon}\frac{\partial}{\partial y}\left(\frac{\partial\varepsilon}{\partial x}E_x+\frac{\partial\varepsilon}{\partial y}E_y+\frac{\partial\varepsilon}{\partial z}E_z\right)\\
\frac{\partial^2 E_z}{\partial x^2}+\frac{\partial^2 E_z}{\partial y^2}+\frac{\partial^2 E_z}{\partial z^2} &= j\omega\mu\sigma E_z-\omega^2\mu\varepsilon E_z-\frac{1}{\varepsilon}\frac{\partial}{\partial z}\left(\frac{\partial\varepsilon}{\partial x}E_x+\frac{\partial\varepsilon}{\partial y}E_y+\frac{\partial\varepsilon}{\partial z}E_z\right) \quad .
\end{aligned}$$

Breitet sich die TEM-Welle nur in positive z-Richtung aus, ist $E_z = 0$ und es gilt für die Ableitungen

$$\frac{\partial}{\partial x}=\frac{\partial}{\partial y}=0 \quad . \tag{2.22}$$

Die Welle sei in x-Richtung polarisiert, d.h. $E_y = 0$. Damit vereinfacht sich (2.21) weiter zu

$$\frac{\partial^2 E_x}{\partial z^2}+(\omega^2\mu\varepsilon-j\omega\mu\sigma)E_x=0 \quad . \tag{2.23}$$

Mit

$$\gamma^2=j\omega\mu\sigma-\omega^2\mu\varepsilon \tag{2.24}$$

ergibt sich

$$\frac{\partial^2 E_x}{\partial z^2}-\gamma^2 E_x=0 \quad , \tag{2.25}$$

wobei $\gamma = \alpha + j\beta$ die komplexe Ausbreitungskonstante darstellt.

Die Lösung von (2.25) hat hierbei die Form

$$E_x = E_0\cdot e^{-\gamma z} \quad . \tag{2.26}$$

Alle weiteren Feldkomponenten lassen sich aus den Gleichungen (2.9) und (2.10) berechnen.

Da $\varepsilon = \varepsilon_0(\varepsilon_r' - j\varepsilon_r'')$ und $\mu = \mu_0\mu_r = \mu_0$ folgt aus (2.24)

$$\begin{aligned}
\gamma^2 &= j\omega\mu_0\sigma-\omega^2\mu_0\varepsilon_0(\varepsilon_r'-j\varepsilon_r'')\\
&= -\omega^2\mu_0\left(\varepsilon_0\varepsilon_r'-j\left(\frac{\sigma}{\omega}+\varepsilon_0\varepsilon_r''\right)\right)\\
&= -\omega^2\mu_0\varepsilon_0\left(\varepsilon_r'-j\left(\frac{\sigma}{\varepsilon_0\omega}+\varepsilon_r''\right)\right) \quad .
\end{aligned} \tag{2.27}$$

Wie in Abschnitt 2.1.2 gezeigt wird, ist es nicht möglich, die einzelnen Verlustmechanismen zu trennen. Die gesamten Verluste eines Materials können somit in einem effektiven Imaginärteil $\varepsilon''_{\mathrm{r,eff}} = \varepsilon''_{\mathrm{r}} + \frac{\sigma}{\varepsilon_0\omega}$ der Dielektrizitätskonstanten zusammengefasst werden. Damit lässt sich (2.27) umschreiben zu

$$\gamma^2 = -\omega^2\mu_0\varepsilon_0\left(\varepsilon'_{\mathrm{r}} - j\varepsilon''_{\mathrm{r,eff}}\right) \quad , \tag{2.28}$$

wobei zur besseren Lesbarkeit von nun an $\varepsilon''_{\mathrm{r,eff}}$ durch $\varepsilon''_{\mathrm{r}}$ ausgedrückt werden soll, d.h.

$$\gamma^2 = -\omega^2\mu_0\varepsilon_0\left(\varepsilon'_{\mathrm{r}} - j\varepsilon''_{\mathrm{r}}\right) \quad . \tag{2.29}$$

In einem verlustbehafteten Medium ist $\alpha > 0$ und das Feld wird gemäß (2.26) entlang der Ausbreitungsrichtung exponentiell gedämpft.
Für den Dämpfungsbelag (Dämpfungskonstante) α gilt mit $\mu_{\mathrm{r}} = 1$

$$\alpha = \mathrm{Re}\left\{\gamma\right\} = \omega\sqrt{\frac{\mu_0\varepsilon_0\varepsilon'_{\mathrm{r}}}{2}}\sqrt{\sqrt{1+\left(\frac{\varepsilon''_{\mathrm{r}}}{\varepsilon'_{\mathrm{r}}}\right)^2} - 1} \tag{2.30}$$

und für den Phasenbelag (Phasenkonstante) β gilt

$$\beta = \mathrm{Im}\left\{\gamma\right\} = \omega\sqrt{\frac{\mu_0\varepsilon_0\varepsilon'_{\mathrm{r}}}{2}}\sqrt{\sqrt{1+\left(\frac{\varepsilon''_{\mathrm{r}}}{\varepsilon'_{\mathrm{r}}}\right)^2} + 1} \quad . \tag{2.31}$$

Die Herleitungen von (2.30) und (2.31) sind im Anhang A.2 zu finden.

2.1.2 Relative Permittivität

Breitet sich in einem verlustbehafteten dielektrischen Medium eine elektromagnetische Welle aus, führt dies zu einer Erwärmung. Der Grad der Erwärmung ist dabei abhängig von den dielektrischen Eigenschaften des Mediums. Verantwortlich für die Erwärmung ist die Wechselwirkung von Ladungsträgern mit dem angelegten Feld. Hierbei können sich sowohl einzelne gebundene Ladungsträger umordnen als auch Dipole, die in dem Material vorhanden sind und ihre Orientierung im Takt des äußeren Feldes ändern. In beiden Fällen wird ein Teil dieser Bewegungsenergie in Wärme umgewandelt. Ein weiterer Verlustmechanismus, der zur Erwärmung eines Stoffes beiträgt, ist dessen Leitfähigkeit σ. Die Summe aller Verluste kann im Imaginärteil $\varepsilon''_{\mathrm{r}}$ der komplexen relativen Permittivität $\varepsilon_{\mathrm{r}} = \varepsilon'_{\mathrm{r}} - j\varepsilon''_{\mathrm{r}}$ zusammengefasst werden. Dieser lässt sich bestimmen zu [57]

$$\varepsilon''_{\mathrm{r}} \;=\; \varepsilon''_{\mathrm{d,r}} + \varepsilon''_{\mathrm{e,r}} + \varepsilon''_{\mathrm{a,r}} + \varepsilon''_{\mathrm{MW,r}} + \sigma/\varepsilon_0\omega. \tag{2.32}$$

Hierbei bezeichnen die Indizes d, e, a, MW die dipolaren, die elektronischen, atomaren und Maxwell-Wagner Verluste, während der letzte Summand in (2.32) die Verluste durch die Leitfähigkeit des Materials beschreibt. ε_0 ist die Dielektrizitätskonstante des Vakuums, ω die Kreisfrequenz. Maxwell-Wagner Verluste treten in inhomogenen Dielektrika auf und entstehen durch das Ausbilden von Ladungen an den Grenzschichten zwischen den heterogenen Dielektrika. Alle Verlustmechanismen in (2.32) sind frequenzabhängig und tragen damit je nach Frequenz unterschiedlich stark zur Erwärmung bei. In dem für die Mikrowellenerwärmung maßgeblichen Frequenzbereich von einigen hundert MHz bis etwa 3 GHz dominieren die dipolaren Verluste, d.h. Verluste durch die Umorientierung der enthaltenen Dipole, während bei niedrigeren Frequenzen Maxwell-Wagner-Verluste und Verluste durch die Leitfähigkeit dominieren [57].
Der Quotient von Imaginärteil ε_r'' und Realteil ε_r' der Permittivität wird als Verlusttangens oder als dielektrischer Verlustfaktor

$$\tan\delta = \frac{\varepsilon_r''}{\varepsilon_r'} \tag{2.33}$$

bezeichnet.
Die Frequenzabhängigkeit der relativen Permittivität von Flüssigkeiten folgt der Debye-Gleichung

$$\varepsilon_r = \varepsilon_r' - j\varepsilon_r'' = \varepsilon_\infty + \frac{\varepsilon_s - \varepsilon_\infty}{1 + j\omega\tau} \quad . \tag{2.34}$$

Dabei bestimmen ε_s und ε_∞ die Dielektrizitätskonstanten für den statischen Fall ($f = 0$) und für sehr hohe Frequenzen, während τ die Relaxationszeit angibt [57, 58].
Die Permittivität eines trockenen Sandbodens beträgt etwa drei, während die Permittivität von Wasser etwa 80 beträgt. Damit wird ersichtlich, dass die Permittivät eines Bodens entscheidend von seinem Wassergehalt und seiner Zusammensetzung abhängt. In Kapitel 5 werden daher empirische Erweiterungen von (2.34) eingeführt, die es erlauben, die Permittivität des Bodens in Abhängigkeit von Frequenz, Zusammensetzung und Temperatur zu berechnen.
Abschließend soll darauf hingewiesen werden, dass es mittels Messung nicht möglich ist, die einzelnen Verlustmechanismen zu trennen. Mit den in Kapitel 3 vorgestellten Verfahren ergibt sich also stets die Summe aller Verlustmechanismen des gemessenen Materials.

2.1.3 Umgesetzte Leistung

Bedingt durch die Verluste des Mediums, in dem sich die elektromagnetische Welle ausbreitet, wird ein Teil der Mikrowellenleistung in Wärme umgesetzt. Der komplexe Poyntingvektor $\vec{S}$ beschreibt dabei den Momentanwert der Leistungsflussdichte durch eine geschlossene Oberfläche. Dabei gilt

$$\vec{S} = \vec{E} \times \vec{H}. \tag{2.35}$$

Bei sinusförmigen Signalen, wie sie im Rahmen dieser Arbeit auftreten, ergibt sich für den zeitlichen Mittelwert der Leistungsdichte

$$\vec{S}_{\mathrm{rms}} = \frac{1}{2}(\vec{E} \times \vec{H}^*) \quad , \tag{2.36}$$

wobei $\vec{E}$ und $\vec{H}$ die Amplitudenwerte der Feldgrößen darstellen. Die Integration des Poyntingvektors $\vec{S}_{\mathrm{rms}}$ über die geschlossene Oberfläche A führt zur komplexen Leistung

$$P = \frac{1}{2}\oint_A \vec{S}_{\mathrm{rms}} \mathrm{d}A = \frac{1}{2}\oint_A (\vec{E} \times \vec{H}^*)\mathrm{d}A \quad , \tag{2.37}$$

die durch die Oberfläche hindurchtritt. Zur Berechnung der Leistung innerhalb eines Volumenelementes, welches von der Oberfläche A umschlossen wird, wird nun der Gaußsche Integralsatz angewendet [61]

$$\oint_A \vec{S}_{\mathrm{rms}} \mathrm{d}A = \int_V \mathrm{div}\,\vec{S}_{\mathrm{rms}} \mathrm{d}V \quad , \tag{2.38}$$

woraus folgt

$$P = \frac{1}{2}\int_V \mathrm{div}\,(\vec{E} \times \vec{H}^*)\mathrm{d}V \quad . \tag{2.39}$$

Die Anwendung der Divergenz auf das Kreuzprodukt in (2.39) liefert nach [61]

$$\mathrm{div}\,(\vec{E} \times \vec{H}^*) = \vec{H}^* \cdot (\mathrm{rot}\,\vec{E}) - \vec{E} \cdot (\mathrm{rot}\,\vec{H}^*) \tag{2.40}$$

wodurch folgt

$$\begin{aligned} P &= \frac{1}{2}\int_V \mathrm{div}\,(\vec{E} \times \vec{H}^*)\mathrm{d}V \\ &= \frac{1}{2}\int_V \left[\vec{H}^* \cdot (\mathrm{rot}\,\vec{E}) - \vec{E} \cdot (\mathrm{rot}\,\vec{H}^*)\right] \mathrm{d}V \quad . \end{aligned} \tag{2.41}$$

Fasst man alle Verluste innerhalb des Materials vereinfachend in einem abschnittsweise konstanten Imaginärteil $\varepsilon_{\mathrm{r}}''$ zusammen, so vereinfacht sich (2.9) zu

$$\mathrm{rot}\,\vec{H} = \varepsilon\frac{\partial \vec{E}}{\partial t} \tag{2.42}$$

und zusammen mit (2.10) folgt mit

$$\varepsilon = \varepsilon_0\varepsilon_{\mathrm{r}} = \varepsilon_0(\varepsilon_{\mathrm{r}}' - j\varepsilon_{\mathrm{r}}'') \tag{2.43}$$

und (2.41)

$$\begin{aligned} P &= \frac{1}{2}\int_V \left[\vec{H}^*\left(-\mu\frac{\partial\vec{H}}{\partial t}\right) - \varepsilon^*\vec{E}\left(\frac{\partial\vec{E}}{\partial t}^*\right)\right]\mathrm{d}V \\ &= \frac{1}{2}\int_V \left[-j\omega\mu\vec{H}^*\vec{H} + j\omega\varepsilon_0\varepsilon_\mathrm{r}'\vec{E}\vec{E}^* + j\omega\varepsilon_0\varepsilon_\mathrm{r}''\vec{E}\vec{E}^*\right]\mathrm{d}V \\ &= -\frac{1}{2}\int_V \omega\varepsilon_0\varepsilon_\mathrm{r}''\vec{E}\vec{E}^*\mathrm{d}V + j\frac{1}{2}\int_V(\omega\mu\vec{H}^*\vec{H} + \omega\varepsilon_0\varepsilon_\mathrm{r}'\vec{E}\vec{E}^*)\mathrm{d}V \quad . \end{aligned} \tag{2.44}$$

Die in einem Volumenelement $\mathrm{d}V$ in Wärme umgesetzte Leistung P_W ergibt sich durch Integration über den Realteil von (2.44) zu

$$P_\mathrm{W} = \frac{1}{2}\omega\varepsilon_0\varepsilon_\mathrm{r}''\int_V \vec{E}\vec{E}^*\mathrm{d}V \quad , \tag{2.45}$$

sofern, wie im Rahmen dieser Arbeit vorausgesetzt, rein dielektrische Materialien betrachtet werden, die keine magnetischen Verluste aufweisen. Hierbei ist zu beachten, dass die in dem Volumenelement $\mathrm{d}V$ umgesetzte Leistung definitionsgemäß negativ ist (Senke). Damit ergibt sich in Gleichung (2.45) ein positiver Wert.
Falls das elektrische Feld E innerhalb des Volumens V konstant ist, ergibt sich aus (2.45) die in Wärme umgesetzte Leistung zu

$$P_\mathrm{W} = \omega\varepsilon_0\varepsilon_\mathrm{r}''|E|^2 V \quad . \tag{2.46}$$

2.1.4 Eindringtiefe

Während sich die Mikrowellen in einem Medium ausbreiten nimmt ihre Amplitude aufgrund der in Wärme umgesetzten Leistung ab. Die Feldstärken fallen gemäß (2.26) exponentiell, womit für die Leistungsflussdichte S mit zunehmendem Abstand z folgende Proportionalität gilt:

$$S \propto e^{-2\alpha z} \quad . \tag{2.47}$$

Die Eindringtiefe D_p ist definiert als die Tiefe, bei der die Leistungsflussdichte auf $1/e$ = 0,368 ihres Einkopplungswertes gefallen ist [62], d.h.

$$D_\mathrm{p} = \frac{1}{2\alpha} \quad . \tag{2.48}$$

Damit ergibt sich die Eindringtiefe D_p mit (2.30) allgemein zu

$$D_\mathrm{p} = \frac{1}{2\omega}\left(\frac{2}{\mu_0\varepsilon_0\varepsilon_\mathrm{r}'}\right)^{\frac{1}{2}}\left[\left(1 + (\varepsilon_\mathrm{r}''/\varepsilon_\mathrm{r}')^2\right)^{\frac{1}{2}} - 1\right]^{-\frac{1}{2}} \tag{2.49}$$

und ist somit eine Funktion der relativen Permittivität ε_r' und den Verlusten ε_r'' des Mediums, in dem sich die Welle ausbreitet.

Die Eindringtiefe lässt sich mit $c = \lambda f = 1/\sqrt{\mu_0 \varepsilon_0}$ und unter der Voraussetzung rein dielektrischer Medien auch als Funktion der Freiraumwellenlänge λ_0 ausdrücken mit

$$D_\mathrm{p} = \frac{\lambda_0}{2\pi\sqrt{2\varepsilon_\mathrm{r}'}} \left[\left(1 + \left(\varepsilon_\mathrm{r}'' / \varepsilon_\mathrm{r}' \right)^2 \right)^{\frac{1}{2}} - 1 \right]^{-\frac{1}{2}} \quad . \tag{2.50}$$

Mit den Näherungen für die Dämpfungskonstante α für hohe bzw. geringe Verluste des Mediums nach (A.120) und (A.122) lässt sich auch die Eindringtiefe D_p entsprechend annähern.

Bei hohen Verlusten, d.h. $\tan\delta \gg 1$, gilt dann näherungsweise

$$D_\mathrm{p} \approx \frac{1}{\omega\sqrt{2\mu_0 \varepsilon_0 \varepsilon_\mathrm{r}''}} \quad . \tag{2.51}$$

Für geringe Verluste, d.h. $\tan\delta \leq 0{,}1$, kann die Eindringtiefe näherungsweise zu

$$D_\mathrm{p} \approx \frac{\sqrt{\varepsilon_\mathrm{r}'}}{\omega \varepsilon_\mathrm{r}'' \sqrt{\mu_0 \varepsilon_0}} = \frac{\lambda_0 \sqrt{\varepsilon_\mathrm{r}'}}{2\pi \varepsilon_\mathrm{r}''} \tag{2.52}$$

bestimmt werden.

Die Eindringtiefe D_p ist somit abhängig von den dielektrischen Eigenschaften ε_r des jeweiligen Mediums und von der Wellenlänge bzw. der Frequenz ω.

Betrachtet man nun einen Erdboden als Medium, in dem sich die elektromagnetische Welle ausbreitet, sind dessen dielektrische Eigenschaften wiederum abhängig von seiner Zusammensetzung, seinem Wassergehalt und seiner Temperatur. Bild 2.1 zeigt beispielhaft die Eindringtiefe D_p von Mikrowellen in Sandboden bei einer Frequenz von $f = 2{,}45$ GHz in Abhängigkeit von der Temperatur und dem Wassergehalt nach [63–65]. Es ist deutlich zu erkennen, dass Temperaturänderungen im Bereich von 20 – 60 °C einen großen Einfluss auf die Eindringtiefe von Böden mit einem Wassergehalt unterhalb von 5 % haben, während bei Böden mit höherem Wassergehalt der Einfluss einer Temperaturänderung auf die Eindringtiefe stark abnimmt.

Im Übrigen sinkt D_p mit zunehmendem Wassergehalt im Sandboden, d.h. mit zunehmenden Verlusten im Boden. Ab einem Wassergehalt von ca. 40 % tritt dabei eine Sättigung des Bodens auf und die Eindringtiefe fällt mit weiter zunehmendem Wassergehalt nur noch sehr schwach.

Im Fall der Bodendekontaminierung mit Mikrowellen wirkt sich dieses Verhalten positiv aus. Zu Beginn der Dekontaminierung ist der Wassergehalt im Boden relativ hoch und die Temperatur gering mit entsprechend geringer Eindringtiefe. Mit fortschreitender Dekontaminierung steigt zunächst die Temperatur, was schließlich zu einer Verdunstung der Schadstoffe und des Wassers führt. Damit sinkt der Wassergehalt und die Eindringtiefe erhöht sich. Bereits dekontaminierte Bereiche werden also weniger erwärmt als die noch kontaminierten Bereiche.

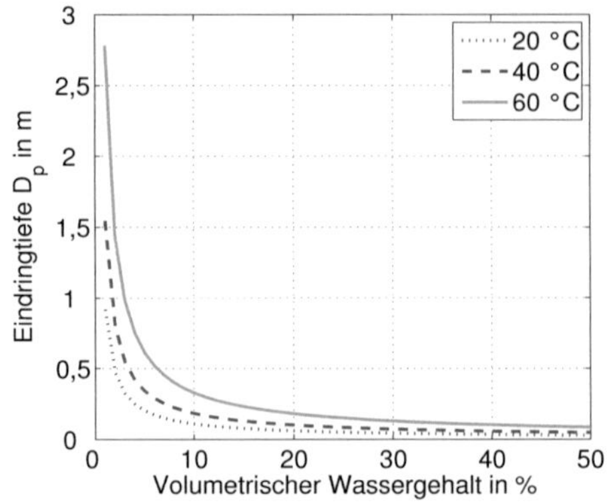

Bild 2.1: Eindringtiefe D_p in Sandboden in Abhängigkeit der Temperatur und des volumetrischen Wassergehaltes bei der Frequenz f = 2,45 GHz

Tabelle 2.1 zeigt eine Übersicht der dielektrischen Eigenschaften eines Sandbodens mit unterschiedlichem gravimetrischen Wassergehalt bei konstanter Raumtemperatur (T = 25 °C) und einer Frequenz von 2,45 GHz.

Tabelle 2.1: Dielektrische Eigenschaften von Sand mit unterschiedlichem gravimetrischen Feuchtegehalt

Boden	trockener Sand	feuchter Sand	nasser Sand
Wassergehalt	≈ 0 %	5 %	13 %
ε_r'	2,81	4,71	11,12
$\tan\delta$	0,03	0,057	0,11
D_p in mm	352	158	54

2.2 Thermische Stoffeigenschaften

Zur Berechnung der Wärmeausbreitung ist es zunächst notwendig, die thermischen Eigenschaften der beteiligten Substanzen zu kennen. Daher wird in diesem Kapitel auf die Stoffeigenschaften eingegangen, bevor in Abschnitt 2.3 die Wärme- und Stofftransportmechanismen im Medium erläutert werden. Die Stoffeigenschaften lassen sich in zwei

Kategorien unterteilen. Dies sind zum Einen die thermischen Eigenschaften wie die Wärmekapazität c_p, die volumetrische Wärmekapazität ρc_p und die latente Wärme, die bei einer Phasenumwandlung freigesetzt bzw. benötigt wird. Daneben sind die Transporteigenschaften eines Mediums für Wärme und Materie von Interesse. Dazu zählen beispielsweise die Wärmeleitfähigkeit k oder die dynamische Viskosität μ.

2.2.1 Spezifische Wärmekapazität

Wird einem Stoff Energie in Form von Wärme zugeführt, steigt im Allgemeinen dessen Temperatur. Solange keine Phasenübergänge stattfinden, ist der Temperaturanstieg ΔT proportional zur zugeführten Wärmeenergie Q und der Masse m der zu erwärmenden Substanz

$$Q = m c_p \Delta T \quad . \tag{2.53}$$

Der Proportionalitätsfaktor c_p wird als spezifische Wärmekapazität bezeichnet. Sie gibt an, wie viel Energie notwendig ist, um eine Masseneinheit des Stoffes um eine Temperatureinheit zu erhöhen. Für die spezifische Wärmekapazität von Wasser $c_{p,\mathrm{Wasser}}$ gilt bei konstantem Normaldruck (1013 mbar)

$$c_{p,\mathrm{Wasser}} = 4{,}181\,\mathrm{kJ/kgK} = 4{,}181\,\mathrm{kWs/kgK} \quad .$$

Sie ist im Bereich zwischen 0 °C und 100 °C mit einer Abweichung von rund 1 % nahezu temperaturunabhängig [66]. Wasser hat bedingt durch die hohe spezifische Wärmekapazität einen entscheidenden Einfluss auf die spätere Modellierung.
Bei trockenem Sand und einer Temperatur von 20 °C beträgt die spezifische Wärmekapazität

$$c_{p,\mathrm{Sand,trocken}} = 0{,}835\,\mathrm{kJ/kgK} \quad ,$$

für Erdböden liegt sie im Bereich zwischen 0,8 kJ/kgK und 2 kJ/kgK abhängig von Feuchtigkeitsgehalt, Dichte und Temperatur [56, 67].
Die spezifischen Wärmekapazitäten weiterer in der Arbeit relevanter Stoffe sind im Anhang in Tabelle A.2 zu finden.

2.2.2 Latente Wärme

Die latente Wärme ist die Energie, die notwendig ist, um bei einem Stoff eine Phasenumwandlung durchzuführen. Der Begriff latente Wärme rührt daher, dass sich die Temperatur des Stoffes trotz Wärmezufuhr während des Phasenübergangs nicht ändert. Die zugeführte Energie erhöht lediglich die potentielle Energie der enthaltenen Moleküle [66].
Beim Schmelzen eines Stoffes, d.h. bei einem Phasenübergang von fest nach flüssig wird die Wärmemenge

$$Q = m Q_S \tag{2.54}$$

benötigt, beim Übergang vom flüssigen in den gasförmigen Zustand die Wärmemenge

$$Q = mQ_V \quad , \tag{2.55}$$

wobei m die Masse des Stoffes darstellt, Q_S die latente Schmelzwärme und Q_V die latente Verdampfungswärme.
Da bei der Bodendekontaminierung die Schadstoffe und das enthaltene Wasser im Boden ausgedampft werden, spielt die Verdampfungswärme Q_V eine entscheidende Rolle bei der Energiebetrachtung des Systems. Einen sehr hohen Anteil an der aufzubringenden Energie hat auch in diesem Fall das Wasser aufgrund seiner hohen latenten Verdampfungswärme von

$$Q_V = 2{,}257\,\mathrm{MJ/kg}$$

entsprechend 0,627 kWh/kg bei Normaldruck. Die latente Verdampfungswärme weiterer relevanter Stoffe ist in Tabelle A.2 im Anhang zu finden.

2.2.3 Wärmeleitfähigkeit

Die Wärmeleitfähigkeit k ist ein Proportionalitätsfaktor und verbindet den Wärmefluss senkrecht durch eine Einheits-Querschnittsfläche mit dem Temperaturgradienten ∇T in diese Richtung. Die Wärmeflussdichte lässt sich mit dem Fourierschen Gesetz gemäß

$$\vec{q}'' = -k\nabla T \tag{2.56}$$

bestimmen. Die Wärmeleitfähigkeit ist im allgemeinen Fall ein Tensor. Da im Rahmen der Arbeit von einem homogenen, isotropen Medium ausgegangen wird, vereinfacht sich k jedoch zu einer skalaren, stoffabhängigen Größe.
Ein für die Bodendekontaminierung entscheidender Stoff ist neben den möglichen Verunreinigungen und den Bodenmaterialien vor allem Wasser. Bei Wasser beträgt die Wärmeleitfähigkeit etwa 0,6 W/mK (bei 20 °C) und nimmt mit steigender Temperatur leicht zu [56]. Bei Sand und Erdboden ist die Wärmeleitfähigkeit in hohem Maße vom Wassergehalt abhängig sowie von der Dichte des Bodens. Sie liegt bei trockenem Sand zwischen 0,16 W/mK und 0,5 W/mK. Im Rahmen dieser Arbeit wird Sand mit einer Trockendichte von $\rho_{\mathrm{Sand,trocken}} = 1650\,\mathrm{kg/m^3}$ verwendet, dessen Wärmeleitfähigkeit $k_{\mathrm{Sand,trocken}} = 0{,}3\,\mathrm{W/mK}$ [56] beträgt. Luft hat eine Wärmeleitfähigkeit von $k_{\mathrm{Luft}} = 0{,}0253\,\mathrm{W/mK}$ (bei 293 K) und spielt somit nur eine untergeordnete Rolle.
Näherungsformeln für die Wärmeleitfähigkeit in Abhängigkeit des Wassergehaltes und der Temperatur werden in Kapitel 5 vorgestellt. Die Wärmeleitfähigkeit weiterer beteiligter Stoffe findet sich im Anhang in Tabelle A.2.

2.2.4 Wärmeübergangskoeffizient

Im Falle von Wärmeübertragung mittels Konvektion tritt der sog. Wärmeübertragungskoeffizient h in Erscheinung. Mit ihm lässt sich die Wärmeflussdichte durch Konvektion

q''_{konv} zu

$$q''_{\text{konv}} = h(T_{\text{O}} - T_{\text{f}}) \tag{2.57}$$

berechnen, wobei T_{O} die Oberflächentemperatur des Materials darstellt und T_{f} die Temperatur des vorbeiströmenden bzw. bei porösen Stoffen des durchströmenden Fluids (Gas, Flüssigkeit). Die Größe von h ist abhängig von der Art und Geometrie der Oberfläche sowie von den physikalischen Eigenschaften des strömenden Fluids. Sie liegt bei freier Konvektion bei Gasen im Bereich zwischen 2 – 25 W/m²K bei Flüssigkeiten bei 50 – 1000 W/m²K. Bei erzwungener Konvektion vergrößert sich der Wärmeübertragungskoeffizient zu 25 – 250 W/m²K bei Gasen und 100 – 20 000 W/m²K bei Flüssigkeiten. Findet zusätzlich eine Phasenumwandlung an der Oberfläche statt, kann h bis auf Größen von 2 500 – 100 000 W/m²K ansteigen [67].

2.2.5 Emissivität

Befindet sich ein Körper auf einer Temperatur oberhalb 0 K, wird von seiner Oberfläche Energie in Form von elektromagnetischen Wellen abgestrahlt. Im Gegensatz zur Wärmeleitung und Konvektion ist die Wärmestrahlung nicht auf das Vorhandensein eines Mediums angewiesen.
Im Falle eines sog. idealen schwarzen Strahlers lässt sich die abgestrahlte Leistung P_{rad} von seiner Oberfläche A mit dem Stefan-Boltzmann-Gesetz

$$P_{\text{rad}} = \sigma A T_{\text{O}}^4 \tag{2.58}$$

berechnen, wobei $\sigma = 5{,}67 \cdot 10^{-8}\,\text{W/m}^2\text{K}^4$ die Stefan-Boltzmann-Konstante darstellt und T_{O} die absolute Oberflächentemperatur in K.
Betrachtet man die abgestrahlte Leistungsdichte q''_{rad} eines realen Körpers, lässt sich diese zu

$$q''_{\text{rad}} = \varepsilon \sigma T_{\text{O}}^4 \tag{2.59}$$

berechnen, wobei ε die Emissivität eines Mediums bezeichnet, für die gilt $0 \leq \varepsilon \leq 1$. Die Emissivität ist abhängig vom Material und der Beschaffenheit der Oberfläche.
Im Rahmen dieser Arbeit wird der Körper als sog. *grauer Körper* angenommen, d.h. $0 < \varepsilon < 1$, dessen Absorptionsvermögen α der Emissivität ε entspricht ($\alpha = \varepsilon$). Die Umgebung wird als schwarzer Körper angenommen. In diesem Fall kann die vom Körper absorbierte Leistung P_{abs} mit

$$P_{\text{abs}} = \alpha \sigma A T_{\text{Umg}}^4 \tag{2.60}$$

berechnet werden, womit sich mit $\alpha = \varepsilon$ die auf den Körper einfallende Leistungsdichte

$$q''_{\text{abs}} = \varepsilon \sigma T_{\text{Umg}}^4 \tag{2.61}$$

ergibt.

Die resultierende abgestrahlte Leistungsdichte q''_{rad} ergibt sich unter den gemachten Voraussetzungen aus der Differenz von (2.59) und (2.61) zu

$$q''_{\mathrm{rad}} = \varepsilon\sigma(T_{\mathrm{O}}^4 - T_{\mathrm{Umg}}^4) \quad . \tag{2.62}$$

2.3 Wärme- und Stofftransport

Die Übertragung der Wärmeenergie kann durch Wärmeleitung, Konvektion und Wärmestrahlung erfolgen. Während der Wärmetransport bei der Wärmeleitung auf Wechselwirkung zwischen Atomen und Molekülen basiert, ist bei der Konvektion die Wärmeübertragung mit einem Stofftransport verbunden. Die Wärmestrahlung ist ein Energietransport in Form elektromagnetischer Strahlung. In der Regel treten bei Heizprozessen alle Arten der Wärmeübertragung kombiniert auf, haben jedoch unterschiedlich großen Einfluss auf die Wärmeübertragung.

2.3.1 Wärmeleitung

Wärmeleitung findet in festen, flüssigen und gasförmigen Medien aufgrund einer Temperaturdifferenz zwischen zwei Punkten innerhalb des Mediums statt. Durch die Temperaturdifferenz ΔT zwischen den beiden Punkten entsteht ein Temperaturgradient, der einen Wärmestrom q zur Folge hat. Im Falle eines homogenen Mediums lässt sich der Wärmestrom zu

$$q = \frac{\partial Q}{\partial t} = -\mathbf{k} A \nabla T \tag{2.63}$$

berechnen (Fouriersches Gesetz). Hierbei beschreibt Q die Wärmemenge, $\mathbf{k}$ die Wärmeleitfähigkeit, A die Querschnittsfläche, durch die der Wärmestrom q senkrecht hindurchtritt, und ∇T den Temperaturgradienten.

In dielektrischen Festkörpern erfolgt die Wärmeübertragung fast ausschließlich durch Gitterschwingungen, in Metallen tragen die freien Elektronen zusätzlich zur Wärmeübertragung bei. Daher haben Metalle in der Regel eine höhere thermische Leitfähigkeit als Dielektrika. Flüssigkeiten haben eine geringere molekulare Bindung und damit eine geringere Wärmeleitfähigkeit. Gase besitzen eine schlechte Wärmeleitfähigkeit, da die Bindung zwischen den einzelnen Molekülen noch geringer ist. Es existiert keine Gitterstruktur, die Wärmeenergie wird in Form von zufälligen Kollisionen übertragen und ist somit deutlich schlechter als bei Feststoffen oder Flüssigkeiten.

Differentialgleichung für die Wärmeleitung

Berücksichtigt man ausschließlich die Wärmeübertragung in Form von Wärmeleitung, ergibt sich die Wärmeleitungsgleichung in folgender allgemeiner Form

$$\rho c_\mathrm{p}\frac{\partial T}{\partial t} + \nabla \cdot (-\mathbf{k}\nabla T) = q''' \quad . \tag{2.64}$$

Hierbei beschreibt T die Temperatur, ρ die Dichte des Mediums, c_p die spezifische Wärmekapazität, $\mathbf{k}$ den Wärmeleitfähigkeitstensor und q''' die zugeführte Wärmeleistungsdichte.
Der Vollständigkeit halber sei erwähnt, dass sich die Dichte ρ, die spezifische Wärmekapazität c_p und die Wärmeleitfähigkeit $\mathbf{k}$ des Mediums in Abhängigkeit der Temperatur ändern können.
Unter den Voraussetzungen eines isotropen ($k_x = k_y = k_z = k$) und homogenen ($k \neq k(x, y, z)$) Mediums lässt sich (2.64) zu

$$\rho c_\mathrm{p}\frac{\partial T}{\partial t} - k\Delta T = q''' \tag{2.65}$$

vereinfachen.

2.3.2 Konvektion

Konvektion entsteht in Flüssigkeiten und Gasen aufgrund einer Dichteänderung in Abhängigkeit von der Temperatur. Somit führt ein Temperaturgradient innerhalb eines Mediums zu einem Dichteunterschied und damit zu Stofftransport, der seinerseits einen Wärmetransport verursacht. Im Erdboden dominiert der Wärmetransport durch Wärmeleitung, während Konvektion eine untergeordnete Rolle spielt [56]. Dies gilt speziell bei trockenen Böden mit feinen Poren. Steigt der Porendurchmesser und der Feuchtegehalt, steigt damit auch der Einfluss der Konvektion auf den Wärmetransport. Prinzipiell kann man zwischen der freien Konvektion und der erzwungenen Konvektion unterscheiden. Freie Konvektion entsteht ausschließlich durch den Dichtegradienten einer Flüssigkeit oder eines Gases innerhalb des Mediums, während die erzwungene Konvektion durch äußere Kräfte verursacht wird, z.B. durch Absaugen der Bodenluft oder das Einblasen von Luft in den Boden.
Zunächst wird die Konvektion in Flüssigkeiten bzw. Gasen beschrieben, die dann auf die Konvektion in porösen Medien erweitert wird.

2.3.2.1 Konvektion in Flüssigkeiten und Gasen

Bei dieser Betrachtung wird von einem homogenen und isotropen Fluid ausgegangen, dass sich im thermischen Gleichgewicht befindet. Aufgrund einer Dichteänderung des Fluids, die von dessen Temperatur abhängig ist, entsteht innerhalb des Fluids ein Geschwindigkeitsfeld $\vec{v}$ und damit eine Konvektionsströmung. Dieses Geschwindigkeitsprofil kann durch freie Konvektion erfolgen oder aber eingeprägt sein. Durch Erweiterung der Wärmeleitungsgleichung (2.64) um den konvektiven Anteil ergibt sich dann

$$\rho c_p \frac{\partial T}{\partial t} + \nabla \cdot (-k \nabla T) + \nabla \cdot (\rho c_p \vec{v}\, T) = q''' \quad . \tag{2.66}$$

Diese Gleichung gilt sowohl für kompressible Fluids wie Gase oder Dämpfe als auch für inkompressible Flüssigkeiten.

Sind die Dichteunterschiede $\Delta\rho$ im Fluid aufgrund der Temperaturänderung klein im Vergleich zur Dichte des Fluids, kann man näherungsweise von einem inkompressiblen Fluid ausgehen, d.h. $\nabla \cdot \vec{v} = 0$. Damit vereinfacht sich (2.66) mit

$$\nabla \cdot (\rho c_p \vec{v}\, T) = \vec{v} \cdot \nabla(\rho c_p T) + (\rho c_p T)\, \nabla \cdot \vec{v} = \rho c_p \vec{v}\, \nabla T \tag{2.67}$$

zu

$$\rho c_p \frac{\partial T}{\partial t} + \nabla \cdot (-k \nabla T) + \rho c_p \vec{v} \cdot \nabla T = q''' \quad . \tag{2.68}$$

2.3.2.2 Konvektion in porösen Medien

Die Zusammensetzung des Bodens, d.h. seine einzelnen Bestandteile, sein Wassergehalt und sein Porenvolumen beeinflussen die Konvektion innerhalb des Bodens sehr stark. Zur Bestimmung des Wärmetransports in einem porösen Medium wie Boden oder Sand wird daher über ein Volumenelement gemittelt. Das Medium besteht sowohl aus festen Bestandteilen als auch aus Zwischenräumen zwischen den festen Bestandteilen, den Poren. Die Porosität φ beschreibt das Verhältnis aus Porenvolumen V_f zum Gesamtvolumen des Mediums V_m. Die Poren können hierbei sowohl mit einem Gas als auch einer Flüssigkeit gefüllt sein. Dies soll verallgemeinernd mit Fluid bezeichnet werden. Für die Porosität des Mediums gilt somit

$$\varphi = \frac{V_f}{V_m} = \frac{V_f}{V_f + V_s} \quad . \tag{2.69}$$

Hierin ist V_f das Volumen der Poren, die mit dem Fluid gefüllt sind, V_m das Gesamtvolumen des Mediums, das sich aus dem Volumen der festen (soliden) Bestandteile V_s und des Fluidvolumens V_f zusammensetzt.

Zur Herleitung der notwendigen Differentialgleichungen wird zunächst eine einphasige Durchströmung betrachtet. Das bedeutet, der Boden wird nur von einem Gas oder einer Flüssigkeit durchströmt, es treten keine Kombinationen mehrerer Flüssigkeiten oder Flüssigkeiten und Gasen auf. Dies bedeutet insbesondere, dass das Porenvolumen vollständig mit dem Fluid gefüllt ist. Des Weiteren soll zunächst kein Wärmeübergang zwischen den Festkörpern und dem Fluid betrachtet werden. Die Wärmeausbreitung in den festen Bestandteilen (Index s) kann damit durch die Wärmeleitung (2.64) mit

$$(1-\varphi)(\rho c_\mathrm{p})_\mathrm{s}\frac{\partial T_\mathrm{s}}{\partial t} + (1-\varphi)\nabla\cdot(-k_\mathrm{s}\nabla T_\mathrm{s}) = (1-\varphi)q_\mathrm{s}''' \tag{2.70}$$

beschrieben werden, wobei $(1-\varphi)$ dem Volumenanteil der festen Bestandteile entspricht und k_s der Wärmeleitfähigkeit des festen Bestandteils. Der Faktor $(1-\varphi)$ vor dem Konvektionsterm auf der linken Seite von (2.70) berücksichtigt die verminderte Wärmeleitungseigenschaften des porösen Mediums. Hierbei wird angenommen, dass die Oberflächenporosität identisch ist mit der Porosität des Mediums [68].
Für den Anteil der Fluidbestandteile φ wird die Wärmeleitung um die Konvektion erweitert und es gilt:

$$\varphi(\rho c_\mathrm{p})_\mathrm{f}\frac{\partial T_\mathrm{f}}{\partial t} + \varphi\nabla\cdot(-k_\mathrm{f}\nabla T_\mathrm{f}) + \nabla\cdot((\rho c_\mathrm{p})_\mathrm{f}\vec{v}\,T_\mathrm{f}) = \varphi q_\mathrm{f}''' \quad . \tag{2.71}$$

φ ist der Volumenanteil des Fluids, k_f dessen Wärmeleitfähigkeit und $\vec{v}$ die Fließgeschwindigkeit.
Da sich das Medium im thermischen Gleichgewicht befindet, gilt für die Temperaturen der einzelnen Bestandteile $T_\mathrm{s} = T_\mathrm{f} = T$. Setzt man dies in (2.70) und (2.71) ein und addiert die beiden Gleichungen, erhält man vereinfachend für das Medium (Index m)

$$(\rho c_\mathrm{p})_\mathrm{m}\frac{\partial T}{\partial t} + \nabla\cdot(-k_\mathrm{m}\nabla T) + \nabla\cdot((\rho c_\mathrm{p})_\mathrm{f}\vec{v}\,T) = q_\mathrm{m}''' \tag{2.72}$$

mit

$$(\rho c_\mathrm{p})_\mathrm{m} = (1-\varphi)(\rho c_\mathrm{p})_\mathrm{s} + \varphi(\rho c_\mathrm{p})_\mathrm{f} \tag{2.73}$$

$$k_\mathrm{m} = (1-\varphi)k_\mathrm{s} + \varphi k_\mathrm{f} \tag{2.74}$$

$$q_\mathrm{m}''' = (1-\varphi)q_\mathrm{s}''' + \varphi q_\mathrm{f}''' \quad , \tag{2.75}$$

wobei die resultierenden Größen als gewichtete arithmetische Mittelwerte angenommen werden [68].
Die Strömungsgeschwindigkeit $\vec{v}$ von Flüssigkeiten oder Gasen durch ein poröses Medium (homogen und isotrop) kann durch die Darcy-Gleichung

$$\vec{v} = -\frac{K}{\eta}(\nabla p - \rho\vec{g}) \quad . \tag{2.76}$$

beschrieben werden [68,69]. Darin ist ∇p der Druckgradient, η die dynamische Viskosität und ρ die Dichte des Fluids, K die spezifische Permeabilität des Mediums in m^2 und $\vec{g}$ die Gravitation.
Die spezifische Permeabilität K ist unabhängig von der Art des durchströmenden Mediums und hängt mit der Porosität des Bodens zusammen. Die Permeabilität verschiedener Böden ist in Tabelle 2.2 zu finden, die dynamische Viskosität einiger ausgewählter Flüssigkeiten in Tabelle 2.3. Eine detaillierte Aufstellung findet sich im Anhang A.3 der Arbeit.

Tabelle 2.2: Spezifische Permeabilität verschiedener Böden [68]

Bodentyp	K in m^2
Kies	$10^{-9} - 10^{-7}$
Sand	$10^{-11} - 10^{-10}$
Torf	$10^{-13} - 10^{-11}$
Lehm	$10^{-20} - 10^{-13}$

Tabelle 2.3: Dynamische Viskosität von Luft und Wasser bei $T = 293\,\mathrm{K}$ sowie Wasserdampf nach [70, 71]

Medium	η in $\mathrm{Pa \cdot s}$
Wasser	$1{,}002 \cdot 10^{-3}$
Luft	$18{,}19 \cdot 10^{-6}$
Wasserdampf (100 °C)	$12{,}4 \cdot 10^{-6}$

2.3.3 Erweiterung der Wärmeleitung und Konvektion für mehrphasigen Stofftransport

Die bisherigen Betrachtungen sind davon ausgegangen, dass das Porenvolumen nur mit einem Fluid gefüllt ist, d.h. von einem einphasigen Fluss. Dies ist jedoch nur der Fall, wenn der Boden komplett getrocknet ist und das Porenvolumen vollständig aus Luft besteht oder aber der Boden vollständig mit einer Flüssigkeit getränkt ist. Im Falle der Bodendekontaminierung muss davon ausgegangen werden, dass sich das Porenvolumen im Laufe der Erwärmung sowohl mit Flüssigkeit, als auch mit Luft oder Dampf füllen kann. Daher muss das bestehende Modell des einphasigen Flusses auf mehrere Phasen erweitert werden, wozu zunächst einige Annahmen getroffen werden müssen.

Das Bodenvolumen V besteht aus festen (Index s), flüssigen (Index l) und gasförmigen Bestandteilen (Index g). Die flüssigen und gasförmigen Volumenbestandteile können sich mit der Zeit bedingt durch die Erwärmung ändern, während der Volumenanteil der festen Bestandteile konstant bleibt, d.h.

$$V = V_\mathrm{s} + V_\mathrm{l}(t) + V_\mathrm{g}(t) \quad . \tag{2.77}$$

Für die Anteile der flüssigen, gasförmigen und festen Bestandteile am Gesamtvolumen gilt weiter

$$S_l = \frac{V_l}{V} \tag{2.78}$$

$$S_g = \frac{V_g}{V} \tag{2.79}$$

$$S_s = \frac{V_s}{V} \tag{2.80}$$

und zusätzlich

$$S_l + S_g = \varphi \qquad \text{und} \qquad S_s = 1 - \varphi \quad . \tag{2.81}$$

2.3.4 Diffusion

Neben dem Stofftransport durch Konvektionsströmungen kann in porösen Medien ein Stofftransport durch Diffusion auftreten. Dabei kann beispielsweise Wasserdampf durch die Poren des Bodens diffundieren. Die Ursache für Diffusionsprozesse sind Konzentrationsunterschiede. Die Konzentration eines Stoffes wird mit C_i bezeichnet und gibt den Massenanteil der Komponente i im betrachteten Volumen V an:

$$C_i = \frac{m_i}{V} \quad . \tag{2.82}$$

Aufgrund der Konzentrationsunterschiede innerhalb eines Volumens entsteht ein Teilchenstrom bzw. Massenstrom dessen Dichte $\vec{j}_i$, der mit Hilfe des ersten Fickschen Gesetzes beschrieben werden kann

$$\vec{j}_i = -D_i \nabla C_i \quad , \tag{2.83}$$

wobei D_i den Diffusionskoeffizienten des beteiligten Stoffes darstellt.
Der Diffusionskoeffizient D_v von Wasserdampf in Luft ist unabhängig von der Konzentration, ändert sich jedoch mit der Temperatur. Der Wert für die Diffusionskoeffizienten steigt nach [72] zwischen 105 °C und 300 °C von 0,39 cm^2/s auf etwa 0,83 cm^2/s. Dieser Wert reduziert sich im Erdboden und wird maßgeblich durch den Anteil der Luft im Porenvolumen bestimmt. Er berechnet sich zu [56]

$$D_{Boden} = 0{,}66 \cdot D_v \cdot \varphi_{Luft} \quad , \tag{2.84}$$

wobei D_{Boden} den Diffusionskoeffizienten von Wasserdampf im Boden darstellt, D_v den Diffusionskoeffizienten von Wasserdampf in Luft und φ_{Luft} den luftgefüllten Anteil des Porenvolumens.

Massenerhaltung

Innerhalb des Bodenvolumens gilt für jede Komponente (Luft, Dampf, Wasser, Boden) die Massenerhaltung. Sind keine Quellterme vorhanden, d.h. wird keine zusätzliche Masse einer Komponente generiert, gilt für die Konzentration jeder Teilkomponente C_i

$$\frac{\partial C_i}{\partial t} + \nabla \cdot (C_i \vec{V}_i) = 0 \quad , \tag{2.85}$$

wobei $\vec{V}_i$ die sogenannte *intrinsische Geschwindigkeit* darstellt, d.h. die mittlere Geschwindigkeit des Fluids über das Fluidvolumen [68].
Summieren über alle am Fluss beteiligten Komponenten i liefert somit

$$\frac{\partial C}{\partial t} + \nabla \cdot (C \vec{V}) = 0 \quad , \tag{2.86}$$

wobei gilt

$$\vec{V} = \frac{1}{C} \cdot \sum C_i \vec{V}_i \quad . \tag{2.87}$$

Die Bewegung einer Komponente i bezogen auf die Geschwindigkeit $\vec{V}$ wird als Diffusion bezeichnet und es gilt für die Teilchenstromdichte

$$\vec{j}_i = C_i (\vec{V}_i - \vec{V}) \quad . \tag{2.88}$$

Damit lässt sich (2.85) gemäß

$$\frac{\partial C_i}{\partial t} + \nabla \cdot (C_i \vec{V}) = -\nabla \vec{j}_i \tag{2.89}$$

ausdrücken.
Wird nun (2.83) in (2.89) eingesetzt, folgt als Kontinuitätsgleichung

$$\frac{\partial C_i}{\partial t} + \nabla \cdot (C_i \vec{V}) = \nabla \cdot (D_i \nabla C_i) \quad . \tag{2.90}$$

Es ist zu beachten, dass in (2.90) die Geschwindigkeit über das Fluidvolumen V betrachtet wird. Dieses Fluidvolumen entspricht in einem porösen Medium gerade seiner Porosität φ, womit sich die Fließgeschwindigkeit über das Gesamtvolumen des Mediums gemäß der *Dupuit-Forchheimer-Beziehung* [68]

$$\vec{v} = \varphi \vec{V} \tag{2.91}$$

ergibt.
Damit lässt sich (2.90) gemäß

$$\varphi \frac{\partial C_i}{\partial t} + \nabla \cdot (C_i \vec{v}) = \varphi \nabla \cdot (D_i \nabla C_i) \tag{2.92}$$

formulieren.
Bei der Betrachtung unterschiedlicher Fluids kann (2.92) entsprechend für flüssige ($i = l$) und gasförmige ($i = g$) Phasen formuliert werden.
Für den Fall flüssiger Phasen erhält man

$$\varphi \frac{\partial C_\mathrm{l}}{\partial t} + \vec{v} \cdot \nabla C_\mathrm{l} = \varphi \nabla \cdot (D_\mathrm{l} \nabla C_\mathrm{l}) \quad . \tag{2.93}$$

Hierbei wird ebenfalls davon ausgegangen, dass es sich um eine inkompressible Flüssigkeit handelt ($\nabla \cdot \vec{v} = 0$). C_l ist die Konzentration der Flüssigkeit und D_l ist die Diffusionskonstante.
Für gasförmige Bestandteile der Mischung kann nicht zwingend von einer Inkompressibilität ausgegangen werden, so dass sich der Zusammenhang

$$\varphi \frac{\partial C_\mathrm{g}}{\partial t} + \nabla \cdot (C_\mathrm{g} \vec{v}) = \varphi \nabla \cdot (D_\mathrm{g} \nabla C_\mathrm{g}) \tag{2.94}$$

ergibt.
Um die Verdampfung der Flüssigkeit zu berücksichtigen, werden die Gleichungen (2.93) und (2.94) zusätzlich um einen Massenterm $\dot{m}'''$ erweitert, der die Verdampfungsrate der Flüssigkeit beschreibt. Für den Flüssigkeitsanteil ergibt sich daraus

$$\varphi \frac{\partial C_\mathrm{l}}{\partial t} + \vec{v} \nabla C_\mathrm{l} = \varphi \nabla \cdot (D_\mathrm{l} \nabla C_\mathrm{l}) - \dot{m}''' \tag{2.95}$$

während sich für den Anteil des Dampfes (Index v) die Massenbilanz

$$\varphi \frac{\partial C_\mathrm{v}}{\partial t} + \nabla \cdot (C_\mathrm{v} \vec{v}) = \varphi \nabla \cdot (D_\mathrm{v} \nabla C_\mathrm{v}) + \dot{m}''' \tag{2.96}$$

ergibt.

2.3.5 Vollständige Wärmeleitungsgleichung für mehrphasige Konvektion und Diffusion

Unter Berücksichtigung der Diffusion im Medium erweitert sich (2.72) zu

$$(\rho c_\mathrm{p})_\mathrm{m} \frac{\partial T}{\partial t} + \nabla \cdot (-k_\mathrm{m} \nabla T) + (\rho c_\mathrm{p})_\mathrm{f} \vec{v} \cdot \nabla T + \varphi \nabla \cdot (-D_i \nabla C_i) c_{\mathrm{p},i} T = q_\mathrm{m}''' \tag{2.97}$$

mit

$$(\rho c_\mathrm{p})_\mathrm{m} = (1 - \varphi)(\rho c_\mathrm{p})_\mathrm{s} + \varphi (\rho c_\mathrm{p})_\mathrm{f} \tag{2.98}$$

$$k_\mathrm{m} = (1 - \varphi) k_\mathrm{s} + \varphi k_\mathrm{f} \tag{2.99}$$

$$q_\mathrm{m}''' = (1 - \varphi) q_\mathrm{s}''' + \varphi q_\mathrm{f}''' \quad . \tag{2.100}$$

Der Index i steht für die beteiligten Stoffe, also Flüssigkeit, Dampf und Luft.
Die Zusammensetzung der jeweiligen Wärmekapazitäten und Wärmeleitfähigkeiten sowie die Berechnung der Strömungsgeschwindigkeit und der Diffusion ist in den jeweiligen Abschnitten zur Modellierung erläutert.

3 Bestimmung der dielektrischen Materialparameter verschiedener Bodenarten und Flüssigkeiten

Die Ausbreitung elektromagnetischer Wellen und damit die Bestimmung der Eindringtiefe und der in Wärme umgesetzten Leistung in einem Medium hängt primär von dessen dielektrischen Eigenschaften ab. Im Fall von Erdboden sind die dielektrischen Eigenschaften nicht nur abhängig vom Bodentyp, sondern auch von dessen Wassergehalt, der Frequenz, der Temperatur und dem Salzgehalt [73]. In Kapitel 1.3 wurde bereits auf die gegenseitige Verkopplung des elektromagnetischen Feldes und des thermischen Feldes hingewiesen. Um diese Felder unter Berücksichtigung ihrer gegenseitigen Abhängigkeit berechnen zu können, ist es notwendig, die temperaturabhängigen dielektrischen Eigenschaften des Materials zu kennen. Sind diese bekannt, kann das elektromagnetische Feld innerhalb des Materials berechnet werden. Durch die Verluste innerhalb des Materials wird ein Teil der elektromagnetischen Energie absorbiert, was zu einer Erwärmung des Materials führt und damit wiederum zu einer Veränderung der dielektrischen Materialeigenschaften.

Auch für die Entwicklung geeigneter Bodenantennen zur effizienten Einkopplung der Mikrowellen in das umgebende Erdreich ist die Kenntnis der Materialparameter eine unabdingbare Voraussetzung. Nur damit kann sichergestellt werden, dass die Antennen während des gesamten Dekontaminierungsprozesses einen möglichst geringen Reflexionsfaktor aufweisen. Im Rahmen dieser Arbeit soll ausschließlich von nichtmagnetischen Materialien ausgegangen werden, d.h. $\mu_r = 1$. Die Bestimmung der Materialeigenschaften beschränkt sich somit auf die Bestimmung der dielektrischen Materialparameter, d.h. der komplexen Permittivität $\varepsilon_r = \varepsilon_r' - j\varepsilon_r''$.

In der Literatur ist die Temperaturabhängigkeit der dielektrischen Materialeigenschaften bisher kaum ausreichend dokumentiert. So ist oftmals nur der Realteil der komplexen Permittivität angegeben oder die Angabe beschränkt sich auf einige wenige, meist niedrige Frequenzen. Wenige Ausnahmen bilden [74] und [75–78], worin der Verlauf der Materialeigenschaften über der Temperatur für einige spezielle Werkstoffe angegeben ist. Gerade für Erdböden und verschiedene mögliche Kontaminierungen wie z.B. Treibstoffe oder Öle sind jedoch kaum Daten in der Literatur zu finden. Diese müssen daher im gewünschten Frequenzbereich in Abhängigkeit der Temperatur messtechnisch erfasst werden.

3.1 Überblick gebräuchlicher Messverfahren

Zur Bestimmung der dielektrischen Materialparameter im Hochfrequenz- bzw. Mikrowellenbereich haben sich eine Reihe unterschiedlicher Verfahren etabliert [79–90]. Dabei kann grundsätzlich zwischen einer Messung im Zeitbereich [86, 91, 92] und einer Messung im Frequenzbereich [93] unterschieden werden. Während die Zeitbereichsverfahren (TDR, engl. *time domain reflectometry*) auf der Aussendung eines Pulses und der Messung der Pulslaufzeit bzw. der Ausbreitungsgeschwindigkeit des Pulses im zu untersuchenden Medium und der Veränderung der Pulsamplitude beruhen, werden bei den Frequenzbereichsverfahren eingeschwungene, stationäre Zustände betrachtet. Bei den Frequenzbereichsverfahren ist die anwendbare Methode durch den gewünschten Frequenzbereich, in dem die Messung durchgeführt werden soll, meist vorgegeben. Für tiefere Frequenzen eignen sich vor allem quasistatische Messungen, während für mittlere und höhere Frequenzen Resonatormethoden oder Wellenleiterstrukturen vorteilhaft sind. Speziell für Frequenzen oberhalb etwa 10 GHz kommen oftmals Freiraummessungen zum Einsatz, im Millimeterwellenbereich Fabry-Perot-Resonatoren. Eine relativ breitbandige Messung kann mit Hilfe einer offenen Koaxialsonde durchgeführt werden. Im Folgenden werden die Messverfahren kurz vorgestellt, sowie deren Eignung für verschiedene Materialien untersucht. Nach einer Beschreibung der jeweiligen Vor- und Nachteile wird die in dieser Arbeit zum Einsatz kommende Hohlleitermethode detailliert beschrieben.

3.1.1 Zeitbereichsreflektometrie

Prinzipiell besteht ein TDR-System aus einem Pulsgenerator als Sender, einem Oszilloskop zur Analyse des gesendeten bzw. reflektierten Pulses und einer Sonde. Die Sonde besteht im Allgemeinen aus einer ungeschirmten Leitung, die in das zu untersuchende Material eingebracht wird. Das Blockschaltbild ist in Bild 3.1 zu sehen.

Der Pulsgenerator sendet einen steilflankigen Puls aus, der über das Koaxialkabel zur Sonde übertragen wird. Am Übergang zwischen dem Koaxialkabel und der Sonde wird durch die Änderung der Impedanz ein Teil der Leistung reflektiert. Der transmittierte Teil läuft über die Sonde und wird an deren offenem Ende reflektiert. Das Oszilloskop zeichnet die Überlagerung der reflektierten und transmittierten Spannungsanteile auf. Statt eines Pulses wird teilweise auch eine Sprungfunktion verwendet.

Da sich die Ausbreitungsgeschwindigkeit einer elektromagnetischen Welle durch das Vorhandensein eines dielektrischen Materials verringert, kann durch Messung der Ausbreitungsgeschwindigkeit auf die dielektrischen Eigenschaften des umgebenden Materials geschlossen werden. Nach [94] berechnet sich die Ausbreitungsgeschwindigkeit v in rein dielektrischen Medien zu

$$v = \frac{c_0}{\sqrt{\frac{\varepsilon_r'}{2}\left[1+\sqrt{1+\left(\frac{\varepsilon_r''+\frac{\sigma_{DC}}{\omega\varepsilon_0}}{\varepsilon_r'}\right)^2}\right]}} \quad . \tag{3.1}$$

Hierbei bezeichnet c_0 die Lichtgeschwindigkeit im Vakuum, ε_r' den Realteil der Permittivität, ε_r'' den Imaginärteil der Permittivität, σ_{DC} die statische Leitfähigkeit, ε_0 die Permittivitätskonstante des Vakuums und ω die Kreisfrequenz. Bei bekannter Sondenlänge lässt sich die Ausbreitungsgeschwindigkeit v direkt aus der Messung der Signallaufzeit t_S der auf der Sonde hin- und rücklaufenden Welle gemäß

$$v = \frac{2l_{eff}}{t_S} \tag{3.2}$$

bestimmen. Die effektive Länge l_{eff} der Sonde ist aufgrund der Streufelder etwas größer als deren physikalische Länge und abhängig vom umgebenden Medium. Durch eine Referenzmessung lässt sich die effektive Länge jedoch näherungsweise bestimmen. Werden zusätzlich die Mehrfachreflexionen ("ringing") innerhalb der Sonde ausgewertet, lässt sich aus der Dämpfung des Signals auf die Verluste des umgebenden Materials schließen [92, 95].

TDR-Methoden eignen sich besonders zur Messung der Permittivität in flüssigen und granularen Medien und können über eine große Bandbreite durchgeführt werden. Im Falle eines homogenen, verlustfreien und nicht dispersiven Mediums lässt sich die Permittivität direkt aus der Messung der Signallaufzeit bestimmen. Da die Permittivität eines Mediums in den meisten Fällen frequenzabhängig ist, muss sie bei diesen dispersiven Medien aus dem Spannungsverlauf im Reflektogramm mit Hilfe einer Fouriertransformation bestimmt werden [96]. Eine Erweiterung der TDR-Methode für inhomogene Medien ist in [92] dargestellt.

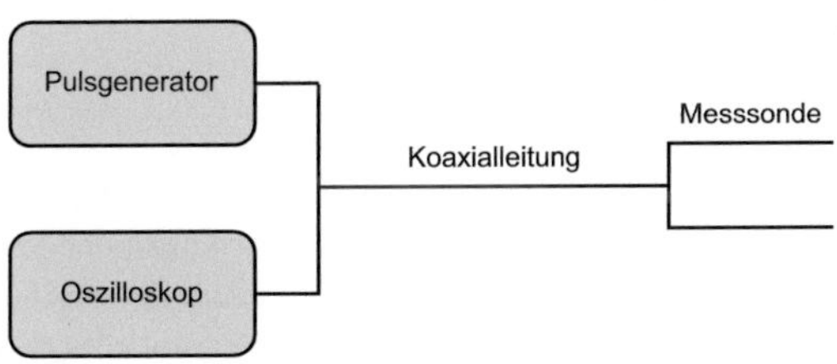

Bild 3.1: Prinzipieller Aufbau eines TDR-Systems, bestehend aus einem Pulsgenerator, einem Oszilloskop, einer Koaxialleitung und der Messsonde, die in das zu untersuchende Material eingebracht wird.

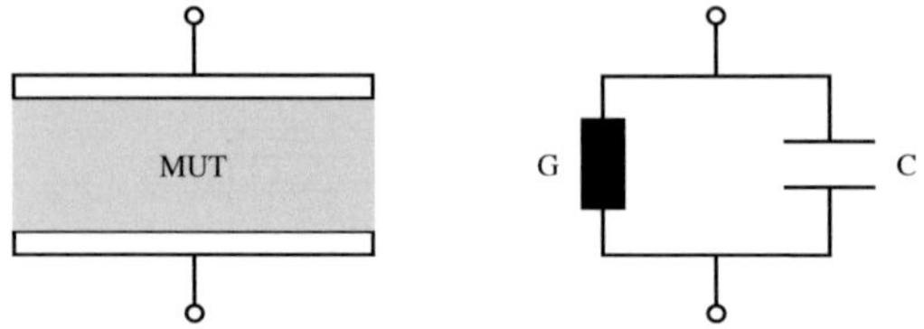

Bild 3.2: Messanordnung aus einem Plattenkondensator und zugehöriges Ersatzschaltbild

3.1.2 Quasistatische Messungen

Quasistatische Messungen eignen sich vorwiegend für niedrige Frequenzen bis ca. 30 MHz, bei denen die Wellenlänge sehr viel größer ist als die Abmessungen des Messaufbaus [97]. Im einfachsten Fall besteht die Messanordnung aus einem Plattenkondensator zwischen dessen parallele Platten das zu untersuchende Material (MUT, material under test) eingebracht wird. Eine beispielhafte Skizze der Messanordnung und des entsprechenden Ersatzschaltbildes ist in Bild 3.2 zu sehen. Mit Hilfe eines Impedanzanalysators wird der komplexe Leitwert

$$Y = G + j\omega C \tag{3.3}$$

bestimmt. Dieser lässt sich erweitern zu

$$Y = j\omega C_0 \left(\frac{C}{C_0} - j\frac{G}{\omega C_0} \right) \quad , \tag{3.4}$$

wobei C_0 die Kapazität des luftgefüllten Kondensators beschreibt. Aus dem gemessenen Leitwert lässt sich die Permittivität $\varepsilon_r = \varepsilon_r' - j\varepsilon_r''$ nach

$$\varepsilon_r' = \frac{C}{C_0} = \frac{Cd}{A\varepsilon_0} \tag{3.5}$$

und

$$\varepsilon_r'' = \frac{G}{\omega C_0} = \frac{Gd}{\omega A\varepsilon_0} \tag{3.6}$$

bestimmen. A bezeichnet hierbei die Fläche der Platte, d den Plattenabstand und somit die Dicke der Materialprobe und ε_0 ist die Dielektrizitätskonstante des Vakuums.
Die Genauigkeit der Messung wird durch eventuelle Luftspalte zwischen MUT und Kondensatorplatte stark beeinträchtigt. Somit ist ein Luftspalt unbedingt zu vermeiden. Dadurch wird ersichtlich, dass diese Messanordnung nur für Materialien mit hinreichend glatter Oberfläche geeignet ist. Zur Vermessung von flüssigen und granularen Medien ist ein Parallelplattenkondensator nur bedingt geeignet, eine Ausführung als Rohr oder Becher erscheint in diesen Fällen sinnvoller [98].

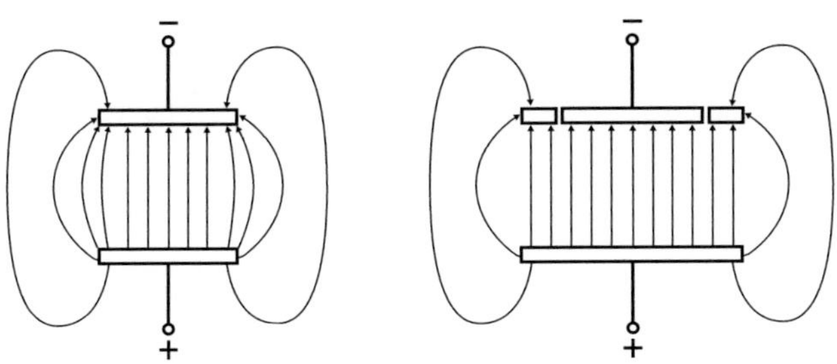

(a) ohne Guard-Elektrode (b) mit Guard-Elektrode

Bild 3.3: Einfluss der Guard-Elektrode auf das elektrische Feld des Kondensators

Ein weiterer Fehler kann durch Streukapazitäten an den Plattenrändern entstehen. Um genauere Messergebnisse zu erhalten, wird deshalb eine sog. Guard-Elektrode verwendet [97]. Sie stellt sicher, dass sich zwischen den Platten ein homogenes elektrisches Feld befindet und Randverzerrungen vermieden werden. Die Auswirkungen einer Guard-Elektrode auf das elektrische Feld zwischen den Kondensatorplatten ist beispielhaft in Bild 3.3 zu sehen.

3.1.3 Messungen mittels Resonator

Bei dieser Messmethode wird das MUT in einen Resonator eingebracht. Dieser kann dabei vollständig oder auch nur teilweise [80, 99] mit dem MUT gefüllt sein. Durch den Einfluss des Dielektrikums verändern sich die Resonanzfrequenz und die Güte des Resonators. Aus diesen Änderungen lässt sich die Permittivität des eingebrachten Materials nach Gleichungen (3.7) und (3.9) berechnen. Der Realteil $\varepsilon'_{r,\mathrm{MUT}}$ der Permittivität bestimmt sich aus dem Quotienten der Resonanzfrequenz $f_{\mathrm{res,Luft}}$ des luftgefüllten Resonators und der Resonanzfrequenz $f_{\mathrm{res,MUT}}$ des mit dem MUT gefüllten Resonators gemäß

$$\varepsilon'_{r,\mathrm{MUT}} = \left(\frac{f_{\mathrm{res,Luft}}}{f_{\mathrm{res,MUT}}} \right)^2 \quad . \tag{3.7}$$

Der Verlustfaktor $\tan \delta_{\mathrm{MUT}}$ des Materials lässt sich aus der gemessenen −3 dB-Bandbreite und der Resonanzfrequenz $f_{\mathrm{res,MUT}}$ nach [100] zu

$$\tan \delta_{\mathrm{MUT}} = \frac{B_{-3\mathrm{dB,MUT}}}{f_{\mathrm{res,MUT}}} \tag{3.8}$$

bestimmen. Damit berechnen sich die Verluste des Materials zu

$$\varepsilon''_{r,\mathrm{MUT}} = \frac{B_{-3\mathrm{dB,MUT}}}{f_{\mathrm{res,MUT}}} \varepsilon'_{r,\mathrm{MUT}} \quad . \tag{3.9}$$

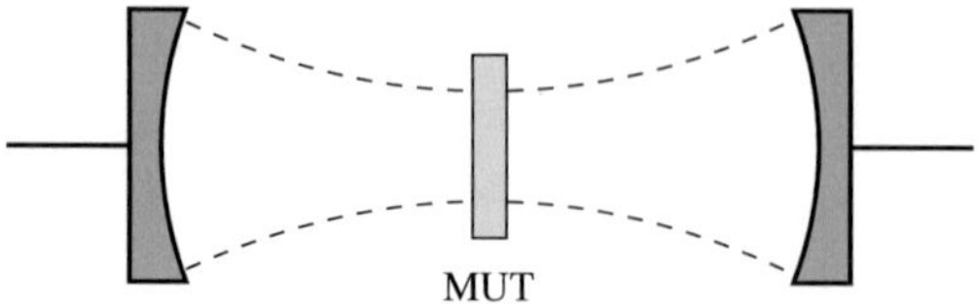

Bild 3.4: Freiraumresonator mit zwei Fabry-Perot-Spiegeln

Der Resonator kann hierbei verschiedene Bauformen haben. In vielen Fällen ist er als Hohlraumresonator [101], als dielektrischer Resonator [82, 102–104] oder als Mikrostreifenresonator [105–108] ausgelegt. Für sehr hohe Frequenzen im Bereich von einigen 10 GHz bis über 100 GHz werden auch Freiraumresonatoren (engl. open resonator) [80,84,88,89,109] mit zwei Fabry-Perot-Spiegeln benutzt. Dabei befindet sich das zu untersuchende Material im Zentrum des Resonators, d.h. in der Mitte der beiden Spiegel und damit in der Taille eines Gaußschen Strahles. Eine solche Anordnung ist in Bild 3.4 zu sehen. Die zugrunde liegende Theorie und die mathematische Beschreibung zu diesem Resonatortyp finden sich beispielsweise in [110] und [111]. Die Vorteile des Freiraumresonators liegen in der sehr hohen Genauigkeit und der Möglichkeit auch anisotrope Materialien zu vermessen. Nachteilig ist bei diesem Verfahren, dass die Probenstücke neben einer ebenen, geraden Fläche auch nur eine sehr geringe Dicke aufweisen dürfen.
Resonante Verfahren eignen sich generell für die hochgenaue Bestimmung der komplexen Permittivität vor allem für Materialien mit geringen Verlusten [82]. Für Materialien mit höheren Verlusten kann beispielsweise die Methode der kleinen Störung (engl. *small perturbation method*) verwendet werden, bei welcher der Resonator nicht vollständig, sondern nur zu einem kleinen Teil gefüllt wird [80, 101, 103]. Hierbei kann sich die Messunsicherheit durch die notwendigen mathematischen Näherungen und die praktische Realisierung auf bis zu 10 % verschlechtern [80].
Bei Materialien mit hohen Verlusten eignen sich die Resonatorverfahren nur bedingt, da sich die Güte im gefüllten Zustand so stark verringern kann, dass eine Bestimmung der −3 dB-Bandbreite des Resonators nicht mehr möglich ist. Weitere Nachteile liegen darin, dass mit Resonatoren oftmals nur ein kleines Frequenzband abgedeckt werden kann und bei metallischen Resonatoren die Verluste in den metallischen Berandungen zu Messunsicherheiten bei den Verlusten des gemessenen Materials führen können. Auch Luftspalte zwischen Metall und zu untersuchendem Material wirken sich nachteilig auf die Messgenauigkeit aus.

3.1.4 Freiraummessungen

Bei der Freiraummessung wird die Materialprobe zwischen zwei Antennen in deren Fernfeld platziert, siehe Bild 3.5. Dabei werden in der Regel stark fokussierende Hornanten-

nen benutzt. Damit kann einerseits die Abmessung der Materialprobe reduziert werden und andererseits lassen sich störende Einflüsse wie Beugung oder Mehrwegeausbreitung verringern. Ein Vorteil dieser Messmethode liegt darin, dass sich keine unerwünschten Luftspalte und keine höheren Moden ausbilden können, die in der Berechnung der Permittivität berücksichtigt werden müssten [87]. Ein weiterer Vorteil ist, dass die Materialprobe sehr einfach in die Messstrecke eingebracht werden kann [80]. Die Materialprobe kann dabei beliebige Formen annehmen, solange sie den Anforderungen nach einer ebenen, planparallelen und ausreichend großen Fläche entspricht. Weiterhin ist dieses Messverfahren auch für Materialien mit hohen Verlusten geeignet [112]. Aufgrund der notwendigen Abmessungen für die Antennen und der Materialprobe eignet sich diese Messmethode nur für Frequenzen oberhalb einiger GHz.
Bei der Messung werden mit einem Netzwerkanalysator entweder der Reflexionsparameter S_{11} oder der Transmissionsparameter S_{21} bzw. eine Kombination aus beiden bestimmt [87, 113, 114]. Die Permittivität der Materialprobe ergibt sich durch eine inverse Berechnung aus den gemessenen Streuparametern. Die Auswirkungen von Messunsicherheiten in den Streuparametern werden in [112] untersucht, während in [115] auf die Fehler eingegangen wird, die entstehen, falls die auf die Materialprobe einfallende Welle nicht eben ist.
Zusammenfassend lässt sich feststellen, dass die Vorteile der Freiraummessung dann überwiegen, wenn es sich um die breitbandige Untersuchung von Festkörpern bei ausreichend hoher Frequenz handelt und die mechanischen Anforderungen an die Materialprobe eingehalten werden können. Ist die Probe zu klein, müssen Beugungseffekte berücksichtigt werden. Für Frequenzen im unteren GHz-Bereich ist die Methode aufgrund der mechanischen Abmessung nicht geeignet.

3.1.5 Messungen mit einer offenen Koaxialsonde

Eine sehr einfache und zugleich breitbandige Möglichkeit zur Messung der Permittivität bietet eine offene Koaxialsonde, wie sie in Bild 3.6 zu sehen ist. Die Sonde wird direkt in Kontakt mit dem zu untersuchenden Material gebracht und die Änderung des Reflexionsparameters S_{11} mit einem Netzwerkanalysator ausgewertet.

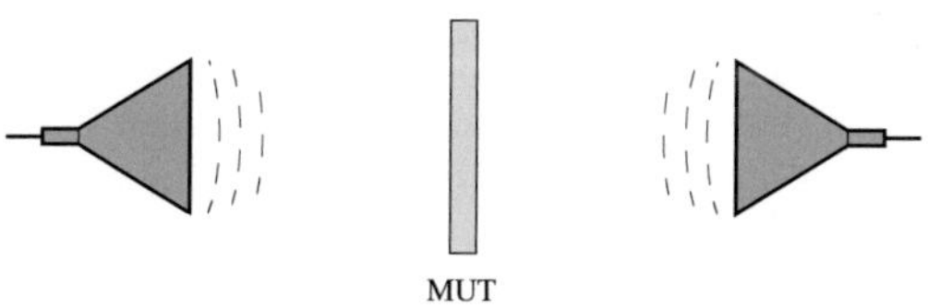

Bild 3.5: Prinzip der Freiraummessung mit zwei fokussierenden Antennen und Materialprobe (MUT)

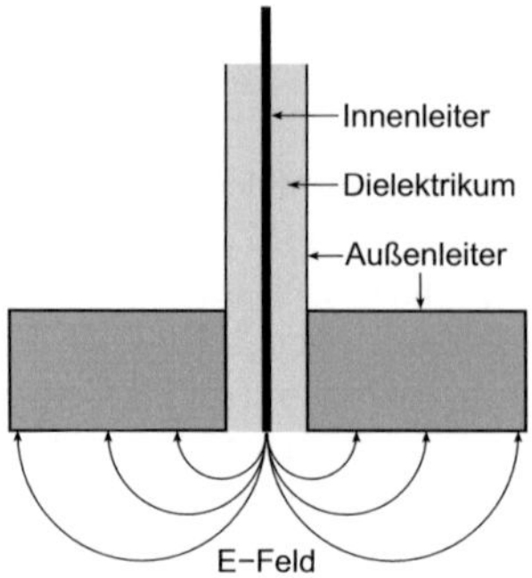

Bild 3.6: Prinzip der offenen Koaxialsonde

Die inverse Berechnung der komplexen Permittivität ε_r aus dem gemessenen Reflexionsparameter wird mittels einer kommerziellen Software [116] durchgeführt. Aufgrund der koaxialen Bauweise ist die Sonde für einen sehr großen Frequenzbereich von 200 MHz bis 50 GHz geeignet. Allerdings ist eine Messung von anisotropen Materialien bedingt durch die Rotationssymmetrie des elektrischen Feldes nicht möglich. Eine weitere Einschränkung besteht hinsichtlich der Verluste der Materialprobe. Der Verlustfaktor $\tan\delta_{MUT}$ sollte laut Spezifikation [116] einen Wert von $\tan\delta_{MUT} = 0{,}05$ nicht unterschreiten. Für Materialien, deren Permittivität größer ist als $\varepsilon_r = 5$, sollte der Verlustfaktor nicht kleiner sein als $\tan\delta_{MUT} = 0{,}5$. Weiterhin muss die Materialprobe ausreichend dick ($> 20/\sqrt{\varepsilon_r}$ mm) sein, damit das elektrische Feld nicht durch die Probe hindurchgreift und somit die Messung verfälscht. In [117] wird die Stabilität des Inversionsalgorithmus verschiedener Konversionsmodelle bei Vorhandensein von Luftspalten zwischen der Sonde und der Materialprobe untersucht. Detaillierte Informationen über verschiedene Konversionsmodelle zur Berechnung der Permittivität und den Einfluss von Luftspalten zwischen Materialprobe und Sonde sowie von nicht-unendlich ausgedehnten Materialproben sind beispielsweise in [90, 117–124] zu finden.

Da bei diesem Messverfahren nur der komplexe Reflexionsfaktor gemessen wird, eignet sich die Sondenmessung nur für nicht-magnetische Materialien. Besonders bei Materialien mit geringen Verlusten werden die Ergebnisse zunehmend ungenauer, so dass dieses Messverfahren in erster Linie für Materialien mit mittleren bis hohen Verlusten geeignet ist. Eine Bestimmung der Permittivität von granularen Materialien und Materialien mit rauer Oberfläche ist nicht möglich, da die entstehenden Luftspalte das Messergebnis verfälschen. Für Flüssigkeiten ist die Sonde jedoch sehr gut geeignet und wird im Rahmen dieser Arbeit auch zur Bestimmung der temperaturabhängigen Permittivität von verschiedenen Alkoholen, Treibstoffen und Ölen verwendet. Die Ergebnisse dieser Messungen finden sich im Anhang A.3 der Arbeit.

3.2 Messungen mittels Hohlleiter

Diese Art der Messung eignet sich für Frequenzen ab etwa 1 GHz. Für tiefere Frequenzen werden die Abmessungen größer und die Struktur damit unhandlicher. Bei Frequenzen über einigen 10 GHz werden die Hohlleiter-Querschnitte jedoch sehr klein und der Einfluss von nicht-idealen Übergängen und Ungenauigkeiten bei der Probenherstellung auf die Messgenauigkeit nimmt stark zu. In der Literatur werden Messungen sowohl mit koaxialen Hohlleitern [93] als auch mit rechteckigen Hohlleitern durchgeführt [85, 125–127]. Koaxiale Hohlleiter sind zwar breitbandiger, haben jedoch den Nachteil, dass die Probenfertigung bedingt durch den Mittelleiter aufwendiger ist. Meist sind die Hohlleiter über den Querschnitt vollständig mit der Materialprobe gefüllt, allerdings besteht auch die Möglichkeit, dass nur ein Teil des Hohlleiterquerschnitts mit der Probe gefüllt wird [128, 129]. Hohlleitermessverfahren eignen sich sowohl für feste als auch für flüssige und granulare Materialien [85, 130] und sind bei Auswertung von Transmission und Reflexion sowohl für Materialien mit niedrigen als auch mit hohen Verlusten sowie für magnetische Materialien geeignet.

Im Folgenden wird die in dieser Arbeit benutzte Hohlleitermessung zur Bestimmung der komplexen Permittivität flüssiger und granularer Materialien detailliert beschrieben sowie eine Fehlerabschätzung durchgeführt.

3.2.1 Hohlleitermethode zur Messung von granularen und flüssigen Medien

Um die komplexe Permittivität ε_r von Böden bzw. Flüssigkeiten zu bestimmen, wird eine zu untersuchende Materialprobe innerhalb des Hohlleiters platziert. Mit Hilfe eines vektoriellen Netwerkanalysators (VNA) werden zunächst die komplexen Streuparameter S_{11} und S_{21} bezogen auf die Referenzebenen Port 1 und Port 2 bestimmt. Diese Referenzebenen werden mittels einer TRL-Kalibration mit drei bekannten Kalibrationsstandards **t**hrough, **r**eflection und (delay) **l**ine definiert. Mit Hilfe des in Kapitel 3.2.4 vorgestellten Berechnungsverfahrens kann aus den gemessenen komplexen Streuparametern die Permittivität ε_r der Materialprobe bestimmt werden.
Im Hohlleiter befindet sich ein fünfschichtiger Aufbau, der in Bild 3.7 zu sehen ist. Der Aufbau besteht aus zwei Luftschichten (Schicht 1 und Schicht 5), zwei dielektrischen Wänden aus PTFE (Polytetraflourethylen,Teflon™), die durch die Abschnitte 2 und 4 gekennzeichnet sind und dem zu untersuchenden Material (MUT) im mittleren Abschnitt 3. Die dielektrischen Wände dienen hierbei als Behältnis für das flüssige bzw. gra-

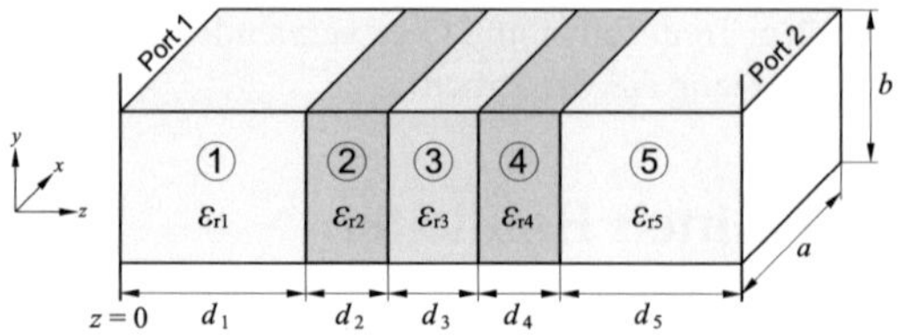

Bild 3.7: Hohlleiter mit fünf dielektrischen Schichten

nulare MUT. Bei dem Hohlleiter handelt es sich um einen Hohlleiter mit einer Innenbreite von a = 86,36 mm und einer Innenhöhe von b = 43,18 mm entsprechend dem WR 340 Standard. Dieser Messaufbau wird in einem Frequenzbereich von 2 GHz bis 3 GHz benutzt. Die luftgefüllten Abschnitte 1 und 5 dienen dazu, höhere Moden zu dämpfen, die innerhalb der MUT-Schicht an Inhomogenitäten erzeugt werden können. Die Luftschichten sollten eine Mindestlänge von

$$d_1, d_5 \geq l_{\min} := \frac{5}{2\pi}\left[\frac{1}{a^2} - \left(\frac{f_{\max}}{c_0}\right)^2\right]^{-\frac{1}{2}} \tag{3.10}$$

haben, was der fünffachen Dämpfungskonstanten $\alpha_{\mathrm{H}_{20}}$ des nächsthöheren H_{20}-Modes entspricht (s.a. Abschnitt A.1.5.3 im Anhang der Arbeit). Auf diese Weise werden alle Moden, die höher als die H_{10}-Grundmode sind, um mindestens 43 dB gedämpft. Da die maximale Messfrequenz $f_{\max}$ = 3 GHz beträgt, berechnet sich die Mindestlänge $l_{\min}$ der Luftschichten gemäß (3.10) zu 14 cm. Die Schichten 2 und 4 bestehen aus PTFE und bilden das Behältnis für die zu untersuchende Materialprobe (MUT in Schicht 3 in Bild 3.7). Die Schichtdicke der Wände kann variabel sein, allerdings ist zu beachten, dass die Wände senkrecht auf der Ausbreitungsrichtung der elektromagnetischen Welle innerhalb des Hohlleiters stehen. Um den Einfluss eines möglichen Luftspaltes zwischen der zu untersuchenden Materialprobe und der Hohlleiterwand zu minimieren, wird der Hohlleiter hochkant angeordnet. Die schmäleren Seitenwände des Hohlleiters bilden den somit den Boden bzw. den Deckel. Durch diese Anordnung wird sichergestellt, dass ein potentieller Luftspalt nur an der Seitenwand entstehen kann. Bei der betrachteten H_{10}-Grundmode steht der elektrische Feldvektor damit parallel zum Luftspalt. Durch die Randbedingung ist zusätzlich sichergestellt, dass dessen Betrag sehr klein ist. Die Auswirkungen eines möglichen Luftspaltes sind somit nicht als kritisch zu betrachten, wie in Abschnitt 3.2.7 gezeigt wird. Aus praktischen Überlegungen ist es zweckmäßig, den Messaufbau symmetrisch zu gestalten. Das bedeutet, dass die Schichten 1 und 5 bzw. die Schichten 2 und 4 identische geometrische Abmessungen und identische dielektrische Eigenschaften haben sollten. Das Gleichungssystem zur Bestimmung der Materialparameter wird dadurch allerdings nur wenig vereinfacht, so dass hier der allgemeine Lösungsansatz beschrieben wird.

3.2.2 Analytische Beschreibung der Wellenausbreitung in mehrfach geschichteten Medien

Wie bereits erwähnt, wird davon ausgegangen, dass sich im Hohlleiter nur die H_{10}-Mode ausbreitet. Um dies zu gewährleisten, wird der Frequenzbereich für die Messung beschränkt auf etwa

$$1{,}15 \leq \frac{f}{f_c} \leq 1{,}72 \quad , \tag{3.11}$$

wobei f_c die cut-off-Frequenz des Hohlleiters darstellt. Diese ist abhängig von der Breite a und der Höhe b des Hohlleiters sowie der sich ausbreitenden Mode und kann für einen luftgefüllten Hohlleiter allgemein mit

$$f_c = \frac{c_0}{2}\sqrt{\left(\frac{m}{a}\right)^2 + \left(\frac{n}{b}\right)^2} \tag{3.12}$$

berechnet werden. Die Indizes m und n bezeichnen hierbei die jeweilige Mode H_{mn}, c_0 die Lichtgeschwindigkeit im Vakuum. Im Fall der hier betrachteten H_{10}-Mode und Hohlleiterabmessungen von $a = 86{,}36\,\text{mm}$ und $b = 43{,}18\,\text{mm}$ berechnet sich die cut-off-Frequenz f_c zu

$$f_c = 1{,}737\,\text{GHz} \quad .$$

Unter der Voraussetzung nach Gleichung (3.11) lassen sich das elektrische Feld E und das magnetische Feld H im Hohlleiter mit

$$E_y = j\frac{\omega\mu}{\omega^2\varepsilon\mu + \gamma^2}\frac{\pi}{a}H_0 \sin\left(\frac{\pi}{a}x\right)e^{\gamma z} \tag{3.13}$$

$$H_x = -\frac{\gamma}{\omega^2\varepsilon\mu + \gamma^2}\frac{\pi}{a}H_0 \sin\left(\frac{\pi}{a}x\right)e^{\gamma z} \tag{3.14}$$

$$H_z = H_0 \cos\left(\frac{\pi}{a}x\right)e^{\gamma z} \tag{3.15}$$

berechnen.

Die Herleitung der Gleichungen (3.12) bis (3.15) findet sich aus Gründen der Übersichtlichkeit in Anhang A.1.

Zunächst soll betrachtet werden, wie sich die Streuparameter S_{11} and S_{21} als Funktion der Permittivität ε_r der zu untersuchenden Materialprobe (MUT in Schicht 3 in Bild 3.7) berechnen lassen. Wie bereits erwähnt, wird hier vereinfachend angenommen, dass nur nicht-magnetische Materialien untersucht werden, d.h. die magnetische Permeabilität beträgt $\mu_r = 1$.

In jeder Schicht n wird nun die H_{10}-Mode mit den komplexen Amplituden E_n für das elektrische Feld und H_n für das transversale magnetische Feld betrachtet. Die Felder wer-

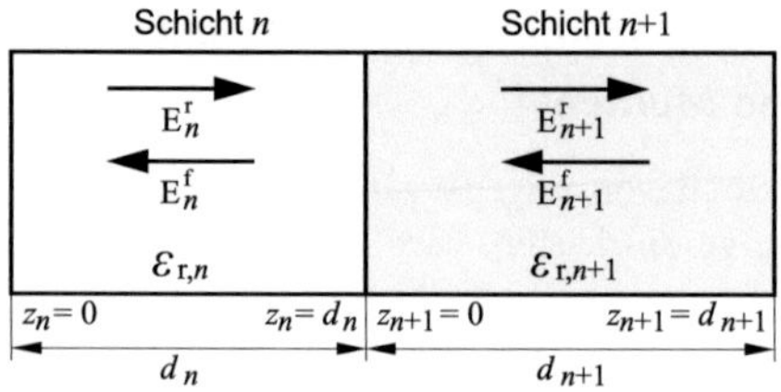

Bild 3.8: Definition der Ausbreitungsrichtung und der damit verbundenen Felder

den dabei in hinlaufende (bezeichnet mit dem Index f (forward)) und rücklaufende Wellen (bezeichnet mit dem Index r, reverse) aufgeteilt:

$$E_n(z_n) = E_n^{\mathrm{f}} e^{\gamma_n z_n} + E_n^{\mathrm{r}} e^{-\gamma_n z_n} \tag{3.16}$$

$$H_n(z_n) = H_n^{\mathrm{f}} e^{\gamma_n z_n} - H_n^{\mathrm{r}} e^{-\gamma_n z_n} \tag{3.17}$$

$$\gamma_n = \sqrt{\left(\frac{\pi}{a}\right)^2 - \left(\frac{2\pi f}{c_0}\right)^2 \varepsilon_{\mathrm{r},n}} \tag{3.18}$$

mit

$$\varepsilon_{\mathrm{r},n} = \varepsilon'_{\mathrm{r},n} - j\varepsilon''_{\mathrm{r},n}\,, \qquad \tan\delta = \frac{\varepsilon''_{\mathrm{r},n}}{\varepsilon'_{\mathrm{r},n}} \quad . \tag{3.19}$$

γ_n bezeichnet die Ausbreitungskonstante im Medium der Schicht n. Die hinlaufende Welle sei definiert als Ausbreitung in negative z-Richtung, d.h. von rechts nach links in Bild 3.8. Das transversale H-Feld lässt sich mit Hilfe des Wellenwiderstandes

$$Z_{\mathrm{F},n} = \frac{j2\pi f \mu_0}{\gamma_n} \tag{3.20}$$

als Funktion des E-Feldes mit

$$H_n(z_n) = \frac{E_n^{\mathrm{f}} e^{\gamma_n z_n} - E_n^{\mathrm{r}} e^{-\gamma_n z_n}}{Z_{\mathrm{F},n}} \tag{3.21}$$

ausdrücken. Die tangentialen Komponenten des E-Feldes und H-Feldes müssen am Übergang zwischen zwei Schichten n und $n+1$ stetig sein. Dies gilt für jede einzelne Mode, da die verschiedenen möglichen Moden voneinander linear unabhängig sind. Für die H_{10}-Mode folgt damit aus den Gleichungen (3.16) und (3.21)

$$E_n^{\mathrm{f}} e^{\gamma_n d_n} + E_n^{\mathrm{r}} e^{-\gamma_n d_n} = E_{n+1}^{\mathrm{f}} + E_{n+1}^{\mathrm{r}} \tag{3.22}$$

$$\frac{E_n^{\mathrm{f}} e^{\gamma_n d_n} - E_n^{\mathrm{r}} e^{-\gamma_n d_n}}{Z_{\mathrm{F},n}} = \frac{E_{n+1}^{\mathrm{f}} - E_{n+1}^{\mathrm{r}}}{Z_{\mathrm{F},n+1}} \tag{3.23}$$

für $n = 1, \ldots, 4$. An Port 2 treten keine Reflexionen auf, somit kann E_5^{f} zu Null gesetzt werden. Dies führt auf ein lineares Gleichungssystem mit acht Gleichungen für die acht unbekannten Feldgrößen $E_1^{\mathrm{f}}, E_2^{\mathrm{f}}, \ldots, E_5^{\mathrm{r}}$. Dieses kann gelöst werden, wenn die einfallende Welle E_1^{r} und die Permittivität $\varepsilon_{\mathrm{r},n}$ der jeweiligen Schicht n bekannt ist. Daraus lassen sich nun die komplexen Streuparameter S_{11} und S_{21} berechnen zu

$$S_{11} = \frac{E_1^{\mathrm{f}}}{E_1^{\mathrm{r}}}, \qquad S_{21} = \frac{E_5^{\mathrm{r}} e^{-\gamma_5 d_5}}{E_1^{\mathrm{r}}} \sqrt{\frac{\gamma_5}{\gamma_1}} \quad . \tag{3.24}$$

Da sowohl die Schicht 1 als auch die Schicht 5 aus Luft besteht, gilt $\varepsilon_{\mathrm{r},1} = \varepsilon_{\mathrm{r},5}$. Damit wird der Wert der Wurzel in (3.24) gleich 1. Für bekannte Schichtdicken $d_1, \ldots, d_5$ und bekannte dielektrische Materialparameter der dielektrischen Wände (Schicht 2 und 4) können die Streuparameter in (3.24) als Funktion der dielektrischen Eigenschaften $\varepsilon_{\mathrm{r},3}$ der zu untersuchenden Materialprobe (MUT in Schicht 3) berechnet werden.

3.2.3 Das inverse Problem

Wie im vorigen Abschnitt gezeigt wurde, ist es möglich die Streuparameter S_{11} and S_{21} bei bekannter Permittivität $\varepsilon_{\mathrm{r},3}$ der zu untersuchenden Materialprobe analytisch zu berechnen. Um die Materialparameter zu bestimmen, ist es jedoch notwendig, das inverse Problem zu lösen, d.h. zu den gemessenen Streuparametern S_{11}^{mess} und S_{21}^{mess} muss nun die Permittivität $\varepsilon_{\mathrm{r},3}$ der Materialprobe bestimmt werden, welche die Gleichungen

$$S_{11}(\varepsilon_{\mathrm{r},3}) = S_{11}^{\mathrm{mess}} \tag{3.25}$$

$$S_{21}(\varepsilon_{\mathrm{r},3}) = S_{21}^{\mathrm{mess}} \tag{3.26}$$

gleichzeitig erfüllt. Hierbei handelt es sich um ein überbestimmtes Gleichungssystem, da die beiden unabhängigen komplexen Gleichungen mit nur einer komplexen Unbekannten gelöst werden. Die gemessenen Streuparameter S_{11}^{mess} und S_{21}^{mess} können beide mit Messfehlern behaftet sein. Daher wird es im Allgemeinen nicht möglich sein, die Gleichungen (3.25) und (3.26) exakt zu lösen. Das Problem wird dazu in folgender Weise umformuliert. Ziel ist es, ein $\varepsilon_{\mathrm{r},3}$ zu finden, welches die quadratische Norm $N(\varepsilon_{\mathrm{r},3})$ minimiert:

$$N(\varepsilon_{\mathrm{r},3}) := |S_{11}(\varepsilon_{\mathrm{r},3}) - S_{11}^{\mathrm{mess}}|^2 + |S_{21}(\varepsilon_{\mathrm{r},3}) - S_{21}^{\mathrm{mess}}|^2 \quad . \tag{3.27}$$

Falls eine exakte Lösung $\varepsilon_{\mathrm{r},3}$ gefunden wird, wird die Norm $N(\varepsilon_{\mathrm{r},3})$ gleich Null. Theoretisch ist es ausreichend, nur eine der beiden Gleichungen (3.25) oder (3.26) zu betrachten und daraus $\varepsilon_{\mathrm{r},3}$ zu berechnen. Bei diesem Vorgehen würde es genügen, nur einen Streuparameter S_{11}^{mess} oder S_{21}^{mess} zu messen. Die hier gezeigte Auswertung beider Streuparameter hat praktische Gründe. Für ein Material mit kleiner Permittivität sind die Reflexionen relativ gering, d.h. der gemessene S_{11}^{mess}-Parameter ist sehr klein. Bei Materialien mit hoher Permittivität hingegen ist die Reflexion groß, allerdings die Transmission S_{21}^{mess} sehr gering. Die in (3.27) beschriebene quadratische Norm gewichtet implizit den Streuparameter mit größerer Amplitude höher.

3.2.4 Algorithmus zur Lösung des inversen Problems

Es muss nun ein Wert für die Permittivität $\varepsilon_{r,3}$ bestimmt werden, dass die Norm $N(\varepsilon_{r,3})$, wie sie in (3.27) definiert ist, ein globales Minimum annimmt. Zu diesem Zweck ist es von Vorteil, die Norm $N(\varepsilon_{r,3})$ als Funktion zweier reellen Variablen $\varepsilon'_{r,3}$ und $\varepsilon''_{r,3}$ zu definieren

$$N(\varepsilon'_{r,3}, \varepsilon''_{r,3}) := N\left(\varepsilon'_{r,3} - j\varepsilon''_{r,3}\right) \quad . \tag{3.28}$$

Gewöhnlich werden Optimierungsalgorithmen dazu benutzt, ein lokales Minimum durch iterative Verbesserung eines vorgegebenen Startwertes zu bestimmen. Das hieraus resultierende Minimum ist im Allgemeinen nicht das globale Minimum. Um das globale Minimum zu finden, muss deshalb ein anderer Ansatz verwendet werden. Bei diesem wird zunächst ein Intervall $I \subset \mathbb{R}^2$ definiert, das die mögliche Lösung $(\varepsilon'_{r,3}, \varepsilon''_{r,3})$ enthält. Dieses Intervall kann relativ groß gewählt werden, so dass nur wenig Vorwissen über die dielektrischen Eigenschaften der Materialprobe notwendig ist. Ein mögliches Intervall für die meisten Materialien wäre beispielsweise

$$I = [1, 100] \times [0, 60] \quad . \tag{3.29}$$

Dieses Intervall I wird nun durch ein äquidistantes Gitter aufgeteilt, wobei an jedem Gitterpunkt die Gleichung (3.28) evaluiert wird. Das Wertepaar $(\varepsilon'_{r,3}, \varepsilon''_{r,3})$, für das die Norm $N(\varepsilon'_{r,3}, \varepsilon''_{r,3})$ den minimalen Wert annimmt, wird als Startwert für die nachfolgende Optimierungsroutine verwendet, die auf einem zweidimensionalen Quasi-Newton-Verfahren basiert. Im Allgemeinen wird das Minimum innerhalb zehn Iterationen gefunden. Dieses *lokale* Minimum ist kleiner als alle anderen Werte, die an den Gitterpunkten gefunden wurden. Gibt es keine weiteren lokalen Minima zwischen den Gitterpunkten, deren Wert kleiner ist, so handelt es sich bei dem gefundenen Minimum um das *globale* Minimum.
Für dieses Vorgehen ist ein ausreichend dichtes Gitter notwendig. Praktische Erfahrungen haben gezeigt, dass innerhalb des Intervalls (3.29) ein Gitterabstand von eins in beide Dimensionen ausreicht. Die Auswertung dieser 6100 Gitterpunkte dauert weniger als zehn Sekunden auf einem 3 GHz Pentium 4 Rechner. Ist die Permittivität des zu untersuchenden Materials im Vorfeld näherungsweise bekannt, kann die Intervallgröße und die Anzahl der Gitterpunkte reduziert werden. Dies führt zu einer Reduzierung der Rechenzeit. Weitere Ansätze zur Bestimmung der Permittivität und zur Reduzierung der Rechenzeit bieten beispielsweise eine Voroptimierung des Gitters [85] oder die Verwendung eines Particle-Swarm-Algorithmus [131].
Bei einer Messungen über einen Frequenzbereich ist es ausreichend, die Auswertung der Gitterpunkte nur für die erste Frequenz durchzuführen. Der erhaltene Permittivitätswert dient automatisch als Startwert für die quasi-Newton Optimierung der folgenden Frequenz. Dies setzt voraus, dass sich von einer Frequenz zur nächsten die Permittivität nicht dramatisch ändert, was bei nicht zu großen Frequenzunterschieden gegeben ist.

3.2.5 Vorbereitung und Durchführung der Messung

Zur Durchführung der Messung wird der Hohlleiter mittels eines Adapterstückes an die beiden koaxialen Ports des vektoriellen Netzwerkanalysators (VNA) angeschlossen, wie in Bild 3.9 zu sehen ist.

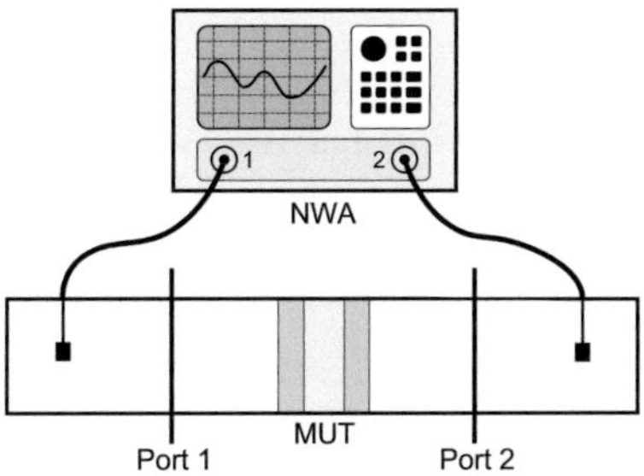

Bild 3.9: Messaufbau mit Netzwerkanalysator

Vor der Messung wird der VNA mit einer TRL-Kalibration [132] mit den drei Kalibrationsstandards Reflexion (*reflection*), Transmission (*thru*) und einer Verzögerungsleitung (*line*) mit bekannter Länge kalibriert. Bei der Kalibration mit dem Reflexionsstandard werden die beiden Hohlleiterenden der Adapter mit einer Metallplatte kurzgeschlossen, während bei der Transmissionsmessung die beiden Adapter direkt miteinander verbunden werden. Der dritte Kalibrationsstandard, die Verzögerungsleitung, wird anschließend zwischen die beiden Adapter eingebaut. Somit lässt sich der Einfluss der Adapter auf das Messergebnis eliminieren und man erhält bei der Messung direkt die S-Parameter der Hohlleiterstruktur bezüglich der beiden Referenzebenen an Port 1 und Port 2 des Hohlleiters. Aus den so gemessenen S-Parametern erhält man mit Hilfe des im vorigen Abschnitt vorgestellten Algorithmus die dielektrischen Eigenschaften des zu untersuchenden Materials.

Um die Materialprobe in den Hohlleiter einzubringen, wird eine Seitenwand des Hohlleiters geöffnet. Der Hohlleiter ist hierbei so konstruiert, dass die schmale Seite geöffnet werden kann. Weiter ist wichtig, dass sich während des Befüllens und des Messvorgangs die zu öffnende Seite oben befindet. Somit werden die Auswirkungen möglicher Luftspalte auf das Messergebnis minimiert.

Mit Hilfe dieser Anordnung wurden die dielektrischen Eigenschaften verschiedener Bodenproben in Abhängigkeit von Wassergehalt und Temperatur sowie die Permittivität diverser Alkohole und Treibstoffe bestimmt.

3.2.5.1 Vorbereitung des zu untersuchenden Materials

Die untersuchten Bodenproben stammen aus dem Rheinischen Bergland. Sie wurden an verschiedenen Orten und in unterschiedlichen Höhenlagen entnommen und unterscheiden sich somit in ihrer Zusammensetzung. Die Entnahme erfolgte in Schichten unterschiedlicher Bodentiefe. Somit bilden die Proben ein vollständiges Bodenprofil. Für weitere Informationen über Bodeneigenschaften und Bodenklassifizierung sei auf [133] verwiesen.

Vor jeder Messung wurden die Bodenproben getrocknet und pulverisiert. Zur Einstellung des gewünschten Wassergehaltes wird destilliertes Wasser zugegeben. Der volumetrische Wassergehalt r_{vol} kann mit Hilfe von Gleichung (3.30) leicht aus dem gravimetrischen Wassergehalt r_{grav} ermittelt werden:

$$r_{\text{vol}} = \frac{\rho_{\text{Boden}}}{\rho_{\text{Wasser}}} \cdot r_{\text{grav}} \tag{3.30}$$

Dabei bezeichnet ρ die Dichte der trockenen Bodenprobe bzw. des Wassers, r_{vol} ist das Verhältnis des Wasservolumens in der Probe zum gesamten Probevolumen und r_{grav} bezeichnet das Verhältnis der Masse des Wassers in der Probe zur Masse der getrockneten Bodenprobe. Nach der Zugabe des Wassers wird die Bodenprobe vermischt, um eine homogene Bodenprobe zu erhalten.

Zur Messung von Flüssigkeiten sind keine besonderen Vorbereitungen nötig. Die Flüssigkeit wird über ein Standrohr, das auf der schmalen Seite des Hohlleiters angebracht ist, zwischen die beiden PTFE-Wände eingefüllt. Dieses Standrohr dient gleichzeitig als Ausdehnungsgefäß für die Flüssigkeit, wenn temperaturabhängige Messungen durchgeführt werden. Die Verbindung des Standrohrs mit der eigentlichen Messkammer erfolgt über eine kleine Bohrung, die sich mittig in der Seitenwand befindet. Durch die Position und die Größe der Bohrung ist sichergestellt, dass keine Oberflächenströme innerhalb des Hohlleiters geschnitten werden. Somit ist der Einfluss auf das Messergebnis zu vernachlässigen.

3.2.5.2 Kalibrationsmessung

Da die exakten dielektrischen Eigenschaften der PTFE-Wände innerhalb des Hohlleiters, also der beiden Schichten 2 und 4, nicht bekannt sind, ist es notwendig, diese durch eine Kalibrationsmessung zu bestimmen. Dazu befindet sich in der mittleren Kammer Luft mit einer Permittivität von $\varepsilon_{\text{r},3} \approx 1$. Damit kann die komplexe Permittivität der PTFE-Wände $\varepsilon_{\text{r},2} = \varepsilon_{\text{r},4}$ auf dieselbe Art bestimmt werden, wie sie für die Bestimmung des zu untersuchenden Materials $\varepsilon_{\text{r},3}$ beschrieben wurde.

3.2.6 Messergebnisse

Es werden mit diesem Messaufbau verschiedene granulare und flüssige Proben untersucht. Die granularen Proben umfassen verschiedene Bodenarten und Sand. Als Flüssigkeiten dienen unterschiedliche Alkohole. Im Folgenden werden einige typische Messergebnisse gezeigt. Die Ergebnisse weiterer Messungen finden sich in Anhang A.3.

3.2.6.1 Bodenproben

Die komplexe Permittivität $\varepsilon_\mathrm{r} = \varepsilon_\mathrm{r}' - j\varepsilon_\mathrm{r}''$ der Bodenprobe wird im Frequenzbereich zwischen 2 GHz und 3 GHz bestimmt und ist in Bild 3.10 zu sehen.

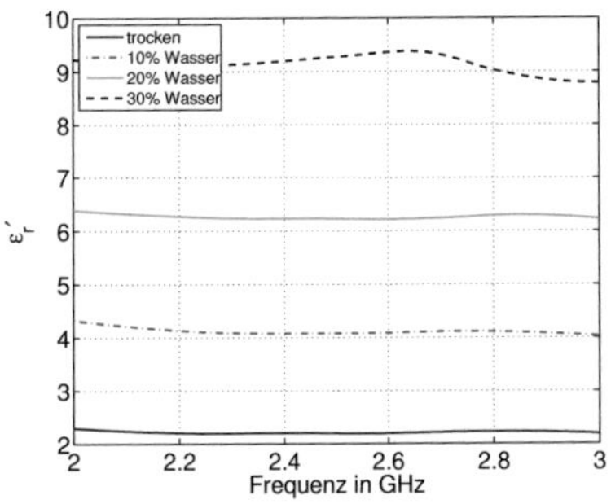

(a) Realteil

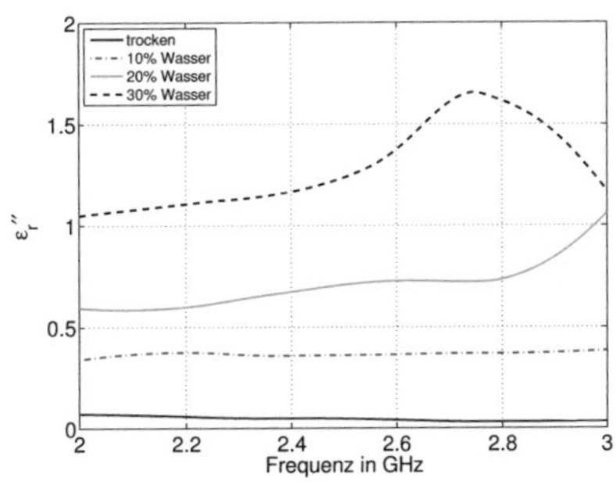

(b) Imaginärteil

Bild 3.10: Komplexe Permittivität $\varepsilon_\mathrm{r} = \varepsilon_\mathrm{r}' - j\varepsilon_\mathrm{r}''$ über der Frequenz einer Bodenprobe in Abhängigkeit des Wassergehaltes

Der Wassergehalt der Bodenprobe wird zwischen 0 % und 30 % variiert. In Bild 3.10(a) ist zu erkennen, dass der Realteil ε_r' der Permittivität bis zu einem Wassergehalt von 20 % nahezu linear zunimmt. Mit weiter steigendem Wassergehalt wird der Zusammenhang jedoch nicht-linear. Eine Ursache für diese Abweichung kann darin liegen, dass eine Sättigung der Bodenmatrix eintritt. Der Imaginärteil ε_r'', dessen Verlauf in Bild 3.10(b) zu sehen ist, variiert deutlich stärker über der Frequenz. Diese Abweichungen nehmen mit steigendem Wassergehalt zu. In einer weiteren Messreihe wird die Temperaturabhängigkeit der dielektrischen Materialparameter einzelner Bodenproben untersucht. Diese Messungen werden bei einer Frequenz von 2,45 GHz durchgeführt und der Feuchtegehalt der Proben beträgt 10 % bzw. 20 %. Die Ergebnisse der Messungen sind in Bild 3.11 zu sehen.

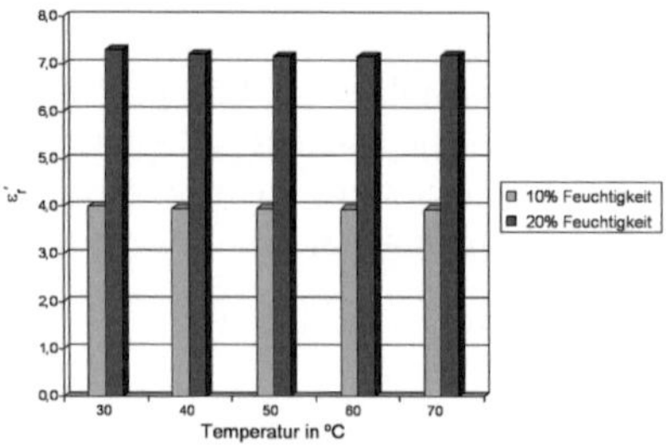

(a) Realteil

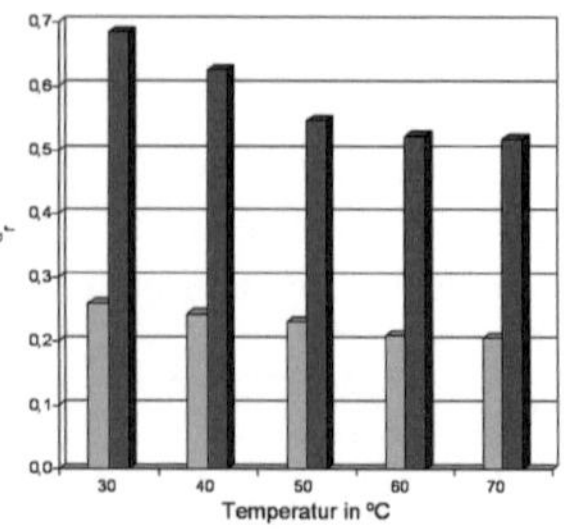

(b) Imaginärteil

Bild 3.11: Komplexe Permittivität $\varepsilon_r = \varepsilon_r' - j\varepsilon_r''$ einer weiteren Bodenprobe in Abhängigkeit der Temperatur

Wie in Bild 3.11(a) zu erkennen ist, ist der Realteil der Permittivität ε_r' stark vom Feuchtegehalt der Probe abhängig, wohingegen der Einfluss der Temperatur auf den Realteil vernachlässigbar ist. Der Imaginärteil ε_r'' hängt allerdings sowohl vom Feuchtegehalt als auch von der Temperatur des Bodens ab. Mit steigender Temperatur nimmt der Imaginärteil, also die Verluste in der Probe, ab (siehe Bild 3.11(b)). Dieses Verhalten ist für die Bodendekontaminierung mit Mikrowellen vorteilhaft, da damit bereits erwärmte Bodenregionen weniger stark erwärmt werden und so die Bildung von lokalen Überhitzungen ("hot spots") vermieden wird.

3.2.6.2 Flüssige Proben

In einer weiteren Messreihe werden verschiedene Flüssigkeiten, die als mögliche Kontaminierungen in das Erdreich gelangen können, untersucht. Dabei wird mit dem beschriebenen Messaufbau die temperaturabhängige Permittivität bei 2,45 GHz bestimmt. Neben den Lösungsmitteln Aceton, Ethanol und Isopropanol wurden auch Treibstoffe wie Benzin und Diesel sowie ein Motoröl untersucht. Die Ergebnisse für die Lösungsmittel finden sich in Bild 3.12. Die Temperatur der Proben wird solange erhöht, bis der Siedepunkt der jeweiligen Flüssigkeit erreicht ist. Dieser beträgt bei Aceton etwa 56 °C, bei Ethanol ungefähr 78 °C und bei Isopropanol ca. 82 °C. Bei Temperaturen ab 70 °C trat vereinzelt eine Blasenbildung aufgrund lokaler Temperaturerhöhung auf, weshalb die Messungen bei dieser Temperatur beendet wurden.

Aufgrund der polaren Struktur der untersuchten Alkohole sind die Verluste, also der Imaginärteil, relativ hoch. Weiter ist zu sehen, dass die Permittivität von Isopropanol und Ethanol mit höheren Temperaturen ansteigt, die Permittivität von Aceton jedoch nahezu konstant bleibt.

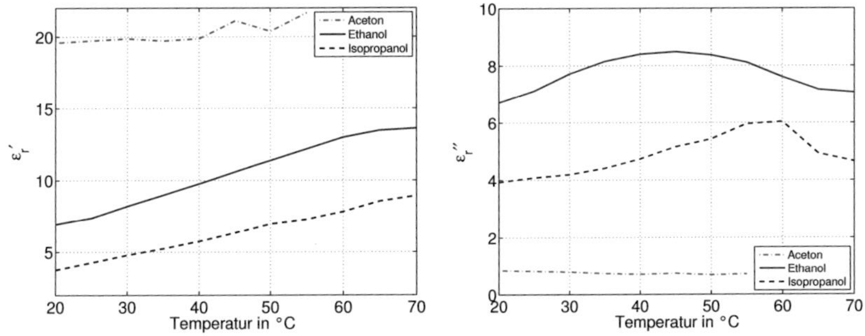

(a) Realteil (b) Imaginärteil

Bild 3.12: Messergebnisse der temperaturabhängigen Permittivität von Aceton, Ethanol und Isopropanol bei 2,45 GHz

Die Ergebnisse von Benzin, Diesel und Öl sind in den folgenden Diagrammen dargestellt. Als mögliche Kontaminierungen für Böden treten diese weit häufiger auf als die vorigen Lösungsmittel.

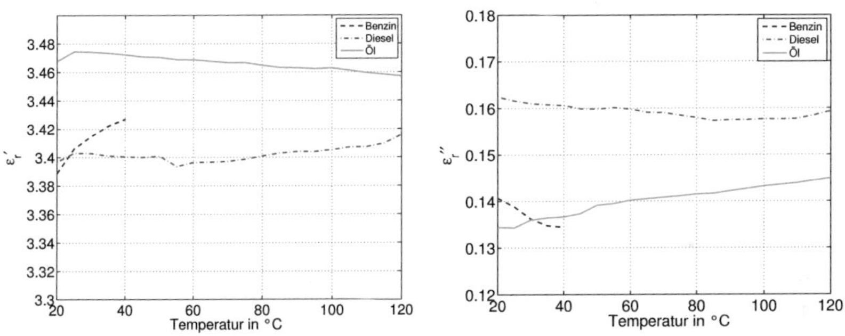

(a) Realteil (b) Imaginärteil

Bild 3.13: Messergebnisse der temperaturabhängigen Permittivität von Benzin, Diesel und Öl bei 2,45 GHz

In den Bildern 3.13(a) und 3.13(b) ist zu erkennen, dass Real- und Imaginärteil von Benzin, Diesel und Öl über der Temperatur nahezu konstant sind und die Verluste aufgrund der ringförmigen Molekülstruktur relativ gering sind. Aufgrund des niedrigen Siedepunktes von Benzin wird die Messung bei 40 °C beendet.

3.2.7 Fehlerabschätzung

Die gemessenen Streuparameter sind immer fehlerbehaftet. Die Ursachen für diese Fehler liegen beispielsweise in der eingeschränkten Messgenauigkeit des Netzwerkanalysators, ungenaue Kalibrierung, unzureichende Vorbereitung der Proben oder in unerwünschten Luftspalten, die sich zwischen der zu untersuchenden Probe und der Hohlleiterwand bilden können. Diese Fehler können dazu führen, dass der berechnete Wert für die Permittivität des zu untersuchenden Materials verfälscht wird. In diesem Abschnitt soll der Einfluss von fehlerbehafteten Streuparametern auf die ermittelte Permittivität abgeschätzt werden.

Der Einfluss der fehlerbehafteten Streuparameter auf die berechnete Permittivität kann mit

$$\frac{d\varepsilon_{r,3}/\varepsilon_{r,3}}{dS_{11}/S_{11}} = \frac{S_{11}}{\varepsilon_{r,3}}\left(\frac{dS_{11}}{d\varepsilon_{r,3}}\right)^{-1} \tag{3.31}$$

$$\frac{d\varepsilon_{r,3}/\varepsilon_{r,3}}{dS_{21}/S_{21}} = \frac{S_{21}}{\varepsilon_{r,3}}\left(\frac{dS_{21}}{d\varepsilon_{r,3}}\right)^{-1} \tag{3.32}$$

abgeschätzt werden. Man erhält hiermit den relativen Fehler der ermittelten Permittivität $\varepsilon_{r,3}$, d.h. des zu untersuchenden Materials, als Funktion der relativen Veränderung eines einzelnen Streuparameters S_{11} bzw. S_{21}. In Bild 3.14 ist der relative Fehler für verschiedene Permittivitäten des zu untersuchenden Materials gezeigt.

Es ist zu erkennen, dass für Permittivitätswerte $\varepsilon_{r,3} \geq 4$ der relative Fehler in der berechneten Permittivität der Materialprobe kleiner ist als der relative Fehler in den gemessenen Streuparametern.

Unter Umständen können zwischen Hohlleiterwand und Materialprobe kleine Luftspalte auftreten. Dies geschieht dann, wenn die Materialprobe den Hohlraum nicht komplett ausfüllt, beispielsweise weil sich das Material mit der Zeit verdichtet und sich setzt. In diesem Fall entsteht durch die Messanordnung der Luftspalt zwischen der Materialprobe und der schmalen Seitenwand des Hohlleiters.

In Bild 3.15 ist der relative Fehler der gemessenen Streuparameter in Abhängigkeit der Größe des Luftspaltes dargestellt. Die Streuparameter wurden hierbei mit Hilfe des Simulationstools HFSS® ermittelt.

Die Ausrichtung des elektrischen Feldvektors bezüglich des Luftspaltes hat einen deutlichen Einfluss auf die gemessenen Streuparameter. In Bild 3.15(a) ist die Ausrichtung des elektrischen Feldes tangential zum Luftspalt, d.h. der Luftspalt befindet sich an der schmalen Seite des Hohlleiters. Es ist zu erkennen, dass der resultierende Fehler in den gemessenen Streuparametern für Luftspaltbreiten bis zu 1 mm unter 0,2 % liegt. Die Ursache

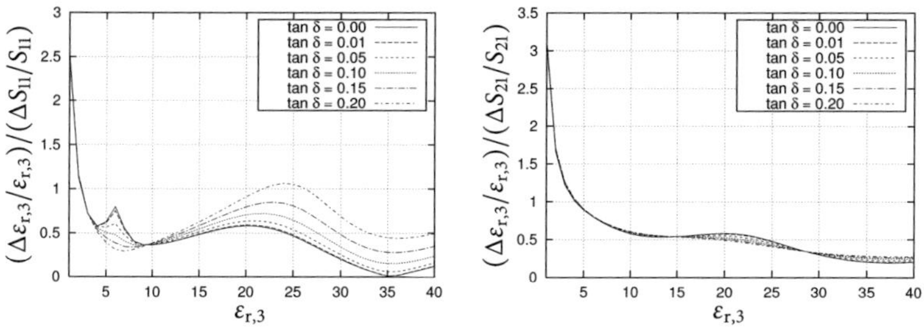

(a) (b)

Bild 3.14: Verhältnis des relativen Fehlers der Permittivität zum relativen Fehler des Streuparameters für verschiedene Permittiväten

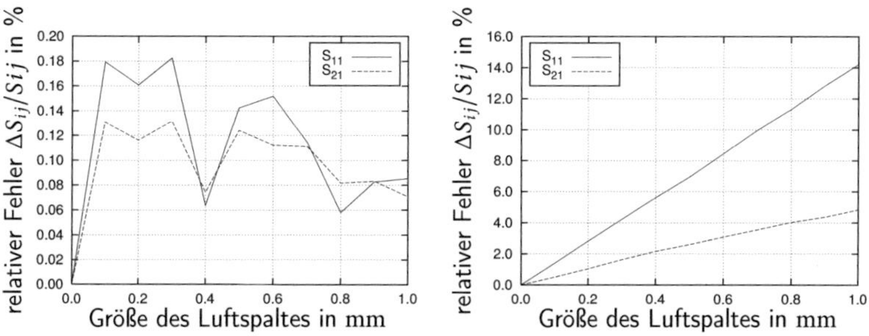

(a) E-Feld tangential zum Luftspalt (b) E-Feld orthogonal zum Luftspalt

Bild 3.15: Relativer Fehler der Streuparameter im Verhältnis zur Größe des Luftspaltes. Die Permittivität des MUT ist hier $\varepsilon_{r,3} = 4 - j0{,}35$.

für diesen kleinen Fehler liegt darin, dass das tangentiale E-Feld an Grenzschichten stetig ist und sich somit kein Sprung in der Feldverteilung ergibt. Weiterhin muss aufgrund der metallischen Randbedingung das tangentiale elektrische Feld an der Hohlleiterwand verschwinden. Somit ist das Feld innerhalb des Luftspaltes sehr klein und hat deswegen auch geringere Auswirkungen auf den Messfehler. Steht das elektrische Feld orthogonal auf den Luftspalt, d.h. der Luftspalt befindet sich an der breiteren Seite des Hohlleiters, so ist der resultierende Fehler in den gemessenen Streuparametern ca. 100 mal größer. Dieser Sachverhalt ist in Bild 3.15(b) dargestellt. Weiter ist zu erkennen, dass der Fehler näherungsweise proportional zur Größe des Luftspaltes ist. Durch die orthogonale Ausrichtung des Feldes auf der Grenzschicht zwischen MUT und Luftspalt entsteht eine Diskontinuität in der Feldverteilung, da das Feld innerhalb des zu untersuchenden Materials um den Faktor $1/\varepsilon_{r,3}$ kleiner ist als im Luftspalt.

4 Systembeschreibung

Die Dekontaminierung des verseuchten Bodens erfolgt mit Hilfe von Mikrowellen. Diese werden über Antennen in den Boden eingekoppelt und erwärmen diesen volumetrisch. Dabei werden flüchtige Schadstoffe im Boden ebenfalls erhitzt und werden bei Erreichen des Siedepunktes gasförmig. Die entstehenden Dämpfe werden abgesaugt und kondensiert. Das dabei entstehende Kondensat wird der umweltgerechten Entsorgung zugeführt bzw. recycelt und die Luft wird gefiltert, bevor sie wieder an die Umgebung abgegeben wird. Das Gesamtsystem ist in Bild 4.1 zu sehen.
Als Mikrowellen bezeichnet man elektromagnetische Wellen mit einer Wellenlänge zwischen 1 mm und 1 m. Dies entspricht einem Frequenzbereich von 0,3 GHz bis 300 GHz, wobei bei Frequenzen oberhalb 30 GHz auch der Begriff Millimeterwellen verwendet wird. Die Mikrowellentechnik kommt in vielen Gebieten der Elektrotechnik, der Elektronik und der Informationstechnik zum Einsatz. Neben der Nachrichtentechnik, Radartechnik und Sensorsystemen findet die Mikrowellentechnik ein Hauptanwendungsgebiet in technologischen Erwärmungsprozessen, da sie einen hohen Wirkungsgrad [134, 135] ermöglicht. Naheliegend ist die Benutzung von Mikrowellen mit einer Frequenz von 2,45 GHz. Einerseits liegt diese Frequenz innerhalb eines lizenzfreien ISM-Bandes, andererseits lässt sie sich mit Hilfe von Magnetrons (vgl. Abschnitt 4.1) kostengünstig und mit einem relativ hohen Wirkungsgrad erzeugen. Wie bereits in Kapitel 2 gezeigt wurde, ist die in Wärme umgesetzte Leistung proportional zur Frequenz (vgl. Gleichung (2.45)), während die Eindringtiefe näherungsweise mit $1/f$ abnimmt. Die benutzte Frequenz von 2,45 GHz stellt somit einen guten Kompromiss zwischen umgesetzter Leistung und Ein-

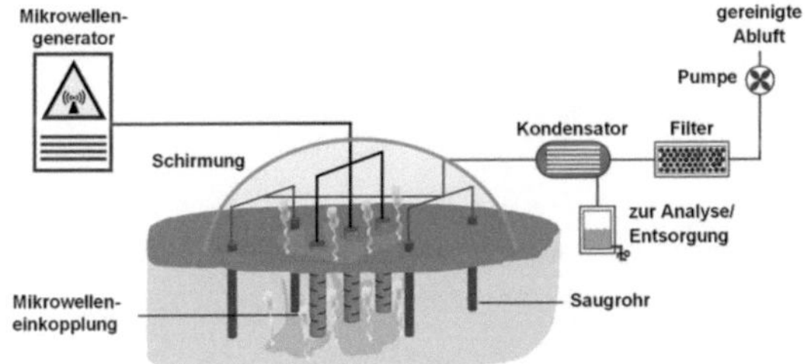

Bild 4.1: System zur Bodendekontaminierung mit Mikrowellen

dringtiefe dar. Zur Erzeugung der Mikrowellen im Bereich einiger kW wird im Rahmen dieser Arbeit als Mikrowellengenerator ein Magnetron verwendet.

4.1 Magnetron

Das Magnetron ist eine Vakuum-Laufzeitröhre zur Schwingungserzeugung im Mikrowellenbereich (ca. 0,3 – 300 GHz). Magnetrons haben einen Wirkungsgrad von etwa 65 % [59, 134, 135], teilweise bis zu 80 % und sind somit sehr effiziente, preiswerte HF-Generatoren. Die Leistung und der Frequenzbereich werden maßgeblich durch die Konstruktion bestimmt. Man unterscheidet kontinuierlich arbeitende (Dauerstrich-)Magnetrons und Impulsmagnetrons. Im Dauerstrichbetrieb können einige kW und im Impulsbetrieb mehr als 10 MW erzielt werden. Für den hier beschriebenen Anwendungsfall werden Magnetrons im Dauerstrichbetrieb für Leistungen im kW-Bereich benötigt, mit denen die Antennen gespeist werden. Die Magnetrons, die im Rahmen dieser Arbeit verwendet werden, arbeiten bei einer Frequenz von 2,45 GHz mit einer Ausgangsleistung von 2 kW bzw. bei 915 MHz und einer Ausgangsleistung von 14 kW.
Ein Magnetron besteht aus einer zylinderförmigen geheizten Kathode, die von einem zylinderförmigen massiven Anodenblock umgeben ist, in dem sich frequenzbestimmende Hohlraumresonatoren befinden. Mit Hilfe eines Magneten wird im vakuumierten Raum zwischen Kathode und Anode ein axiales Magnetfeld erzeugt. Der schematische Aufbau ist in Bild 4.2 zu sehen. Das Magnetfeld ist durch die grünen Kreise dargestellt, die roten gestrichelten Pfeile skizzieren den Verlauf der emittierten Elektronen.

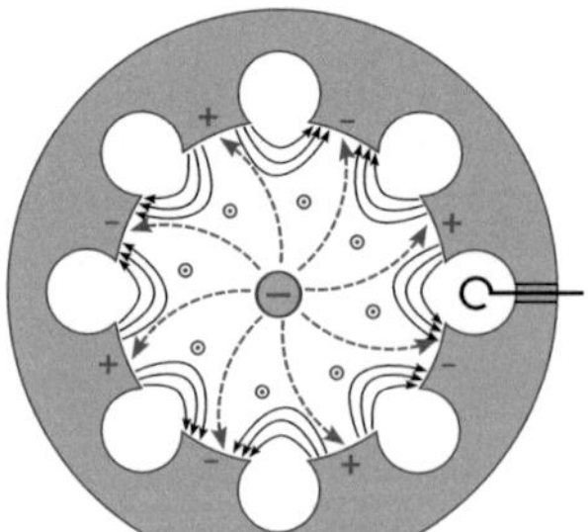

Bild 4.2: Schematischer Aufbau eines Magnetrons (Momentaufnahme)

Liegt zwischen Kathode und Anode eine Spannung an, bildet sich zwischen den beiden ein elektrisches Feld aus. Dabei werden die aus der Kathode austretenden Elektronen durch das elektrische Feld $\vec{E}$ in radialer Richtung zur Anode hin beschleunigt. Gleichzeitig wirkt auf das Elektron das axiale Magnetfeld $\vec{B}$ und damit eine Kraft $\vec{F}_L$ (Lorentzkraft), die senkrecht auf die Bewegungsrichtung $\vec{v}$ steht mit der Größe

$$\vec{F}_L = -e \cdot \vec{v} \times \vec{B} \quad , \tag{4.1}$$

wobei e die Elementarladung, $\vec{v}$ die Geschwindigkeit und $\vec{B}$ das magnetische Feld beschreibt. Das Elektron wird also zunächst von der Kathode zur Anode hin beschleunigt. Mit steigender Teilchengeschwindigkeit $\vec{v}$ steigt auch die Kraft $\vec{F}_L$ auf das Elektron und es wird spiralförmig um die Kathode herum abgelenkt. Ist das Magnetfeld zu klein, erreichen alle Elektronen die Anode und es wird keine Mikrowellenenergie erzeugt. Ist das Magnetfeld hingegen zu groß, werden die emittierten Elektronen zur Kathode zurückkehren.

Im Magnetron existiert neben dem beschriebenen statischen elektrischen Feld zusätzlich ein hochfrequentes Wechselfeld. Dessen Frequenz wird durch eine spezielle Formgebung der Anode bestimmt. Die in die Anode eingebrachten Strukturen haben näherungsweise eine Tiefe von $\lambda/4$, wodurch eine Phasenverschiebung je Element von π erreicht wird [57]. Damit entsteht über den Öffnungen der Resonatoren ein elektrisches Wechselfeld, welches in Bild 4.2 mit + und – gekennzeichnet ist. Zusätzlich sind diese resonanten Strukturen über die herausgreifenden Felder an ihren Enden gegenseitig verkoppelt, so dass sich insgesamt ein Resonanzkreis ergibt. Da die Schwingungsphasen der benachbarten Resonatoren hierbei um 180° verschoben sind, wird diese Betriebsart als π-Mode bezeichnet, der bei Magnetrons üblicherweise angewendet wird, da das Magnetron in diesem Mode einen möglichst hohen Wirkungsgrad besitzt [60]. Durch die Überlagerung der beiden elektrischen Felder entstehen im Wechselwirkungsraum zwischen Anode und Kathode Bereiche, in denen die Elektronen abgebremst und beschleunigt werden. Beim Abbremsen geben die Elektronen kinetische Energie an das Hochfrequenzfeld ab. Die Feldstärken werden dabei so gewählt, dass die Elektronen die Anode nahezu tangential erreichen [58]. Durch das Abbremsen und Beschleunigen entstehen konzentrierte Elektronenwolken, die sich mit einer bestimmten Winkelgeschwindigkeit ω_{el} um die Kathode bewegen. Die Summe der Phasenverschiebungen ϕ entlang der Resonatoren muss ein ganzzahliges Vielfaches von 2π sein [136], d.h.

$$N\phi = k \cdot 2\pi \quad , \tag{4.2}$$

wobei N die Anzahl der Resonatoren beschreibt und für den π-Mode $\phi = \pi$ gilt. Damit die Elektronen regelmäßig ihre Energie an das hochfrequente elektrische Feld abgeben, muss ihre Laufzeit von einem Resonatorspalt an den nächsten gleich der halben Schwingungsdauer des hochfrequenten Feldes sein. Damit folgt für die Winkelgeschwindigkeit der Elektronen

$$\omega_{el} = \frac{2\omega}{N} \quad . \tag{4.3}$$

Die Synchronisation der Elektronenbewegung mit dem induzierten umlaufenden hochfrequenten Feld erfolgt über die Einstellung der Anodenspannung. Sie ist abhängig vom gewünschten Betriebsmode, der magnetischen Induktion $\vec{B}$ und von der Bauform des Magnetrons. Detaillierte Informationen zur Entstehung der Schwingung und der Unterdrückung unerwünschter Moden finden sich in [60, 62, 136].
Die Auskopplung der gewünschten Mikrowellenleistung erfolgt mittels einer Schleife bzw. einer Öffnung innerhalb einer Resonatorstruktur.

4.2 Zirkulator

Um das Magnetron vor reflektierter Leistung zu schützen, wird zwischen Magnetron und Antenne in der Regel ein Zirkulator geschaltet. Dieser besteht aus einem passiven, nichtreziproken 3-Tor gemäß Abbildung 4.3(a). Im Inneren des Zirkulators befindet sich ein Ferritkern mit anisotroper Permeabilität μ. Mit einem Permanentmagneten wird ein axiales magnetisches Feld H_0 erzeugt, dessen Richtung parallel zu dem Ferritkern ist. Der Ferrit befindet sich hierbei in magnetischer Sättigung und das magnetische Feld H_0 ist viel größer als das magnetische Feld der einfallenden Welle.

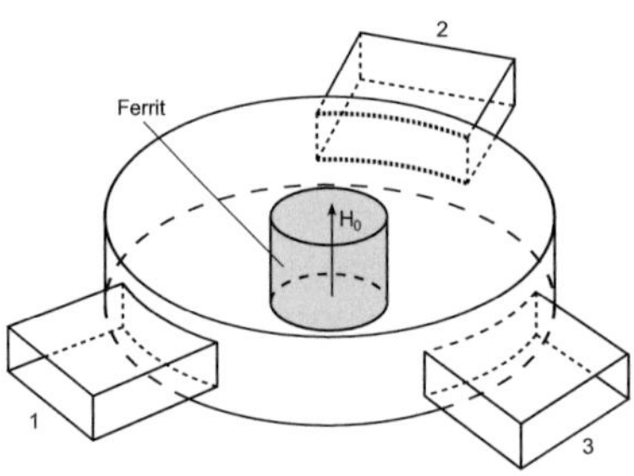

(a) Hohlleiterzirkulator [137]

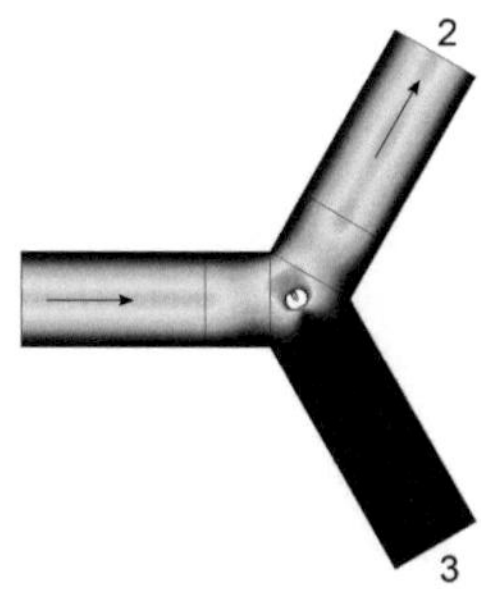

(b) Elektrisches Feld bei Einspeisung der Welle in Port 1

Bild 4.3: Prinzip eines Hohlleiterzirkulators

Bedingt durch das gyrotrope Verhalten des Ferrits werden die verschiedenen Komponenten eines elektromagnetischen Feldes unterschiedlich beeinflusst. Die Wechselwirkung der zu H_0 senkrechten Querkomponenten der Magnetisierung mit einem gleichsinnig rotierenden hochfrequenten Magnetfeld ist wesentlich stärker als mit einem gegensinnig rotierenden. Dies bedeutet, dass es für die beiden Drehrichtungen eines zirkular polarisierten Feldes unterschiedlich wirksame Permeabilitäten gibt [137]. Wird eine linear polarisierte Welle in Tor 1 eingespeist, lassen sich die magnetischen Feldlinien der auf den Ferrit auftreffenden Welle in einen rechtsdrehenden und einen linksdrehenden Anteil zerlegen. Beide Anteile erfahren durch die unterschiedlichen effektiven Permeabilitäten hierbei unterschiedliche Verzögerungen. Durch die Konstruktion des Zirkulators wird erreicht, dass sich die beiden Teilwellen an Tor 2 konstruktiv überlagern, während sie an Tor 3 gegenphasig sind [138]. Dies ist in Bild 4.3(b) zu sehen. Die schwarzen Pfeile repräsentieren den Leistungsfluss. Die mit dem Magnetron in Tor 1 eingespeiste Leistung wird also an Tor 2 zur Antenne transmittiert, während die in Tor 2 reflektierte Leistung an Tor 3 zu einer Wasserlast weitergeleitet wird. Auf diese Weise verhindert der Zirkulator, dass die von der Antenne reflektierte Leistung ins Magnetron zurückläuft. Dies ist wichtig, damit sich das Magnetron nicht aufgrund hoher reflektierter Leistung zu stark erhitzt. Zusätzlich kann durch einen vorgeschalteten Zirkulator eine Verbesserung der Stabilität der Betriebsfrequenz des Magnetrons erreicht werden [62].

4.3 Hohlleiter und Übergänge

Die Verbindung zwischen Magnetron und den Antennen erfolgt über Hohlleiter, da diese in der Lage sind, hohe Leistungen mit sehr geringen Verlusten zu übertragen. Verluste im Hohlleiter entstehenden im Gegensatz zu Kabeln oder Leitungen nicht durch ein verlustbehaftetes Dielektrikum, sondern werden nur durch die Wandströme im Hohlleitermaterial, das eine endliche Leitfähigkeit besitzt, verursacht.

4.3.1 Rechteckhohlleiter

Zum Anschluss an das Magnetron wird zunächst ein rechteckförmiger WR-340-Hohlleiter mit einer Innenbreite von $a = 86{,}36\,\mathrm{mm}$ und einer Innenhöhe von $b = 43{,}18\,\mathrm{mm}$ verwendet. Aufgrund der verwendeten Betriebsfrequenz von $f = 2{,}45\,\mathrm{GHz}$ ist sichergestellt, dass sich im Hohlleiter nur die magnetische H_{10}-Grundmode ausbreitet. Eine Skizze des rechteckförmigen Hohlleiters und dessen Feldverteilung in der Grundmode ist in Bild 4.4 zu sehen.

Von besonderem Interesse ist die maximal übertragbare Leistung durch einen Hohlleiter. Es muss sichergestellt sein, dass es bei der verwendeten Leistung nicht zu Überschlägen innerhalb des Hohlleiters kommt. Diese würden einerseits auf Dauer die Oberfläche des Hohlleiters schädigen und damit dessen Verluste erhöhen, andererseits können sich durch die Funken Gase, die aus dem Boden ausgedampft wurden, entzünden.

Bei Betrachtung eines luftgefüllten, verlustfreien Hohlleiters in der H_{10}-Grundmode ergeben sich folgende Gleichungen für die Felder, deren Herleitungen in Anhang A.1 zu finden sind:

$$H_\mathrm{x}(x,y,z) = -j\frac{\beta_\mathrm{z}}{\beta_\mathrm{c}^2}\frac{\pi}{a}H_0\sin\left(\frac{\pi}{a}x\right)e^{j\beta_\mathrm{z}z} \tag{4.4}$$

$$H_\mathrm{z}(x,y,z) = H_0\cos\left(\frac{\pi}{a}x\right)e^{j\beta_\mathrm{z}z} \tag{4.5}$$

$$E_\mathrm{y}(x,y,z) = -j\frac{\omega\mu}{\beta_\mathrm{c}^2}\frac{\pi}{a}H_0\sin\left(\frac{\pi}{a}x\right)e^{j\beta_\mathrm{z}z} \quad . \tag{4.6}$$

Dabei ist β_c die cut-off-Wellenzahl für die H_{10}-Mode und berechnet sich mit der Hohlleiterbreite a zu

$$\beta_\mathrm{c} = \frac{\pi}{a} \quad . \tag{4.7}$$

Die Ausbreitungskonstante β_z im Hohlleiter ist gegeben durch

$$\beta_\mathrm{z} = \sqrt{\frac{\omega^2}{c_0^2} - \left(\frac{\pi}{a}\right)^2} \quad . \tag{4.8}$$

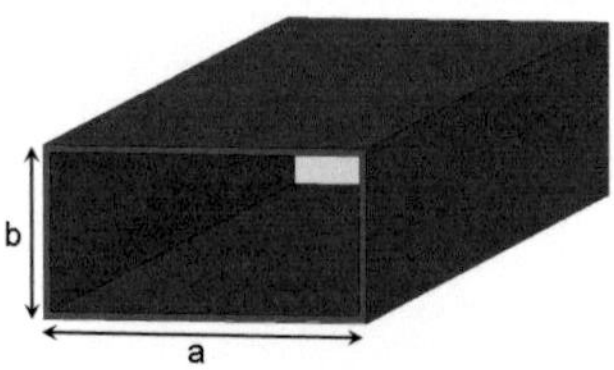

(a) Rechteckhohlleiter

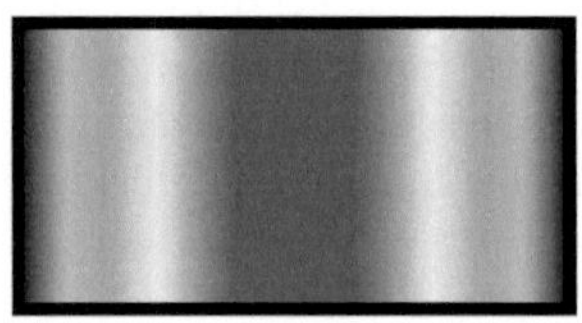

(b) Elektrische Feldverteilung der H_{10}-Mode

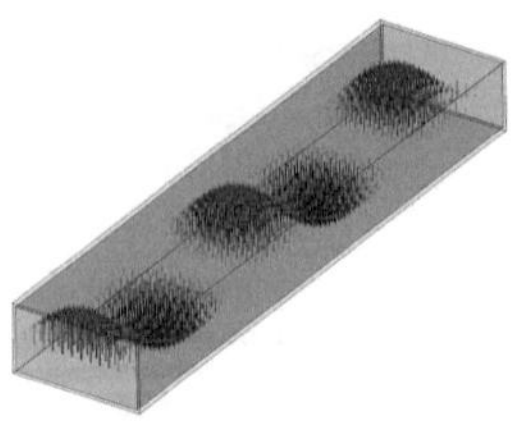

(c) Elektrische Feldverteilung der H_{10}-Mode

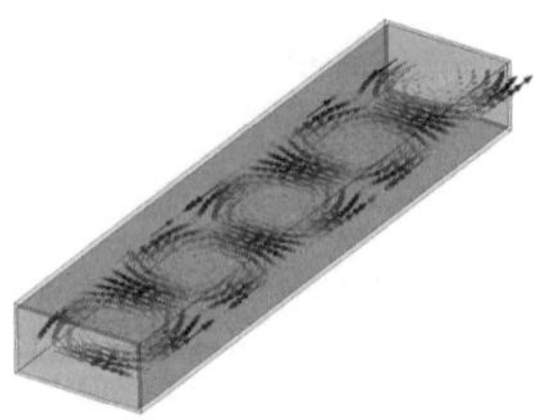

(d) Magnetische Feldverteilung der H_{10}-Mode

Bild 4.4: Felder der H_{10}-Grundmode im Rechteckhohlleiter

Bei der betrachteten H_{10}-Mode tragen nur die E_y und die H_x-Komponente zum Leistungstransport bei. Damit berechnet sich die Flächenleistungsdichte zu

$$S = \frac{1}{2} E_y H_x^* \quad . \tag{4.9}$$

Die Leistung, die durch ein Flächenelement des Hohlleiterquerschnittes tritt, berechnet sich zu

$$\mathrm{d}P = S \mathrm{d}x \mathrm{d}y = \frac{1}{2} E_y H_x^* \mathrm{d}x \mathrm{d}y \quad , \tag{4.10}$$

womit sich die Gesamtleistung durch die Integration über den Hohlleiterquerschnitt zu

$$\begin{aligned} P &= \frac{1}{2} \int_{y=0}^{b} \int_{x=0}^{a} E_y H_x^* \mathrm{d}x \mathrm{d}y \\ &= \frac{1}{2} \frac{\omega\mu}{\beta_c^4} \left(\frac{\pi}{a}\right)^2 H_0^2 \int_{y=0}^{b} \int_{x=0}^{a} \sin^2\left(\frac{\pi}{a} x\right) \mathrm{d}x \mathrm{d}y \\ &= \frac{1}{4} \frac{\omega\mu_0\beta_z}{\beta_c^2} H_0^2 ab \end{aligned} \tag{4.11}$$

ergibt .
Mit $H_0 = \beta_c/\omega\mu_0 \cdot E_0$ lässt sich in Gleichung (4.11) die magnetische Feldstärke durch die elektrische Feldstärke ersetzen. Die maximal durch den Hohlleiter transportierbare Leistung ergibt sich mit der maximal zulässigen elektrischen Feldstärke von $E_0 = E_{\mathrm{max}}$ zu

$$P_{\mathrm{max}} = \frac{1}{4} \frac{\beta_z}{\omega\mu_0} E_{\mathrm{max}}^2 ab = \frac{1}{4} \frac{E_{\mathrm{max}}^2}{Z_{\mathrm{FH}}} ab = \frac{1}{4} \frac{E_{\mathrm{max}}^2}{Z_{\mathrm{F0}}} ab \cdot \sqrt{1 - \left(\frac{\omega_c}{\omega}\right)^2} \quad . \tag{4.12}$$

Hierbei darf die elektrische Feldstärke einen maximalen zulässigen Wert, die sog. Durchschlagsfeldstärke, nicht überschreiten. Bei Luft liegt diese bei etwa 3 kV/mm abhängig von Luftdruck, Temperatur und Luftfeuchtigkeit [66, 138]. Hierbei ist zu beachten, dass ein genügend großer Sicherheitsabstand eingehalten werden sollte, da sich die Durchschlagsfeldstärke von Luft mit steigender Feuchtigkeit drastisch verringert.
Bei einem Hohlleiterquerschnitt von $a \cdot b = 86{,}36\,\mathrm{mm} \cdot 43{,}18\,\mathrm{mm} = 37{,}29\,\mathrm{cm}^2$, der maximalen elektrischen Feldstärke $E_{\mathrm{max}} = 3\,\mathrm{kV/mm}$ und bei Berücksichtigung eines Sicherheitsfaktors von 10 in der maximal zulässigen Feldstärke berechnet sich die maximal übertragbare Leistung bei einer Frequenz von 2,45 GHz zu etwa $P_{\mathrm{max}} = 157\,\mathrm{kW}$.

In einem weiteren Versuch werden Mikrowellen mit einer Frequenz von 915 MHz verwendet. Hierzu werden entsprechend größere Hohlleiter mit den Abmessungen $a = 248\,\mathrm{mm}$ und $b = 124\,\mathrm{mm}$ benötigt. Mit diesen Daten und dem entsprechenden Sicherheitsfaktor bei der elektrischen Feldstärke berechnet sich die maximal übertragbare Leistung bei einer Frequenz von 915 MHz zu ungefähr $P_{\mathrm{max}} = 1300\,\mathrm{kW}$.

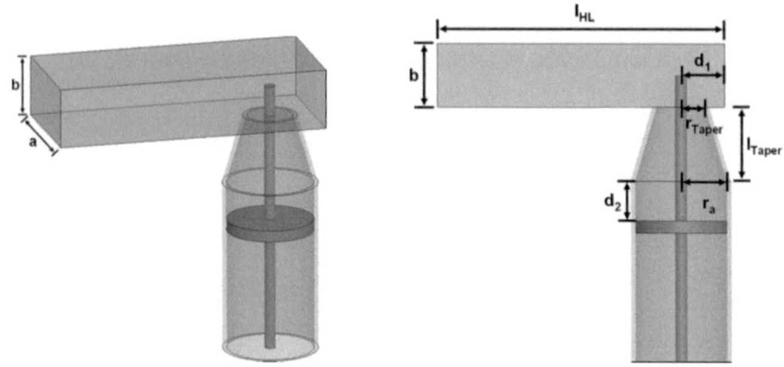

(a) Übergang mit PTFE-Scheibe (b) Querschnitt mit Abmessungen

Bild 4.5: Übergang vom Rechteckhohlleiter auf einen Koaxialleiter

4.3.2 Hohlleiter-Koaxialleiter-Übergang

Während die in Abschnitt 4.6 beschriebene Hornantenne direkt an einen Rechteckhohlleiter angeschlossen werden kann, sind für die in Abschnitt 4.7 und 4.9 gezeigten Antennenkonzepte runde bzw. koaxiale Hohlleiter mit entsprechenden Übergängen notwendig. Der geforderte Übergang ermöglicht die Transformation der H_{10}-Mode im Rechteck-Hohlleiter zur TEM-Mode im Koaxialleiter. Im Rahmen dieser Arbeit wird hierzu eine kapazitive Auskopplung der Leistung aus dem Hohlleiter verwendet.

4.3.2.1 Übergang für 2,45 GHz

Zunächst wird der Übergang für eine Frequenz von 2,45 GHz betrachtet. Um einen möglichst reflexionsarmen Übergang zu gewährleisten, wird der Innenleiterdurchmesser des Koaxialleiters konstant gehalten und der Außenleiterradius getapert.
Bild 4.5(a) zeigt das Prinzip eines solchen Übergangs von Rechteckhohlleiter auf Koaxialleiter. Der Rechteckhohlleiter weist eine Breite von $a = 86{,}36\,\text{mm}$ und eine Höhe von $b = 43{,}18\,\text{mm}$ auf. Diese Abmessungen ermöglichen die Ausbreitung einer reinen H_{10}-Welle im Hohlleiter, wobei deren Feldwellenwiderstand $Z_{\text{FH}} = 534{,}1\,\Omega$ beträgt. Der Innenleiter des Koaxialleiters wird im Abstand von etwa $\lambda/4$ vom kurzgeschlossenen Hohlleiterende, also im Maximum des elektrischen Feldes, in den Hohlleiter eingebracht. Dabei ragt er um die Länge $b/2 \approx 22\,\text{mm}$ in den Rechteckhohlleiter hinein. Der Radius bleibt über die gesamte Innenleiterlänge konstant, wird jedoch an der oberen Kante des Innenleiters etwas angefast, um durch die Abrundung der Kante hohe Feldstärken und mögliche Funkenbildung zu vermeiden. Zur Fixierung des Innenleiters wird eine PTFE-Scheibe in die Antenne eingebracht und verschraubt. In Bild 4.5(b) sind alle weiteren Abmessungen des Übergangs eingezeichnet. Der Außenleiter der Koaxialleiters wird über eine Taperung der Länge l_{Taper} direkt mit dem Rechteckhohlleiter verbunden.

Einen großen Einfluss auf die Anpassung des Übergangs haben dabei die Länge l_{Taper} und die Stärke der Taperung vom Außenleiterradius der Antenne r_a zum oberen Radius der Taperung r_{Taper}. Diese Größen werden so gewählt, dass der Feldwellenwiderstand Z_{FH} möglichst reflexionsfrei auf die Impedanz der Koaxialleiters von $Z_{\text{Koax}} = 124{,}8\,\Omega$ transformiert wird.
Der Verlauf des Eingangsreflexionsfaktors S_{11} bei 2,45 GHz wird sowohl für eine sich ändernde Taperlänge als auch für einen variierenden Radius r_{Taper} in den Schaubildern 4.6(a) und 4.6(b) aufgezeigt. Die Simulation wird dabei in Luft durchgeführt.

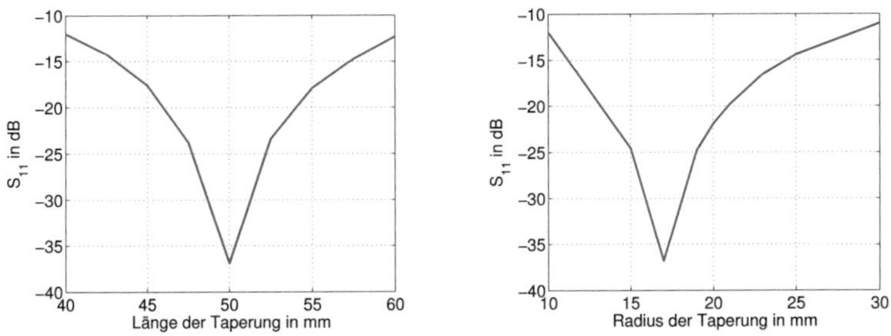

(a) Optimierung der Länge der Taperung l_{Taper}

(b) Optimierung der Stärke der Taperung

Bild 4.6: Eingangsreflexionsfaktor des Übergangs für 2,45 GHz

Es ist zu erkennen, dass eine Optimierung des Übergangs in Bezug auf seine Eingangsreflexion bei 2,45 GHz gleichermaßen von der Länge der Taperung wie auch von der Stärke der Taperung abhängt.
Die Größen der verschiedenen Parameter des Überganges sind nachfolgend in Tabelle 4.1 zusammengefasst.
Mit den für die Frequenz $f = 2{,}45$ GHz optimierten Parametern wird der Verlauf des Eingangsreflexionsfaktors S_{11} über der Frequenz simuliert. Das Ergebnis dieser Simulation ist in Bild 4.7 dargestellt. Bei der gewünschten Frequenz von $f = 2{,}45$ GHz beträgt die Anpassung etwa −37 dB. Selbst bei einer geringen Variation der Frequenz, wie sie durch unterschiedliche Belastungszustände des Magnetrons auftreten kann, ist sichergestellt, dass die Anpassung des Übergangs besser als −20 dB ist.
Die maximal an die Antenne übertragbare Leistung ist durch den Übergang begrenzt, da durch die Taperung des Außenleiters der Abstand zwischen Innen- und Außenleiter verringert wird. Bei einer koaxialen Leitung, bei der die Differenz der Außenleiter- und

Tabelle 4.1: Abmessungen des Hohlleiter-Koaxialleiter-Überganges für 2,45 GHz

Modellparameter	Wert in mm
Breite des Rechteckhohlleiters a	86,36
Höhe des Rechteckhohlleiters b	43,18
Länge des Rechteckhohlleiters l_{HL}	200
Abstand des Innenleiters zum Hohlleiterende d_1	31
Länge der Taperung l_{Taper}	50
oberer Radius der Taperung r_{Taper}	17
unterer Radius der Taperung r_{a}	32
Abstand zwischen PTFE-Scheibe und Taperung d_2	27
Dicke der PTFE-Scheibe	8

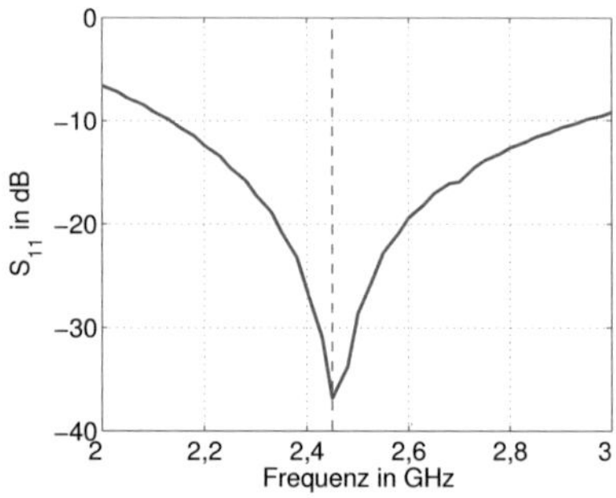

Bild 4.7: Eingangsreflexionsfaktor S_{11} des Übergangs für 2,45 GHz

Innenleiterradien der Bedingung

$$r_{\mathrm{a}} - r_{\mathrm{i}} \leq \frac{\lambda_0}{2} \tag{4.13}$$

genügen, bildet sich nur die TEM-Grundmode aus [118, 134]. Das elektrische Feld $\vec{E}$ und das magnetische Feld $\vec{H}$ sind gleichphasig und stehen senkrecht aufeinander, beide haben keine Komponente in Ausbreitungsrichtung.
Für das elektrische und magnetische Feld gilt somit

$$E(r) = E_0 \frac{r_{\mathrm{i}}}{r} \tag{4.14}$$

$$H(r) = \frac{E(r)}{Z_{\mathrm{F}}} \qquad \text{mit} \quad Z_{\mathrm{F}} = \frac{Z_{\mathrm{F0}}}{\sqrt{\varepsilon_{\mathrm{r}}}} = \frac{120\pi\,\Omega}{\sqrt{\varepsilon_{\mathrm{r}}}} \quad . \tag{4.15}$$

Damit ergibt sich die Leistungsdichte $\vec{S}$

$$\vec{S} = \frac{1}{2}\vec{E} \times \vec{H}^* \tag{4.16}$$

zu

$$S(r) = \frac{1}{2}E(r)H(r) = \frac{1}{2}\frac{E_0^2}{Z_F}\frac{r_i^2}{r^2} \quad . \tag{4.17}$$

Aus (4.17) folgt für die übertragbare Leistung P:

$$\begin{aligned} P &= \int_0^{2\pi}\int_{r_i}^{r_a} S \cdot r\,\mathrm{d}r\,\mathrm{d}\psi \\ &= 2\pi \int_{r_i}^{r_a} \frac{1}{2}\frac{E_0^2}{Z_F}\frac{r_i^2}{r^2} \cdot r\,\mathrm{d}r \\ &= \pi\frac{E_0^2}{Z_F} r_i^2 \int_{r_i}^{r_a} \frac{1}{r}\,\mathrm{d}r \\ &= \pi\frac{E_0^2}{Z_F} r_i^2 \ln\frac{r_a}{r_i} \\ &= \frac{E_0^2\sqrt{\varepsilon_r}}{120\,\Omega} r_i^2 \ln\frac{r_a}{r_i} \quad . \end{aligned} \tag{4.18}$$

Die von einer koaxialen Leitung übertragbare Leistung hängt primär von der maximal zulässigen elektrischen Feldstärke E_{max} ab.
Wird auch hier wieder als maximal zulässiger Wert für die elektrische Feldstärke die Durchschlagfeldstärke in Luft von etwa 3 kV/mm [66, 138] eingesetzt und ein Sicherheitsfaktor von 10 in der Feldstärke berücksichtigt, berechnet sich die maximal durch den Übergang transportierbare Leistung aus (4.18) mit den Abmessungen des Übergangs mit $r_{taper} = 17$ mm, $r_i = 4$ mm und $\varepsilon_r = 1$ zu etwa $P_{max} = 17{,}3$ kW.

4.3.2.2 Übergang für 915 MHz

Da im Verlauf der Arbeit auch Untersuchungen bei einer Frequenz von $f = 915\,\text{MHz}$ durchgeführt werden, muss aufgrund des vergrößerten Querschnittes des speisenden Hohlleiters am Mikrowellengenerator ein neuer Übergang von Hohlleiter auf Koaxialleiter angefertigt werden. Ein schematischer Aufbau des Übergangs ist in Bild 4.8 zu sehen, die entsprechenden Abmessungen sind in Tabelle 4.2 angegeben.

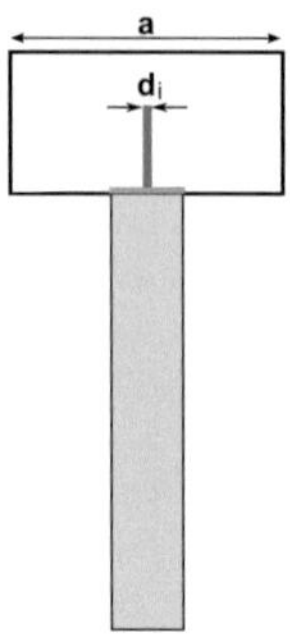

(a) Vorderansicht

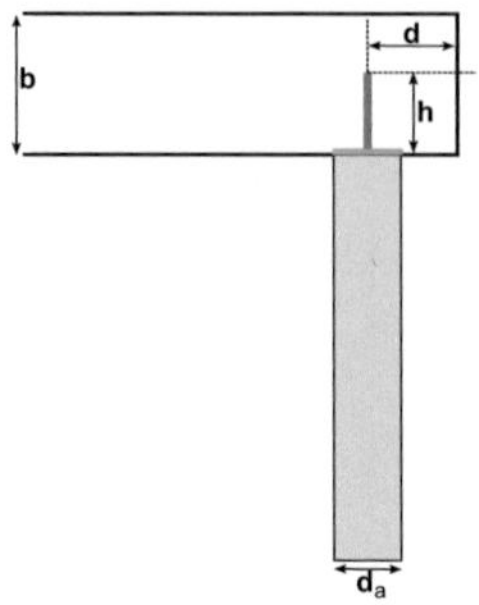

(b) Seitenansicht

Bild 4.8: Übergang vom Rechteckhohlleiter auf einen Koaxialleiter für 915 MHz

Tabelle 4.2: Abmessungen des Hohlleiter-Koaxialleiter-Übergangs für 915 MHz

Modellparameter	Wert in mm
Breite des Rechteckhohlleiters a	248
Höhe des Rechteckhohlleiters b	124
Abstand des Innenleiters zum Hohlleiterende d	81
Durchmesser des Innenleiters d_i	8
Durchmesser des Außenleiters d_a	64
Eintauchtiefe des Innenleiters h	87
Dicke der PTE-Scheibe	7

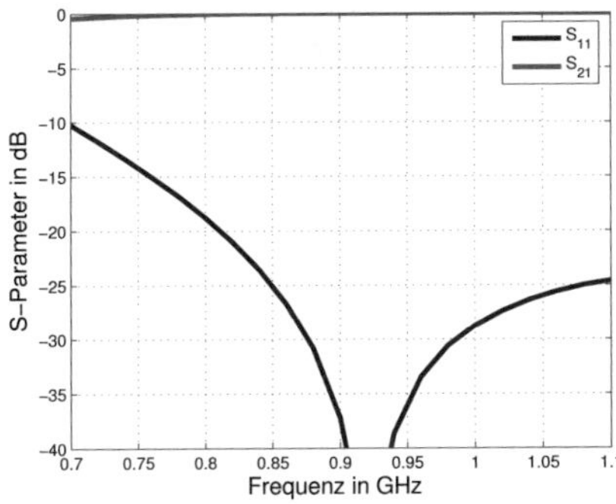

Bild 4.9: Reflexions- und Transmissionsfaktor des Hohlleiter-Koaxial-Übergangs für 915 MHz

Der Verlauf des Reflexions- und Transmissionsfaktors S_{11} und S_{21} des Übergangs ist in Bild 4.9 zu sehen.
Auch hier ist zu erkennen, dass der Reflexionsfaktor über einen weiten Frequenzbereich kleiner als −20 dB beträgt. Damit ist bei einer Variation der Betriebsfrequenz des Magnetrons eine gute Anpassung sichergestellt.
Bei dem vorgestellten Übergang wird keine Taperung des Außenleiters verwendet. Durch den damit vergrößerten Abstand zwischen Innen- und Außenleiter ergibt sich eine höhere übertragbare Leistung. Sie beträgt bei einem Innenleiterradius von r_i = 4 mm und einem Außenleiterradius von r_a = 32 mm unter Beachtung des erwähnten Sicherheitsfaktors in der Feldstärke P_{max} = 24,95 kW.

4.4 Leistungsteiler

Zur Durchführung der Versuche bei 915 MHz wird die Ausgangsleistung des Magnetrons gleichmäßig auf vier Antennen aufgeteilt, um ein möglichst großes Bodenvolumen simultan erwärmen zu können. Dieses Konzept ist in Bild 4.10 dargestellt.
Die Mikrowellenleistung wird den Antennen über zwei Leistungsteiler zugeführt, welche die einlaufende Leistung im Verhältnis 1:1 (Zweifachteiler) bzw. im Verhältnis 2:1:1 (Dreifachteiler) aufteilen.

4.4.1 Zweifachteiler

Eine Skizze des zweifachen Leistungsteilers sowie seine Realisierung sind in Bild 4.11 zu sehen, die entsprechenden Abmessungen sind in Tabelle 4.3 zu finden.

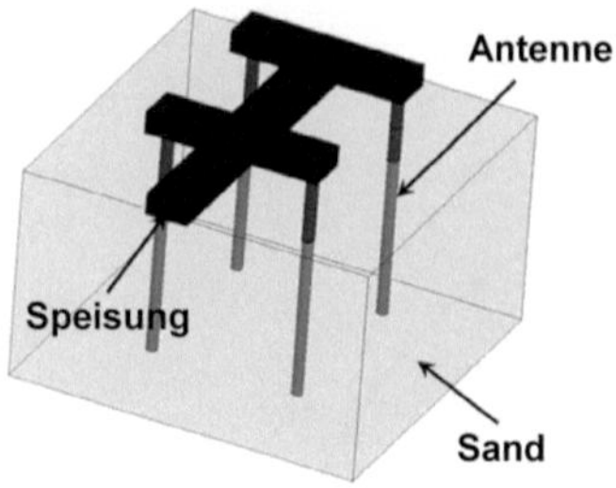

Bild 4.10: Konzept der Bodenerwärmung bei 915 MHz

Tabelle 4.3: Abmessungen des zweifachen Leistungsteilers bei 915 MHz

Parameter	Abmessung
a	248 mm
b	124 mm
c	6 mm
d	113 mm

Die Aufteilung der Leistung sowie den Eingangsreflexionsfaktor des Zweifachteilers zeigt Bild 4.13(a).
Es ist zu erkennen, dass sich die Eingangsleistung über einen weiten Frequenzbereich gleichmäßig auf beide Ausgänge ($S_{21} = S_{31} = -3$ dB) verteilt. Der Eingangsreflexionsfaktor S_{11} beträgt bei 915 MHz etwa −20 dB.

4.4.2 Dreifachteiler

Der Dreifachteiler hat die Aufgabe, zwei Antennen mit gleicher Leistung zu versorgen und die Häfte der Eingangsleistung an den Zweifachteiler weiterzugeben, d.h. er muss die Leistung im Verhältnis 2:1:1 aufteilen. Eine Skizze des Dreifachteilers und seine Realisierung sind in Bild 4.12 zu sehen. Die Größen der einzelnen Parameter des aufgebauten Dreifachteilers sind in Tabelle 4.4 gegeben.
Die Eingangsreflexionen und die Aufteilung der Eingangsleistung auf die jeweiligen Ausgänge zeigt Bild 4.13(b).
Auch hier liegt der Reflexionsfaktor S_{11} bei der Betriebsfrequenz von 915 MHz bei etwa −20 dB. 50 % der Eingangsleistung ($S_{41} = -3$ dB) werden an Port 4 transmittiert, während die restlichen 50 % der Leistung gleichmäßig an Port 2 ($S_{21} = -6$ dB) und 3 ($S_{31} = -6$ dB) übertragen werden.

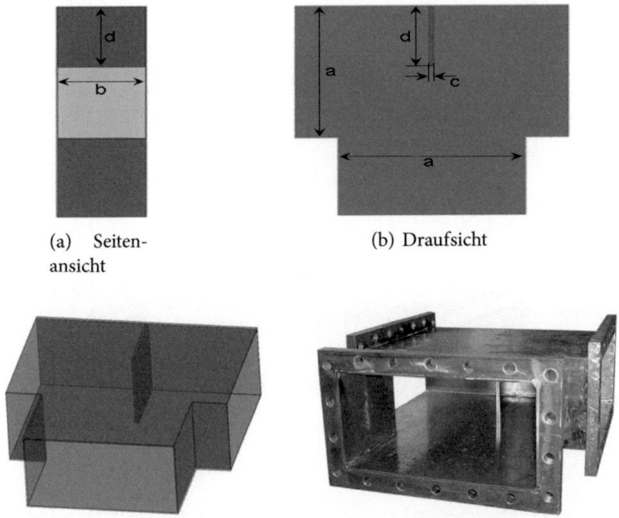

(a) Seitenansicht (b) Draufsicht

(c) 3D Ansicht (d) Realisierung

Bild 4.11: Zweifacher Leistungsteiler für den 915 MHz Hohlleiter

Tabelle 4.4: Abmessungen des dreifachen Leistungsteilers bei 915 MHz

Parameter	Abmessung
a	248 mm
b	124 mm
d	40 mm
e	7 mm
h	30 mm

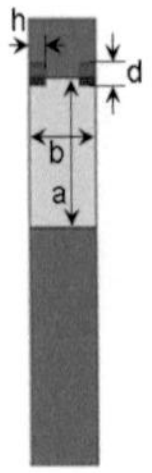

(a) Seitenansicht

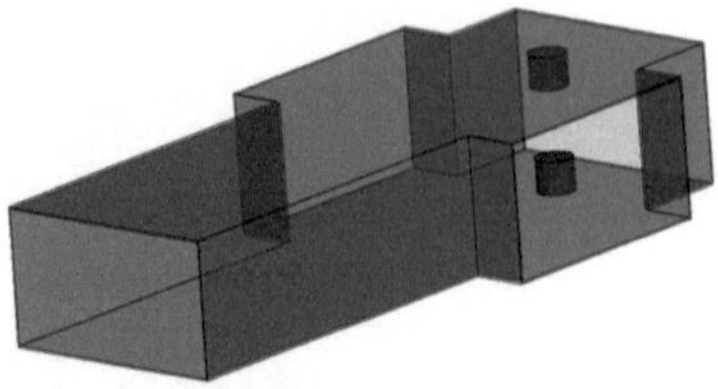

(b) 3D Ansicht

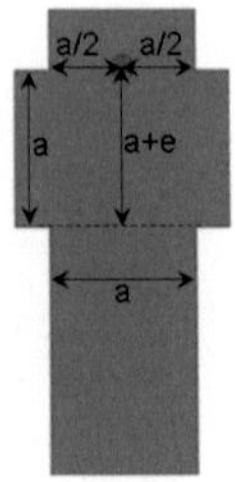

(c) Draufsicht

(d) Realisierung

Bild 4.12: Dreifacher Leistungsteiler für den 915 MHz Hohlleiter

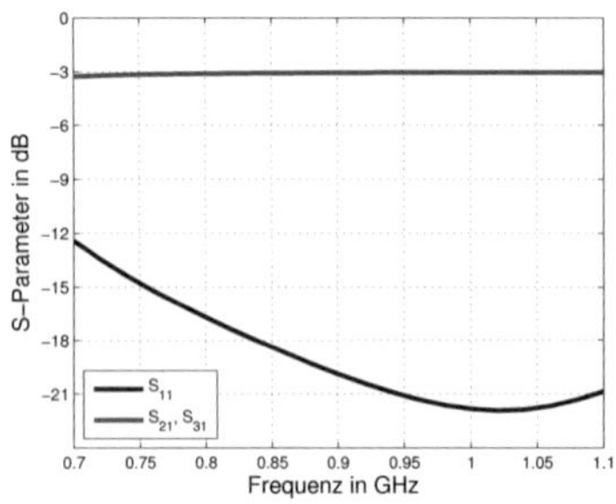

(a) Zweifacher Leistungsteiler

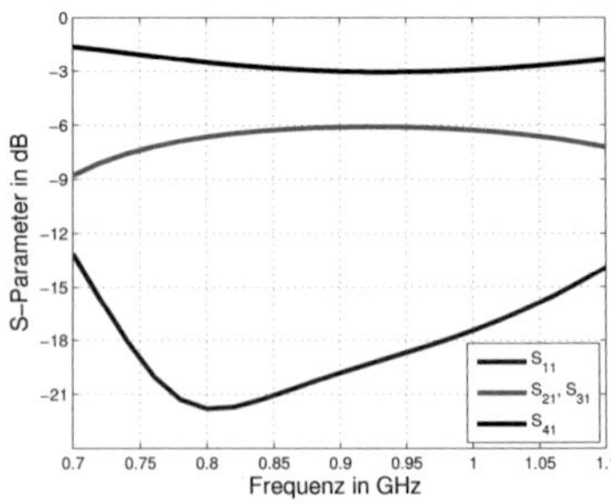

(b) Dreifacher Leistungsteiler

Bild 4.13: Eingangsreflexionsfaktor und Leistungsaufteilung der Leistungsteiler für 915 MHz

4.5 Antennen zur Einkopplung von Hochleistungsmikrowellen in kontaminierten Erdboden

Zur Einkopplung der vom Magnetron erzeugten Mikrowellenenergie in den kontaminierten Boden müssen geeignete Antennen entwickelt werden. Dabei wird in diesem Kapitel von zwei unterschiedlichen Anforderungen ausgegangen. Zur Dekontaminierung von oberflächennahen Schichten wird in Abschnitt 4.6 eine Hornantenne vorgestellt. Um auch tiefere Erdschichten erwärmen zu können, werden koaxiale Antennen benutzt. Diese können entweder als geschlitzte Koaxialantennen ausgeführt sein oder als dielektrische Wanderwellenantennen, wie sie in den Abschnitten 4.7 bis 4.9 beschrieben werden. Beide Antennentypen werden in Simulationen auf eine möglichst gute Anpassung an verschiedene Bodentypen optimiert und aufgebaut. Die in der Simulation ermittelten Werte des Reflexionsfaktors S_{11} werden durch Messungen verifiziert. Weiterhin wird die elektromagnetische Feldverteilung in den Antennen und dem umgebenden Erdreich betrachtet, um die gewünschte Feldverteilung im Erdboden sicherzustellen.

4.6 Hornantenne für oberflächennahe Kontaminierungen bei 2,45 GHz

Zur Dekontaminierung oberflächennaher Verschmutzungen ist es nicht notwendig, die Antenne in das Erdreich einzuführen. Eine weniger aufwendige Methode ist es, eine Antenne lediglich über die Bodenoberfläche zu bewegen bzw. darauf aufzusetzen. Hierzu bietet sich beispielsweise eine Hornantenne an [5]. Sie kann ohne weitere Hilfsmittel auf den kontaminierten Boden aufgesetzt und zur Einkopplung von Mikrowellen in das Erdreich verwendet werden. Die erreichbare Tiefe der Wärmewirkung hängt dabei von der Beschaffenheit des Bodens, dessen dielektrischen Eigenschaften, der verwendeten Leistung und der Einkopplungsdauer ab.

4.6.1 Grundlagen

Eine Übersicht über verschiedene Arten von Hornantennen ist in Bild 4.14 gegeben. Die gebräuchlichsten Typen sind hohlleitergespeiste Hörner mit rundem (Bild 4.14(a)) oder rechteckigem Querschnitt (Bild 4.14(b) - 4.14(d)). Das Pyramidenhorn nach Bild 4.14(b) entsteht durch eine Aufweitung des Hohlleiterquerschnitts sowohl in der E-Ebene als auch in der H-Ebene und wird sehr häufig in der Mikrowellentechnik eingesetzt. Daneben gibt es Sonderformen wie das E- und H-Sektorhorn (Bilder 4.14(c) und 4.14(d)), bei denen der Rechteckhohlleiter entsprechend ihrer Bezeichnung nur in E- bzw. H-Ebene aufgeweitet ist [139, 140].

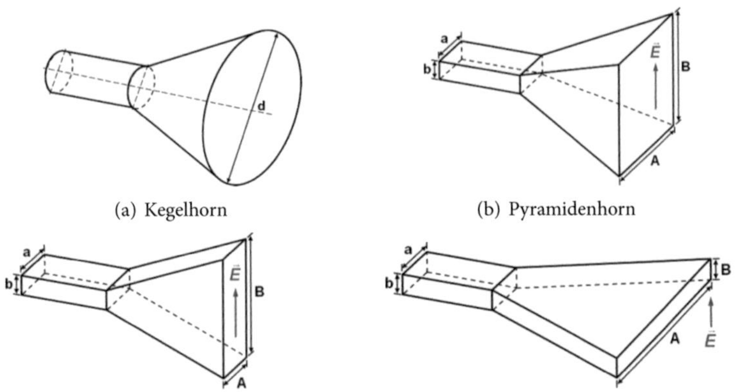

(a) Kegelhorn (b) Pyramidenhorn

(c) E-Sektorhorn (d) H-Sektorhorn

Bild 4.14: Verschiedene Ausführungsformen der Hornantenne

4.6.2 Aufbau und Abmessungen der Hornantenne

Im Folgenden wird ein Pyramidenhorn untersucht, das über einen Hohlleiter mit einer H_{10}-Welle gespeist wird. Die Anpassung der Antenne soll über einen möglichst weiten Bereich an Bodeneigenschaften, d.h. große Unterschiede in der Permittivität des Bodens, optimiert werden. Das Pyramidenhorn wird über einen rechteckigen WR-340-Hohlleiter mit einer Innenbreite von $a = 86{,}36\,\mathrm{mm}$ und einer Innenhöhe von $b = 43{,}18\,\mathrm{mm}$ gespeist. Die Länge des Speisehohlleiters ist $l = 122{,}5\,\mathrm{mm}$. Eine Zeichnung mit den entsprechenden Abmessungen ist in Bild 4.15 zu sehen.

Zur Anpassung der Antenne an Böden mit variierenden dielektrischen Eigenschaften besteht prinzipiell die Möglichkeit, die Öffnungswinkel α oder β sowie die Hornlänge z zu verändern [5]. Eine Optimierung der Öffnungswinkel auf möglichst gute Anpassung an verschiedene Bodenparameter ergibt die Werte $\alpha_{\mathrm{H}} = 27{,}39°$ und $\beta_{\mathrm{H}} = 25{,}47°$.

In Bild 4.15 ist die Hornantenne mit ihren Bezeichnungen und einem darunter befindlichen Erdboden gezeigt, wie sie in Ansoft HFSS* (**H**igh **F**requency **S**tructure **S**imulator) untersucht und optimiert wurde. In allen Simulationen wird das Volumen des Bodens konstant auf

$$V_{\mathrm{B}} = 382\,\mathrm{mm} \cdot 462\,\mathrm{mm} \cdot 125\,\mathrm{mm} = 0{,}022\,\mathrm{m}^3$$

gehalten. Die Seitenwände des Bodens sind hierbei mit einer „Radiation Boundary“ umgeben. Diese Randbedingungen entsprechen einer Abstrahlung, durch die an den Bodenrändern keine Reflexionen auftreten.

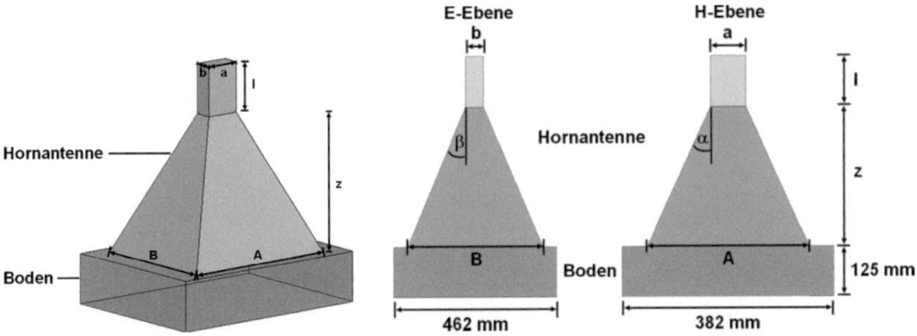

(a) Simulationsmodell (b) Querschnitt durch die Hornantenne und den Boden

Bild 4.15: Simulationsmodell und Abmessungen der Hornantenne mit Boden

4.6.3 Anpassung an verschiedene Bodentypen

Eine optimale Anpassung der Antenne an verschiedene dielektrische Eigenschaften des Bodens bei der geforderten Frequenz von $f = 2{,}45\,\text{GHz}$ wird durch Variation der Aperturlänge z des Horns erreicht [5]. Die Veränderung der Aperturlänge ist unter realen Bedingungen durch Aufsetzen bzw. leichtes Eindrücken der Antenne in das Erdreich einfach zu erreichen. Die resultierenden Aperturlängen z zur Anpassung der Antenne bei unterschiedlichen Bodeneigenschaften werden in Simulationen bestimmt. Dabei variieren die Bodeneigenschaften zwischen trockenem Sand mit einer Permittivität von $\varepsilon_r = 3 - j0{,}15$ und einem Boden mit einem höheren Wassergehalt und damit einer höheren Permittivität von $\varepsilon_r = 9 - j0{,}45$. Die dielektrischen Eigenschaften der Böden sowie die sich ergebenden Aperturlängen für eine möglichst gute Anpassung sind nochmals in Tabelle 4.5 zusammengefasst.

Tabelle 4.5: Aperturlänge z in Abhängigkeit von der Permittivität des Bodens

Modellparameter	Boden 1	Boden 2	Boden 3
ε_r'	3	6	9
ε_r''	0,15	0,3	0,45
z in cm	33	33,8	35
A in cm	39	39,7	40,8
B in cm	32,7	33,4	34,4

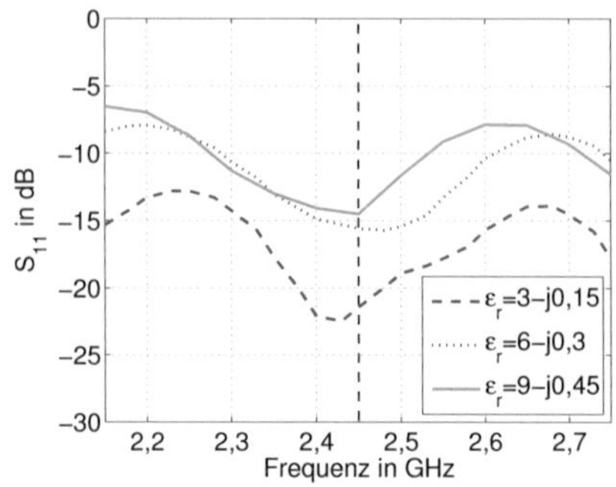

Bild 4.16: Eingangsreflexionsfaktor S_{11} bei Böden mit unterschiedlicher Permittivität

Bild 4.16 zeigt den Verlauf des Reflexionsfaktors S_{11} für die drei Böden im Frequenzbereich von 2,15 GHz bis 2,75 GHz. Die gestrichelte Kurve zeigt den Verlauf des Reflexionsfaktors im Boden 1, die gepunktete Kurve beschreibt den Verlauf im etwas feuchteren Boden 2. Die durchgezogene Kurve entspricht dem Verlauf im nässeren Boden 3. Es ist zu sehen, dass ein Anpassung der Antennen an die untersuchten Bodentypen bei der gewünschten Frequenz von f = 2,45 GHz durch eine geschickte Wahl der Aperturlänge z möglich ist. Die erreichten Reflexionsfaktoren liegen hierbei zwischen −14 dB und −22 dB. Das Ziel des Antennendesigns, eine Anpassung von besser als −10 dB zu erreichen, ist somit bei allen Bodentypen erfüllt.

4.6.4 Vergleich von Simulation und Messung

Im weiteren Verlauf dieser Arbeit wird der Reflexionsfaktor der Hornantenne bei einem Sandboden mit variierendem Wassergehalt simuliert und anschließend zur Verifikation gemessen. Die dielektrischen Eigenschaften des Sandbodens wurden gemessen und können Tabelle 2.1 entnommen werden.
Während Bild 4.17(a) nochmals das Simulationsmodell zeigt, ist in Bild 4.17(b) der reale Messaufbau zu sehen.

Messaufbau Im Laboraufbau wird die Hornantenne nacheinander auf die Sandböden mit den dielektrischen Eigenschaften gemäß Tabelle 2.1 aufgesetzt. Der Sandboden befindet sich dabei in einer mit Kupferfolie geschirmten Tonne.
Für die Messungen wird die Antenne über einen Koaxial-Hohlleiter-Adapter mit einem vektoriellen Netzwerkanalysator (Agilent E8357A) verbunden, mit dem der Reflexionsfaktor S_{11} der Antenne gemessen wird. Der Frequenzbereich von Simulation und Messung liegt zwischen 2,15 GHz und 2,75 GHz.

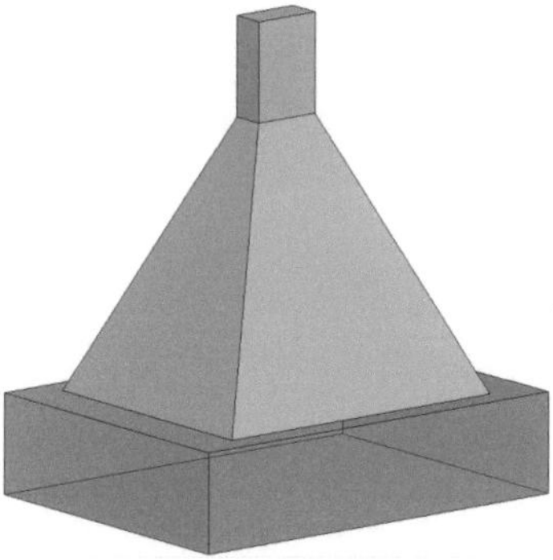

(a) Simulationsmodell

(b) Messaufbau

Bild 4.17: Simulationsmodell und Messaufbau der Hornantenne mit Sandboden

Ergebnisse Die Diagramme in Bild 4.18 zeigen den Vergleich der simulierten (durchgezogene Kurve) und gemessenen (gestrichelte Kurven) Werte des Reflexionsfaktors S_{11} in den drei verschieden feuchten Sandböden. Die vertikale gestrichelte Linie kennzeichnet die Betriebsfrequenz des Systems von $f = 2{,}45\,\text{GHz}$. Bild 4.18(a) zeigt die Simulations- und Messergebnisse in trockenem Sandboden. Bei der Frequenz von 2,45 GHz stimmen Simulations- und Messergebnisse sehr gut miteinander überein, es ergeben sich jedoch im weiteren Frequenzverlauf Abweichungen zwischen Simulation und Messung. Diese sind auf unterschiedliche Randbedingungen in Simulation und Messung zurückzuführen. In der Simulation treten durch die gewählten Randbedingungen keine Reflexionen an den Begrenzungen des Bodens auf. Der trockene Boden jedoch hat relativ kleine Verluste, d.h. die Eindringtiefe ist höher und Leistungsanteile, die nicht im Boden absorbiert werden, werden durch die Kupferfolie im Messaufbau reflektiert. Dadurch können Resonanzeffekte auftreten.

Bei zunehmend feuchteren Böden mit entsprechend höheren Verlusten reduziert sich die Eindringtiefe. Folglich treten im feuchten und nassen Boden mit Wasseranteilen von 5 % bzw. 13 % kaum noch Reflexionen am Rand der Tonne auf. Dementsprechend stimmen Simulation und Messung in feuchtem (Bild 4.18(b)) und nassem (Bild 4.18(c)) Sand über den gesamten Frequenzbereich sehr gut überein.

Die Betrachtung der Kurvenverläufe in Bild 4.18 zeigt, dass der Reflexionsfaktor S_{11} bei 2,45 GHz mit zunehmenden Verlusten im Boden zwar leicht ansteigt, aber mit Werten zwischen −18 dB und −20 dB eine sehr gute Anpassung an verschiedene Bodentypen erzielt werden kann.

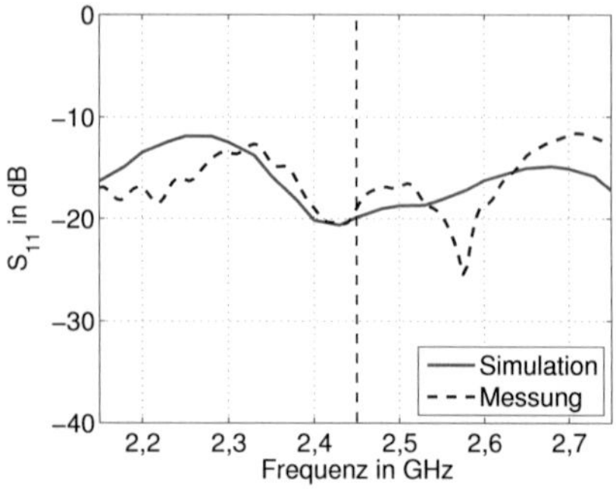

(a) Horn in trockenem Sand

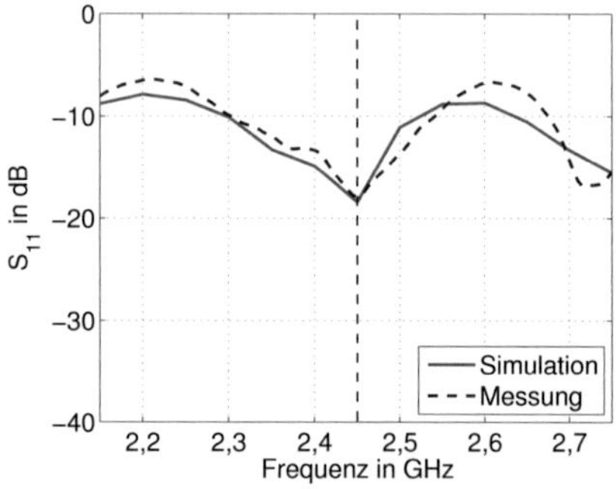

(b) Horn in feuchtem Sand

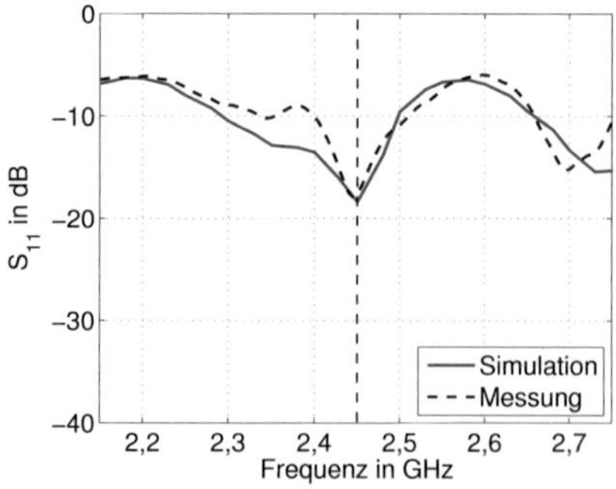

(c) Horn in nassem Sand

Bild 4.18: Simulation und Messung des Eingangsreflexionsfaktors S_{11}

4.6.5 Elektromagnetische Feldverteilung

Neben einer guten Anpassung ist auch eine möglichst gleichmäßige Einkopplung der Mikrowellen in das Erdreich wünschenswert. Das bedeutet, dass die bestrahlte Fläche möglichst gleichmäßig erwärmt werden soll.
Die Bilder 4.19 und 4.20 zeigen beispielhaft den Verlauf der elektrischen bzw. magnetischen Feldstärke in Querschnitten durch Hornantenne und trockenen Sandboden in der E-Ebene. Die Antenne wird hierbei mit einer Leistung von $P_{in} = 1\,W$ gespeist.
In Bild 4.19 ist das elektrische Feld im Inneren der Hornantenne und im Boden zu verschiedenen Zeitpunkten dargestellt. Am Übergang von Antenne zu Boden treten hierbei keine Reflexionen auf. Die Einkopplung der Leistung in das Erdreich erfolgt gleichmäßig über die gesamte von der Antenne beleuchtete Fläche.

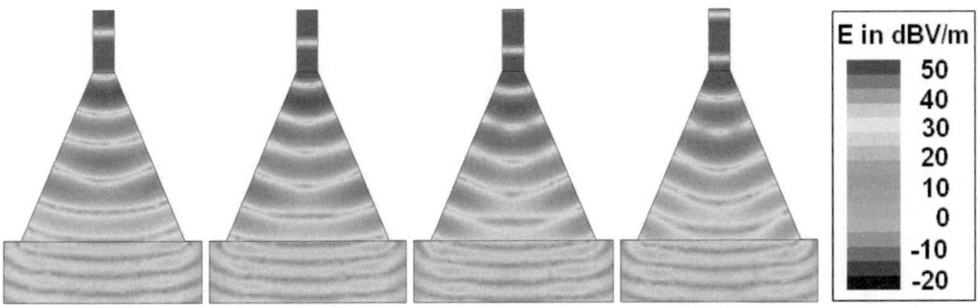

Bild 4.19: Zeitlicher Verlauf des elektrischen Feldes in der E-Ebene

Mit dem in diesem Kapitel vorgestellten Pyramidenhorn lässt sich eine gute Einkopplung der Mikrowellen in verschiedene Bodenarten erreichen. Die Feldverteilung ist relativ ho-

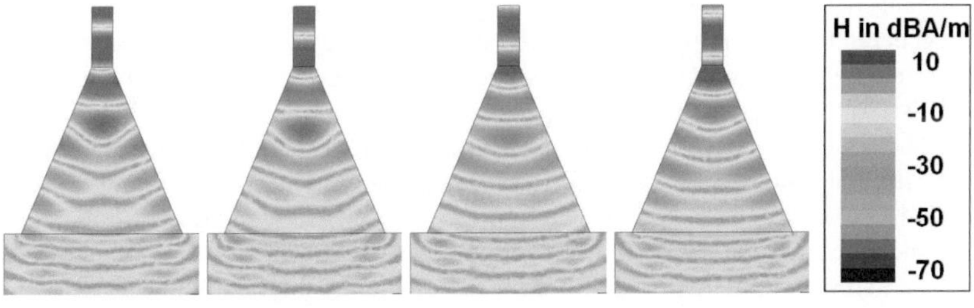

Bild 4.20: Zeitlicher Verlauf des magnetischen Feldes in der E-Ebene

mogen in der von der Antenne beleuchteten Fläche, wodurch eine in der Fläche gleichmäßige Erwärmung erreicht werden kann. Diese Antennenvariante erlaubt somit eine einfache Erwärmung und Dekontaminierung von oberflächennahen Verschmutzungen. Für Kontaminierungen in tieferen Schichten ist das hier vorgestellte Pyramidenhorn nicht geeignet, dazu werden im Folgenden koaxiale Antennenstrukturen verwendet.

4.7 Koaxiale Antennen für Kontaminierungen in tieferen Schichten

Bei Kontaminierungen in tieferen Bereichen des Bodens werden Antennen zur Mikrowelleneinkopplung benötigt, die ausreichend tief in den verschmutzten Boden eingebracht werden können. Mit Hilfe dieser Antennen sollen Mikrowellen radialsymmetrisch um die Antennen herum und zudem möglichst gleichmäßig über die Antennenlänge in das umgebende Erdreich eingekoppelt werden. Die Kontaminierung im Boden soll auf diese Weise gleichmäßig erhitzt und ausgedampft werden. Die Antennen werden über ein Bohrloch in das Erdreich eingebracht, woraus sich die Forderung nach einem runden Querschnitt für die Antennen ergibt. Damit bieten sich prinzipiell zwei Antennenarten an, die auf ihre Eignung untersucht werden sollen. Ein Antennentyp basiert auf dem Rundhohlleiter, der andere auf dem Koaxialleiter. Weiterhin ist eine radialsymmetrische Abstrahlung wünschenswert, die beispielsweise über Schlitze im Außenleiter der Antennen erreicht werden kann.

Rundhohlleiter Der Rundhohlleiter weist in seiner Grundmode (H_{11}- bzw. TE_{11}-Mode) den in Bild 4.21(a) dargestellten Feldlinienverlauf auf. Mit dieser Feldverteilung ist keine radialsymmetrische Abstrahlung möglich, da die magnetischen Feldlinien innerhalb des Rundhohlleiters nicht parallel zur Wand verlaufen. Um die Forderung einer radialsymmetrischen Abstrahlung zu erfüllen, muss beim Rundhohlleiter eine höhere Mode angeregt werden, bei der diese Bedingung erfüllt ist. Dies ist beispielsweise die E_{01}-Mode, deren Feldverteilung in Bild 4.21(b) zu sehen ist. Grundsätzlich gilt bei der Anregung einer höheren Mode, dass neben ihr auch alle niedrigeren Moden ausbreitungsfähig sind. Das führt zu einem unerwünschten Modengemisch, bei dem eine radialsymmetrische Abstrahlung nicht gewährleistet werden kann. Des Weiteren müsste bei gleicher Frequenz die Abmessung des Rundhohlleiters vergrößert werden. Dies wiederum hätte zur Folge, dass einerseits die erforderlichen Bohrlöcher größer werden müssten, andererseits aber auch die Antenne selbst schwerer und teurer werden würde. Aus diesen Gründen wird im Rahmen dieser Arbeit das Konzept einer Antenne auf Rundhohlleiterbasis nicht weiter verfolgt. Stattdessen werden für die weiteren Betrachtungen Antennen benutzt, die auf einer koaxialen Struktur basieren.

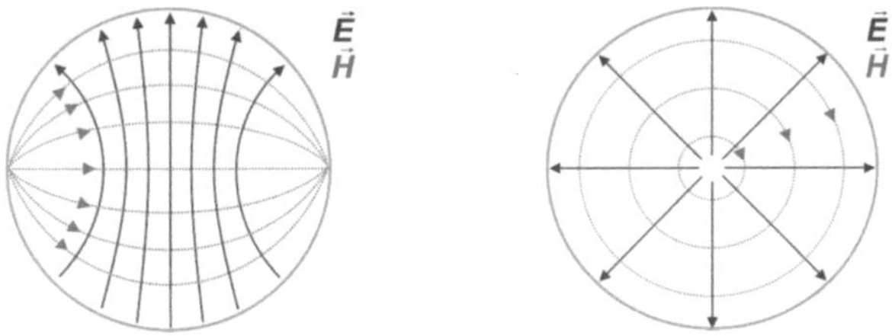

(a) H_{11}-Grundmode (b) E_{01}-Mode

Bild 4.21: Feldlinienbild eines Rundhohlleiters

Koaxialleiter Der Koaxialleiter weist anders als der Rundhohlleiter bereits in der Grundmode eine radialsymmetrische Feldverteilung auf, wie sie in Bild 4.22(b) zu sehen ist. Folglich ist auch das Abstrahlverhalten dieses Antennentyps radialsymmetrisch.

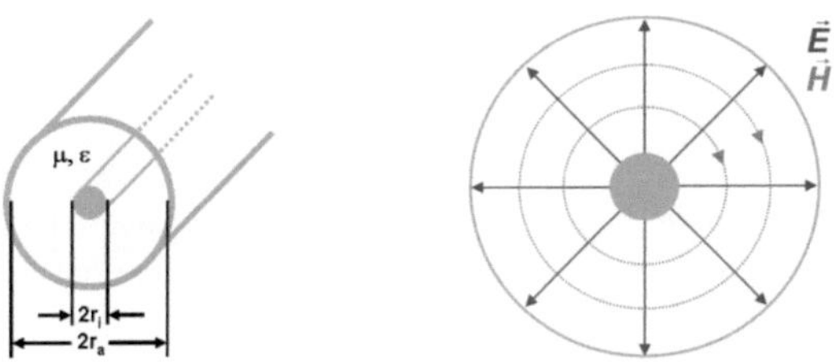

(a) Abmessungen (b) TEM-Welle

Bild 4.22: Abmessungen und Feldlinienverlauf eines Koaxialleiters

Um höhere Moden zu vermeiden und sicher zu stellen, dass sich nur die gewünschte TEM-Grundmode ausbreitet, muss für die Differenz zwischen Außenleiterradius r_a und Innenleiterradius r_i des Koaxialleiters stets die Bedingung (4.19) erfüllt sein [118, 134]:

$$r_a - r_i \leq \frac{\lambda_0}{2} \tag{4.19}$$

Für einen luftgefüllten Koaxialleiter ($\varepsilon_r = 1$), der bei einer Frequenz von $f = 2{,}45\,\text{GHz}$ betrieben wird, ergibt sich damit ein Abstand zwischen Innen- und Außenleiter von $r_a - r_i \leq 61{,}22\,\text{mm}$.

4.8 Koaxiale Schlitzantenne mit Luftfüllung bei 2,45 GHz

Um die Energie gleichmäßig um die Antenne in den Boden einkoppeln zu können, müssen sich im Außenleiter des Koaxialleiters in regelmäßigen Abständen Öffnungen zur Auskopplung der Mikrowellen befinden. Hierfür eignen sich Schlitze. Die Anordnung, Größe und Form der einzelnen Schlitze haben dabei Einfluss auf Frequenzband und erreichbare Auskopplung [5].
Eine maximale Auskopplung wird genau dann erreicht, wenn die Schlitze in den Maxima der Wandströme platziert werden. Weiterhin haben Größe und Form der Schlitze einen entscheidenden Einfluss auf die zu erreichende Anpassung der Antenne und die Feldverteilung im umgebenden Boden. Neben einer radialsymmetrischen Auskopplung soll möglichst auch erreicht werden, dass die Energie gleichmäßig über die Länge der Antenne abgegeben wird.
Die in diesem Abschnitt vorgestellten Koaxialleitertypen sind mit Luft gefüllt, wodurch eine kostengünstige und einfache Herstellung möglich ist. Die Schlitze müssen mit einem Radom abgedeckt werden, um so das Eindringen von Feuchtigkeit und Erdreich in die Antenne zu verhindern. Das ist insofern von großer Bedeutung, weil die Durchschlagfeldstärke in Luft bei zunehmendem Feuchtigkeitsgehalt stark abnimmt und somit auch die übertragbare Leistung deutlich reduziert wird.

4.8.1 Untersuchung eines einzelnen Schlitzes

Im Hinblick auf die erreichbare Auskopplung der Mikrowellen durch die Schlitze im Außenleiter einer Koaxialantenne, wird zunächst ein Koaxialleiter mit nur einem einzigen horizontalen Schlitz untersucht.

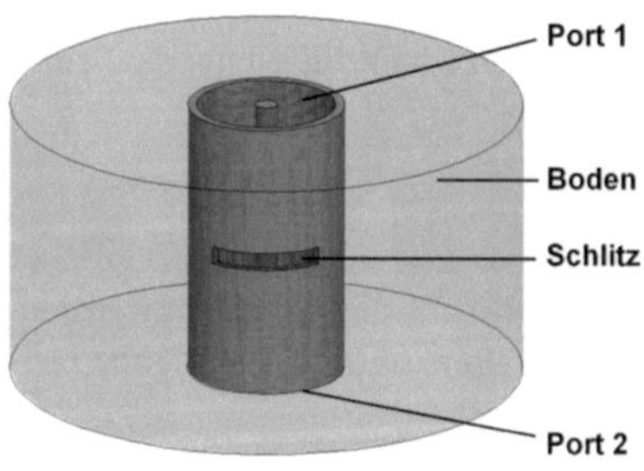

Bild 4.23: Schlitzanalyse eines Koaxialleiters mit einem Schlitz

Wie zuvor bei der Hornantenne werden auch hier die Untersuchungen mit Ansoft HFSS®

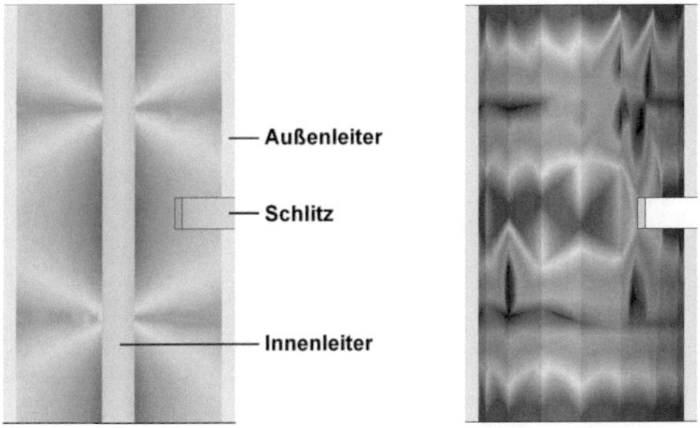

Bild 4.24: H-Feld und Oberflächenströme in einem Koaxialleiter mit einem Schlitz

durchgeführt. Dabei befindet sich der geschlitzte Koaxialleiter zur Simulation im Erdreich. Dies ist in Bild 4.23 gezeigt. Auch hier werden für die Bodenränder „Radiation Boundaries“ als Randbedingungen angenommen, um Reflexionen auszuschließen. Sowohl am oberen als auch am unteren Ende besitzt der Koaxialleiter jeweils einen Port. Es wird hierbei in Port 1 eingespeist und die Transmission nach Port 2 bestimmt. Die Leiter des Koaxialleiters werden als ideal elektrische Leiter (PEC, engl. ***P**erfect **E**lectric **C**onductor*) angenommen, so dass keine ohmschen Verluste auftreten. Folglich kann angenommen werden, dass der Anteil der Leistung, der nicht von Port 1 nach Port 2 transmittiert wird, durch den Schlitz in das Erdreich ausgekoppelt wird. Die Schlitzgeometrie, d.h. die Schlitzbreite b und die Schlitzhöhe h werden für eine maximale Auskopplung optimiert.

In Bild 4.24 ist die Anordnung eines Einzelschlitzes im Koaxialleiter nochmals dargestellt. Auf der linken Seite ist der Betrag des magnetischen Feldes dargestellt. Im rechten Bild ist der Betrag der Oberflächenströme zu sehen. Es wird deutlich, dass die Oberflächenströme genau an der Stelle maximal sind, an denen das magnetische Feld seinen größten Wert erreicht. Genau an dieser Stelle wird der Schlitz positioniert, um eine bestmögliche Auskopplung zu erreichen. Bei der ermittelten Schlitzgröße zeigt sich keine Abhängigkeit der Position der Maxima der Oberflächenströme vom ungebenden Bodentyp.

4.8.2 Anordnung der Schlitze im Außenleiter des Koaxialleiters

Nachdem die Lage der Maxima des magnetischen Feldes ermittelt wurde, sind auch die einzelnen Schlitzebenen festgelegt. Innerhalb dieser Ebenen wurden mit Hilfe von Simulationen mögliche Schlitzanordnungen untersucht und miteinander verglichen [5]. Die untersuchten Schlitzanordnungen sind in Bild 4.25 zu sehen. Um die Antennen-

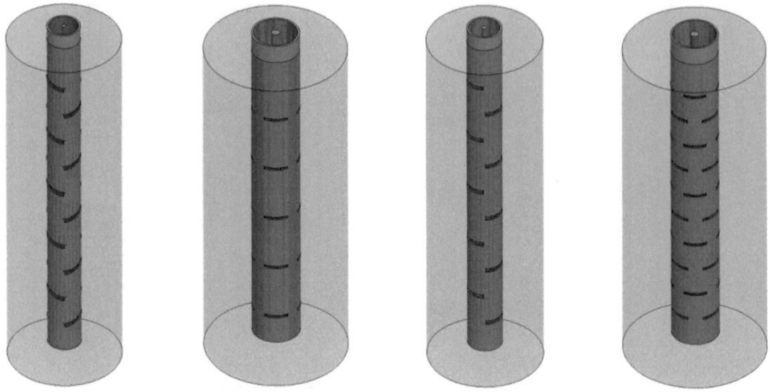

(a) schräg, λ (b) horizontal, λ (c) $\frac{\lambda}{2}$-Abstand (d) versetzt, $\frac{\lambda}{2}$

Bild 4.25: Verschiedene Anordnungen der Schlitze im Koaxialleiter

struktur möglichst breitbandig zu machen, wird zunächst eine schräge Schlitzanordnung nach Bild 4.25(a) untersucht. Diese zeigt allerdings bei der gewünschten Frequenz von 2,45 GHz verglichen mit den anderen Anordnungen eine deutlich schlechtere Anpassung und ist auch fertigungstechnisch deutlich aufwendiger. Aus diesem Grund wird dieser Ansatz nicht weiter verfolgt.

Ziel des Antennendesigns ist es vielmehr, die Anzahl der Schlitze bei möglichst kleinem Außenradius der Antenne zu maximieren und gleichzeitig bei der Betriebsfrequenz von $f = 2{,}45\,\text{GHz}$ eine möglichst gute Anpassung bei maximaler Auskopplung zu erreichen. Aus diesen Gründen werden im Folgenden die Antennen mit einem Schlitzabstand von $\lambda/2$, gemäß den Bildern 4.25(c) und Bild 4.25(d) betrachtet.

Bild 4.26 zeigt die Bezeichnungen der einzelnen Parameter einer geschlitzten Koaxialantenne, die für die gewünschten Eigenschaften der Antenne variiert werden können: die Schlitzbreite b, die Schlitzhöhe h, der Innenleiterradius r_i und der Außenleiterradius r_a. Das Verhältnis von Außenleiter zu Innenleiter bestimmt gemäß

$$Z_\text{Koax} = \frac{Z_\text{F0}}{2\pi}\sqrt{\frac{\mu_\text{r}}{\varepsilon_\text{r}}} \cdot \ln\left(\frac{r_\text{a}}{r_\text{i}}\right) = 60\,\Omega \cdot \sqrt{\frac{\mu_\text{r}}{\varepsilon_\text{r}}} \cdot \ln\left(\frac{r_\text{a}}{r_\text{i}}\right)$$

einerseits die Impedanz einer Koaxialleitung und hat somit einen großen Einfluss auf die Anpassung. Andererseits muss auch die Bedingung (4.19) eingehalten werden, damit sich eine reine TEM-Mode ausbreitet.

Die Antennenlänge l und die Wandstärke w werden zu

$$l = 1\,\text{m} \qquad \text{und} \qquad w = 3\,\text{mm}$$

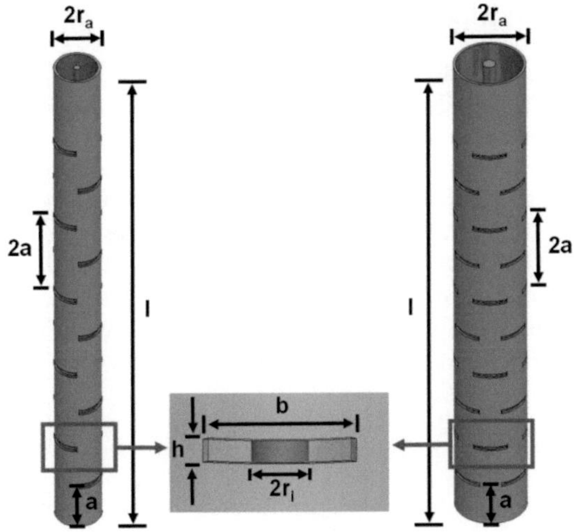

Bild 4.26: 2- und 4-Schlitz-Koaxialleiter mit Parameterbezeichnungen

gesetzt. Die Antenne ist am unteren Ende kurzgeschlossen. Damit ergibt sich für den Abstand zwischen erster Schlitzebene und Antennenende

$$a_0 = \lambda/2 = 61\,\text{mm} \quad .$$

Alle weiteren Schlitzebenen sind jeweils im Abstand von $a = \lambda/2$ zueinander entlang des Koaxialleiters angeordnet.

In den Simulationen wird als Material für Innen- und Außenleiter Aluminium angenommen. Die elektrischen Eigenschaften von Aluminium finden sich im Anhang A.3. Der Innenleiterradius r_i sowie die Höhe h und Breite b der einzelnen Schlitze ergeben sich jeweils durch Optimierung der gesamten Antennenstruktur unter Berücksichtigung der dielektrischen Eigenschaften des Bodens.

Um der Forderung nach einem möglichst kleinen Durchmesser der Antenne nachzukommen, wird im weiteren Verlauf der Arbeit die koaxiale Antenne mit zwei Schlitzen pro Ebene betrachtet. Bild 4.25(c) zeigt den Aufbau eines Koaxialleiters mit 10 Schlitzebenen mit jeweils zwei Schlitzen sowie das umgebende Erdreich. Die Antenne wird in Sandboden mit unterschiedlichem Wassergehalt simuliert und durch Veränderung einzelner Parameter auf ihre Eingangsreflexion auf die Betriebsfrequenz $f = 2{,}45\,\text{GHz}$ optimiert.

4.8.3 Aufbau und Abmessungen der Koaxialantenne

Bei dieser Optimierung werden der Außenleiterradius r_a und die Wandstärke w konstant gehalten. Das hat den Vorteil, dass bei der Anwendung auch der Bohrlochdurchmesser nicht geändert werden muss. Die Größe der Schlitze lässt sich beispielsweise durch eine geeignete Blendenstruktur in der Praxis realisieren. Durch diese Blenden lassen sich die einzelnen Schlitzbreiten b und Schlitzhöhen h so verändern, dass die Antenne möglichst gut auf die unterschiedlichen dielektrischen Eigenschaften des Bodens angepasst werden kann. Ein weiterer Freiheitsgrad ist der Radius r_i des Innenleiters. Dieser lässt sich auch in der Praxis relativ einfach verändern, da der Innenleiter einfach in den Boden der Antennen eingeschraubt wird. Er lässt sich somit mit wenig Aufwand austauschen.
Für den Außenleiterradius a und die Wandstärke w der Antennen werden folgende Parameter festgesetzt:

$$r_a = 32\,\mathrm{mm} \qquad \text{und} \qquad w = 3\,\mathrm{mm} \quad .$$

Die Kurvenverläufe in Bild 4.27 zeigen den Einfluss der drei variablen Parameter r_i, b und h des 2-Schlitz-Koaxialleiters auf den Eingangsreflexionsfaktor S_{11} der Antenne bei 2,45 GHz in einem trockenem Sandboden mit $\varepsilon_r = 3 - j0{,}15$. Es wird jeweils ein Parameter variiert, während die anderen beiden konstant gehalten werden. Der dabei resultierende optimierte Wert wird anschließend fest gehalten, während nacheinander die beiden anderen Parameter variiert und optimiert werden. Dieser Vorgang wird iterativ bis zu einer sich nicht mehr ändernden Optimumbildung aller drei Parameter wiederholt.

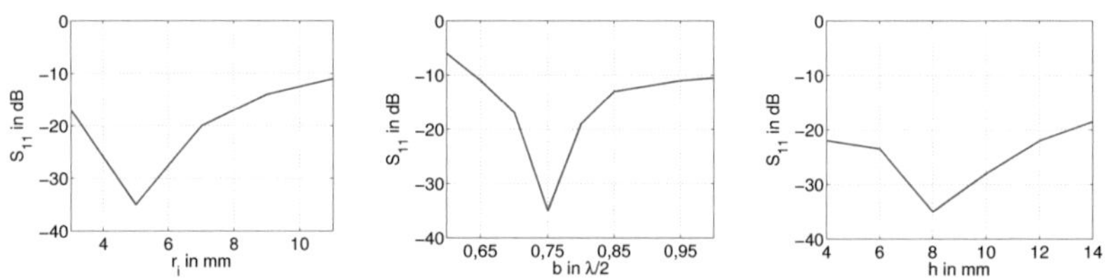

(a) Innenleiterradius (b) Schlitzbreite (c) Schlitzhöhe

Bild 4.27: Einfluss einzelner Parameter auf die Eingangsreflexion S_{11}

Alle Kurvenläufe weisen jeweils ein Optimum bezüglich des Reflexionsfaktors S_{11} auf. Dabei ist zu erkennen, dass die Schlitzbreite b den größten Einfluss hat. Gleichzeitig zeigt sich, dass die Anpassung S_{11} sehr empfindlich gegenüber kleinen Änderungen der Schlitzbreite ist.

Tabelle 4.6 fasst die optimierten Werte dieser Antenne für drei Böden mit unterschiedlicher Permittivität zusammen. Mit zunehmenden Verlusten im Boden müssen Innenleiterradius sowie Höhe und Breite des einzelnen Schlitzes vergrößert werden, um weiterhin eine gute Anpassung der Antenne zu gewährleisten. Dies ist durch eine modulare Bauweise der Antennen sowie eine Blendenstruktur möglich. Die maximale Breite der Schlitze ist durch den Umfang der Antenne beschränkt.

Tabelle 4.6: Abmessungen des luftgefüllten 2-Schlitz-Koaxialleiters

Modellparameter	Boden 1	Boden 2	Boden 3
ε_r'	3	6	9
ε_r''	0,15	0,3	0,45
r_i in mm	5	11	12
b in mm	46	74	74
h in mm	8	10	12

4.8.4 Anpassung an verschiedene Bodentypen

Bild 4.28 zeigt den Verlauf des Eingangsreflexionsfaktors S_{11} über der Frequenz bei unterschiedlichen dielektrischen Bodeneigenschaften. Die durchgezogene Kurve zeigt den Verlauf für einen trockenen Sandboden mit geringen Verlusten. Die gepunktete Kurve zeigt die Anpassung der Antenne in einem feuchten Boden mit mittleren Verlusten, die Anpassung der Antenne bei nassem Sandboden zeigt die gestrichelte Kurve. Die vertikale gestrichelte Linie gibt die Betriebsfrequenz von 2,45 GHz an. Während die Anpassung bei kleinen und mittleren Verlusten im Boden mit Werten von etwa −25 dB sehr gut ist, verschlechtert sie sich mit zunehmenden Verlusten, d.h. mit höherem Wassergehalt auf ca. −8 dB bei 2,45 GHz.

Eine weitere Verbesserung der Anpassung ist möglich mit einer Verbreiterung des Schlitzes, was wiederum eine Vergrößerung des Antennendurchmessers und somit des Bohrloches nach sich ziehen würde. Alternativ kann statt der luftgefüllten Antenne eine Antenne mit PTFE-Füllung (Teflon™) benutzt werden. In [141] sind die Ergebnisse dieser Untersuchungen detailliert ausgeführt. Eine beträchtliche Verbesserung der Anpassung ist zu erreichen, wenn die Antenne außen mit einer 5 mm dicken PTFE-Wandung ummantelt ist. Diese Möglichkeit ist in [142] ausführlich beschrieben. Die Anpassung mit PTFE-Ummantelung ist in Bild 4.29 zu sehen. Eine Messung der Anpassung in trockenem und durchnässtem Boden zeigte eine Anpassung von etwa −10 dB bei einer Frequenz von

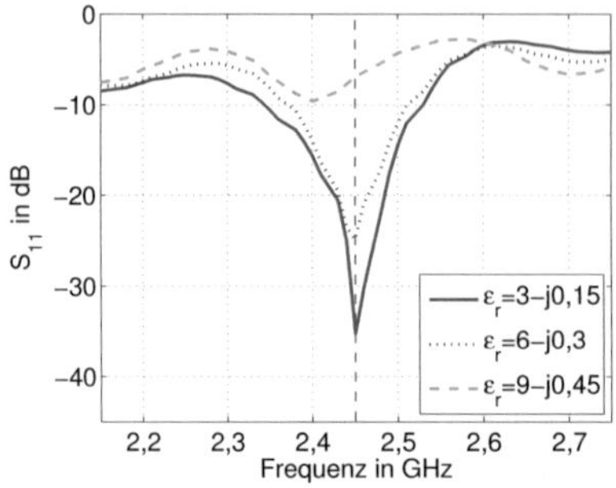

Bild 4.28: Frequenzverlauf des Eingangsreflexionsfaktors S_{11} bei Böden mit unterschiedlichen dielektrischen Eigenschaften

2,45 GHz. Mit Hilfe von Erwärmungsversuchen in trockenem Sand konnte die gleichmäßige Auskopplung der Mikrowellenenergie entlang der Antenne ebenfalls bestätigt werden. Der Eingangsreflexionsfaktor ist bei einer Frequenz von 2,45 GHz in allen Fällen besser als −12 dB.

Eine weitere Möglichkeit zur Verbesserung der Anpassung ist die Verwendung einer dielektrischen Wanderwellenantenne, wie sie in Abschnitt 4.9 beschrieben wird.

4.8.5 Vergleich von Simulation und Messung

Die Antenne nach Kapitel 4.8 wurde mit dem Hohleiter-Koaxial-Übergang nach Abschnitt 4.3.2.1 aufgebaut und vermessen. Das Bild 4.30 zeigt ein Foto der Koaxialantenne mit zwei Schlitzen pro Ebene und dem zugehörigen Übergang.

Am unteren Ende der Antenne befindet sich eine keilförmige Spitze, um das Einbringen der Antenne in das Erdreich zu erleichtern. In der Mitte sind die 10 Schlitzebenen mit jeweils zwei Schlitzen zu erkennen und rechts das im Abschnitt 4.3.2 ausführlich beschriebene Speisenetzwerk.

Für die Messungen werden die Schlitze im Außenleiter mit einem Radom abgedeckt, damit während der Messungen im Boden weder Feuchtigkeit noch Sand in die Antenne eindringen. Zur Messung des Eingangsreflexionsfaktors S_{11} mit dem VNA wird die Koaxialantenne in eine mit Sand gefüllte Tonne eingeführt. Die Ergebnisse des simulierten und gemessenen Eingangsreflexionsfaktors des Koaxialleiters mit Speisenetzwerk werden in Bild 4.31 miteinander verglichen. Die Antennen befindet sich hierbei in trockenem Sand mit den dielektrischen Eigenschaften gemäß Tabelle 2.1. Es zeigt sich eine gute Übereinstimmung von Simulation (durchgezogene Kurve) und Messung (gestrichelte Kurve).

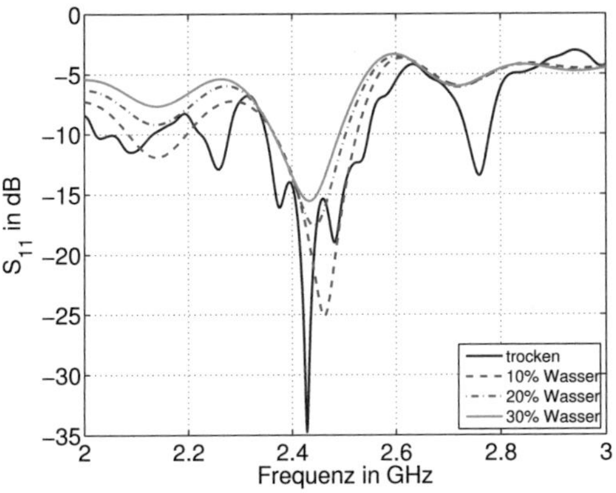

Bild 4.29: Frequenzverlauf des Reflexionsfaktors der mit PTFE ummantelten geschlitzten Koaxialantenne bei verschiedenen Erdböden [142]

Bei der geforderten Frequenz von 2,45 GHz wird sowohl in der Simulation als auch in der Messung eine Anpassung von jeweils besser als −20 dB erzielt.

4.8.6 Elektromagnetische Feldverteilung

In Abbildung 4.32 ist der zeitliche Verlauf des elektrischen Feldes bei der Koaxialantenne mit zwei Schlitzen nach Abschnitt 4.8.3 und in Abbildung 4.33 der des magnetischen Feldes bei 2,45 GHz dargestellt. Die Abbildungen zeigen jeweils Querschnitte durch die Antenne in einem Sandboden mit der Permittivität $\varepsilon_r = 3 - j0{,}15$. Deutlich zu erkennen ist die Feldverteilung im Inneren der Antenne zwischen Innen- und Außenleiter sowie die gleichmäßige Einkopplung der Felder durch die Schlitze in den Boden. Die einzelnen Schlitzöffnungen befinden sich dabei jeweils in den Maxima des magnetischen Feldes. Am oberen Ende des Koaxialleiters wird dieser mit einer Leistung von $P_{in} = 1\,W$ gespeist. In den einzelnen Zeitaufnahmen von links nach rechts ist jeweils für das elektrische als auch für das magnetische Feld im oberen Bereich des Koaxialleiters eine wandernde Welle zu erkennen, das elektrische Feld E und das magnetische Feld H sind in Phase. Es findet also ein Energietransport statt. Am unteren Ende ist der Koaxialleiter mit einem Kurzschluss abgeschlossen, an dem Reflexionen auftreten. Folglich bildet sich dort eine stehende Welle; elektrisches und magnetisches Feld sind nicht mehr in Phase.

Die koaxiale Schlitzantenne bietet eine radialsymmetrische Einkopplung der Energie in das umgebende Erdreich. Ebenso ist die Auskopplung entlang der Antenne sehr gleichmäßig. Nachteilig ist jedoch die Abhängigkeit des Eingangsreflexionsfaktors von den di-

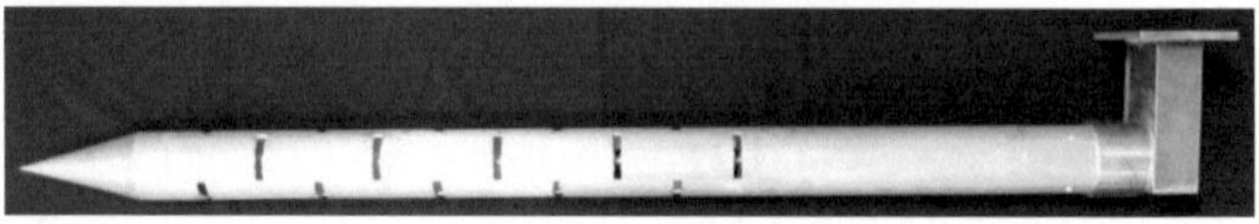

(a) ohne PTFE Ummantelung

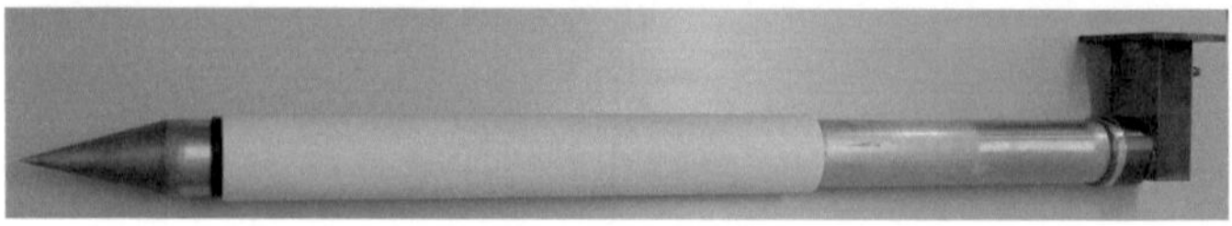

(b) mit PTFE Ummantelung

Bild 4.30: Koaxiale Schlitzantenne mit Speisenetzwerk

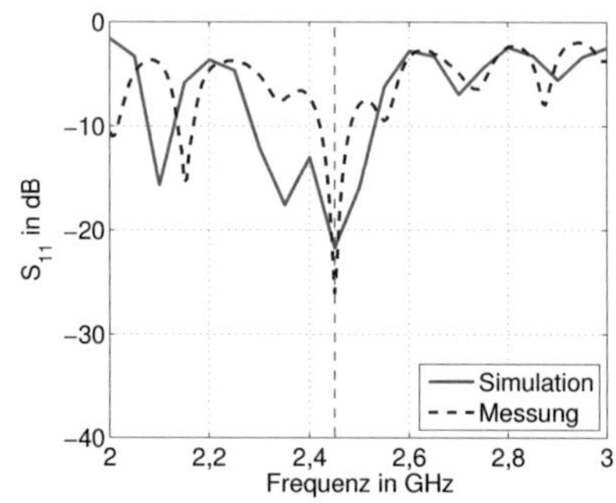

Bild 4.31: Simulation und Messung des Reflexionsfaktors S_{11} der koaxialen Schlitzantenne ohne PTFE Ummantelung in trockenem Sand

elektrischen Eigenschaften des Bodens. Diese Abhängigkeit lässt sich zwar durch einfachen Austausch des Innnenleiters [141] oder durch eine PTFE-Ummantelung der Antenne [142] vermindern, dennoch wäre es wünschenswert, ohne mechanische Veränderungen auszukommen. Dies lässt sich durch eine nicht-resonante Antennenstruktur erreichen, wie sie im folgenden Kapitel beschrieben wird.

4.9 Koaxiale dielektrische Wanderwellenantenne bei 2,45 GHz und 915 MHz

Um die Nachteile einer resonanten Struktur zu umgehen, wird eine Wanderwellenantenne betrachtet. Bei der Schlitzantenne wird durch das umgebende Dielektrikum die

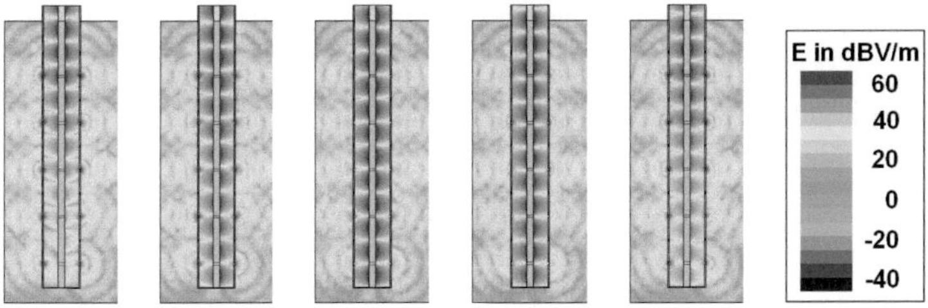

Bild 4.32: Zeitlicher Verlauf des elektrischen Feldes bei 2,45 GHz

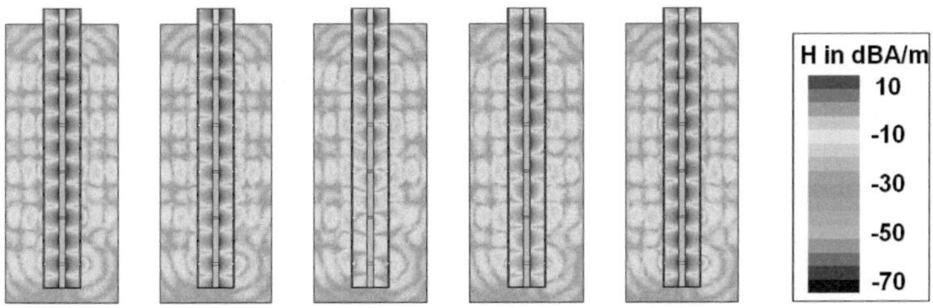

Bild 4.33: Zeitlicher Verlauf des magnetischen Feldes bei 2,45 GHz

Auskopplung durch die Schlitze beeinflusst. Bei einer Wanderwellenstruktur erfolgt die Auskopplung entlang der Antennen hingegen kontinuierlich, womit die Frequenzabhängigkeit deutlich geringer ist. Ein weiterer Vorteil bei der Benutzung eines Dielektrikums im Unterschied zur luftgefüllten Antenne liegt darin, dass der Unterschied der Permittivität zwischen Antenne und Boden etwas kleiner ist, was die reflexionsfreie Auskopplung erleichtert.

4.9.1 Anforderung an das Dielektrikum

Das verwendete Dielektrikum muss mechanisch stabil sein, um in das Bohrloch eingeführt zu werden. Weiterhin sollte es über einen möglichst großen Temperaturbereich verwendbar sein und resistent gegenüber Lösungsmitteln und Treibstoffen, wie sie in vielen kontaminierten Gebieten vorkommen. Die Verluste ε_r'' sollten möglichst gering sein, damit die eingespeiste Mikrowellenenergie nicht bereits im Dielektrikum der Antenne in Wärme umgewandelt wird.
Aufgrund dieser Anforderung wird in dieser Arbeit PTFE (Teflon™) verwendet. Es zeichnet sich durch sehr gute Beständigkeit gegenüber Chemikalien und hohen Temperaturen aus und hat nur geringe dielektrische Verluste.

Die mechanischen und elektrischen Eigenschaften von PTFE sind in Tabelle 4.7 zu finden [143].

Tabelle 4.7: Eigenschaften von PTFE

Eigenschaft	Wert
Permittivität ε_r	2,1
Verlustwinkel $\tan\delta$	0,0002
Dichte	2170 kg/m^3
Temperaturbeständigkeit	−100 °C ... +260 °C
Durchschlagsfeldstärke	20 kV/mm

4.9.2 Aufbau und Abmessungen der Wanderwellenantenne

Der Aufbau der Wanderwellenantenne ist ähnlich dem der koaxialen Schlitzantenne. Insbesondere sind die Gesamtlänge $l = 1\,\text{m}$ der Antenne und ihr Außendurchmesser $d_a = 64\,\text{mm}$ zuzüglich 3 mm Wandstärke identisch. Die Speisung der Antenne erfolgt analog zur Speisung der koaxialen Schlitzantenne mit dem Hohlleiter-Koaxialleiter-Übergang wie er bereits in Abschnitt 4.3.2 beschrieben wurde. Der Innenleiter hat einen Durchmesser von $d_i = 8\,\text{mm}$. Der schematische Aufbau der Antenne ist in Bild 4.34 zu sehen. Die Abmessungen der Antenne sind Tabelle 4.8 zu entnehmen.
Der obere Teil der Antenne bildet einen luftgefüllten Koaxialleiter, dessen Innen- und Außenleiter wie bei der koaxialen Schlitzantenne aus Aluminium bestehen. In den Außenleiter wird ein Rohr aus PTFE mit einer Wandstärke von etwa $d_t = 9\,\text{mm}$ eingeschoben,

Tabelle 4.8: Abmessungen der Wanderwellenantenne für 2,45 GHz

Modellparameter	Wert
a	100 mm
l_{PTFE}	700 mm
e	10 mm
d_a	64 mm
d_i	8 mm
d_t	9 mm

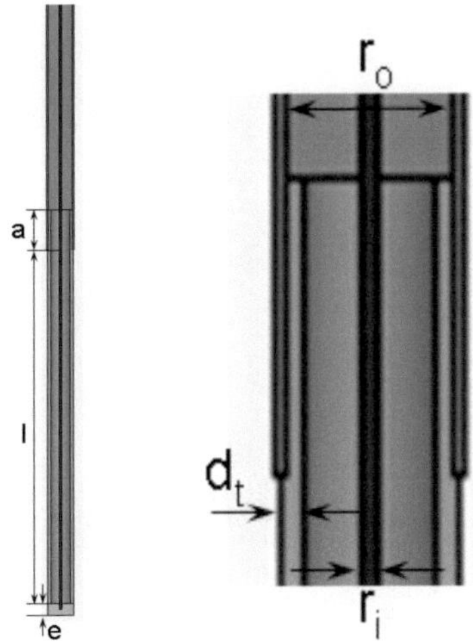

Bild 4.34: Schematischer Aufbau der Wanderwellenantenne

das über die weitere Länge der Antenne den dielektrischen Außenleiter bildet. Der Boden des PTFE-Rohres ist mit einem Deckel aus PTFE abgeschlossen, in den der Innenleiter eingeschraubt wird. Die Länge des PTFE-Rohres ist hierbei l_{PTFE} = 700 mm. Die Welle wird zwischen dem metallischen Innen- und Außenleiter geführt bis zu der Stelle, an welcher der dielektrische Außenleiter beginnt. Ab dort koppelt ein Teil der Welle in das umgebende Erdreich aus, während der Rest der Welle weitergeführt und kontinuierlich abgestrahlt wird.

4.9.3 Anpassung an verschiedene Bodentypen

Im Folgenden wird der Eingangsreflexionsfaktor S_{11} der Wanderwellenantenne mittels Simulation ermittelt. Das Modell der Simulation ist in Bild 4.35 dargestellt. Die Antenne ist hierbei in das Erdreich eingebracht und für die Ränder des Bodens werden abstrahlende Randbedingungen („radiation boundary") angenommen, um Reflexionen auszuschließen. Die Permittivität des Bodens wird in der Simulation variiert und der entsprechende Eingangsreflexionsfaktor S_{11} wird ermittelt. Dieser ist in Bild 4.36 für Böden mit verschiedener Permittivität bzw. verschiedenem Feuchtigkeitsgehalt über der Frequenz dargestellt. Im Gegensatz zur koaxialen Schlitzantenne (vgl. Bild 4.28) weist der Eingangsreflexionsfaktor der Wanderwellenantenne kein frequenzselektives Verhalten auf. Die Anpassung ist bei trockenem, feuchtem und nassem Sand bei der Betriebsfrequenz von f = 2,45 GHz besser als −25 dB. Dabei ist zu sehen, dass die Anpassung bei verlust-

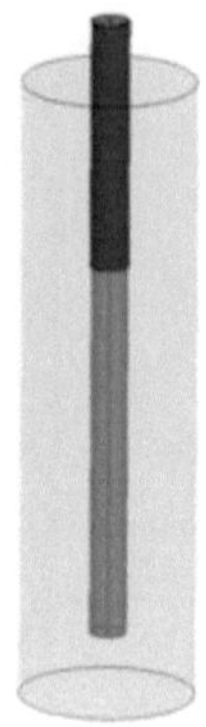

Bild 4.35: Simulationsmodell der Wanderwellenantenne mit Boden

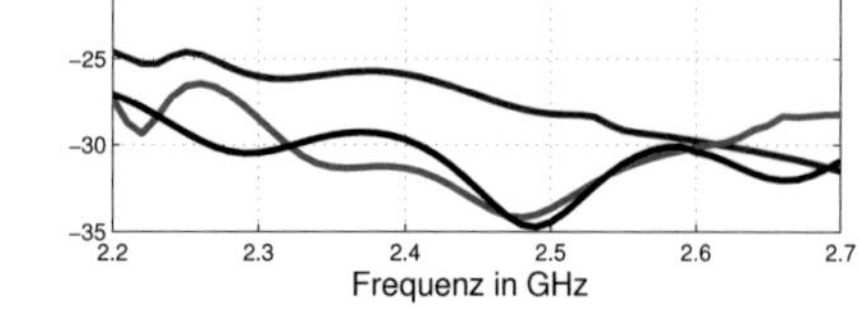

Bild 4.36: Verlauf des Reflexionsfaktors S_{11} der Wanderwellenantenne bei Böden mit unterschiedlichen dielektrischen Eigenschaften

behafteten Böden tendenziell etwas besser wird. In dieser Simulation ist der Hohlleiter-Koaxialleiter-Übergang nicht berücksichtigt.

4.9.4 Vergleich von Simulation und Messung

Die Wanderwellenantenne wurde mit dem Hohlleiter-Koaxialleiter-Übergang nach Abschnitt 4.3.2 aufgebaut und vermessen. Bild 4.37 zeigt ein Foto der Wanderwellenantennen mit dem zugehörigen Übergang.

Bild 4.37: Wanderwellenantenne mit Hohlleiter-Koxial-Übergang

Der Vergleich zwischen Simulation und Messung des Eingangsreflexionsfaktors S_{11} für trockenen Sand mit der Permittivität $\varepsilon_r = 3 - j0{,}15$ ist in Bild 4.38 zu sehen. Es zeigt sich bedingt durch den Hohlleiter-Koaxialleiter-Übergang eine gewisse Frequenzselektivität, allerdings ist die Anpassung bei der gewünschten Frequenz von $f = 2{,}45\,\mathrm{GHz}$ besser als $-20\,\mathrm{dB}$ und damit ausreichend gut.

4.9.5 Elektromagnetische Feldverteilung

Zusätzlich zur Anpassung ist auch die Verteilung der elektromagnetischen Energie im Erdreich von Interesse. Die Feldverteilung des elektrischen Feldes in der Antenne und im Erdboden mit unterschiedlicher Permittivität zeigt Bild 4.39. Durch die rotationssymmetrische Antennengeometrie erfolgt auch die Abstrahlung wie gewünscht rotationssymmetrisch. Es ist zu erkennen, dass sich der Abstrahlwinkel von der Antenne in das umgebende Medium in Abhängigkeit von dessen Permittivität ändert. Bei größerer Permittivität erfolgt die Abstrahlung in einem größeren Winkel, d.h. senkrechter zur Antenne. Dies bewirkt, dass bei nassem Erdreich zunächst die oberen Bodenschichten erwärmt werden. Verringert sich der Feuchtegehalt des Bodens und damit dessen Permittivität, erfolgt die Abstrahlung zunehmend in Längsrichtung der Antenne und erwärmt dann die tieferen Bodenschichten. Dadurch wird der Boden von oben nach unten getrocknet, was für die Diffusion der entstehenden Dämpfe von Vorteil ist. Entstehende Gase gelangen somit durch die bereits getrockneten Bodenschichten, die eine höhere Durchlässigkeit aufweisen, einfacher an die Bodenoberfläche.

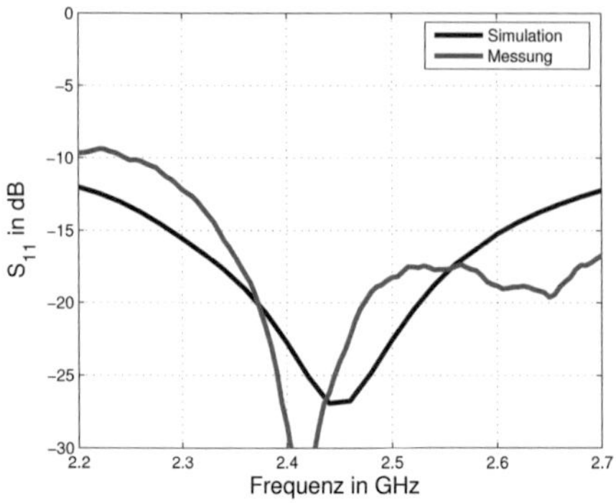

Bild 4.38: Simulation und Messung des Reflexionsfaktors S_{11} der Wanderwellenantenne in trockenem Sand

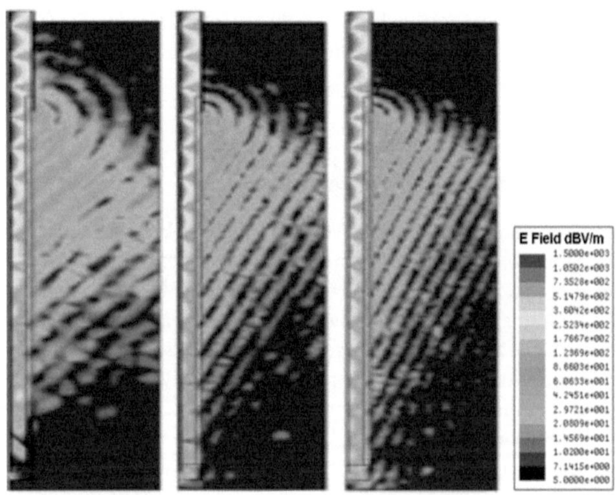

(a) $\varepsilon_r = 3 - j0.15$ (b) $\varepsilon_r = 6 - j0.3$ (c) $\varepsilon_r = 9 - j0.45$

Bild 4.39: Elektrisches Feld in Sand mit unterschiedlicher Permittivität

4.9.6 Erweiterung auf 915 MHz

In diesem Abschnitt soll eine Eignung der Antennenstruktur bei einer Frequenz von f = 915 MHz untersucht werden. Bei dieser in vielen außereuropäischen Ländern zugelassen ISM-Frequenz sind Mikrowellengeneratoren mit Leistungen bis über 100 kW [59] verfügbar. Damit wäre es denkbar, ein weiteres Dekontaminierungssystem bei dieser Frequenz aufzubauen. Weiterhin besteht die Möglichkeit, am Campus Nord des Karlsruher Instituts für Technologie Versuche bei dieser Frequenz mit einer Leistung von 14 kW durchzuführen.

Der prinzipielle Aufbau der Antenne entspricht dem der Wanderwellenantenne in Abschnitt 4.9, der zugehörige Hohlleiter-Übergang ist in Abschnitt 4.3.2.2 beschrieben. Die Länge des Dielektrikums wird bei dieser Antenne auf l_{PTFE} = 900 mm vergrößert. Die übrigen Abmessungen werden beibehalten.

Der Reflexionsfaktor S_{11} dieser Antennen wird ebenfalls durch Simulation der Antenne in Sand mit verschiedenen Permittivitäten bestimmt und ist in Bild 4.40 zu sehen, wobei der Einfluss des Übergangs nicht berücksichtigt wurde.

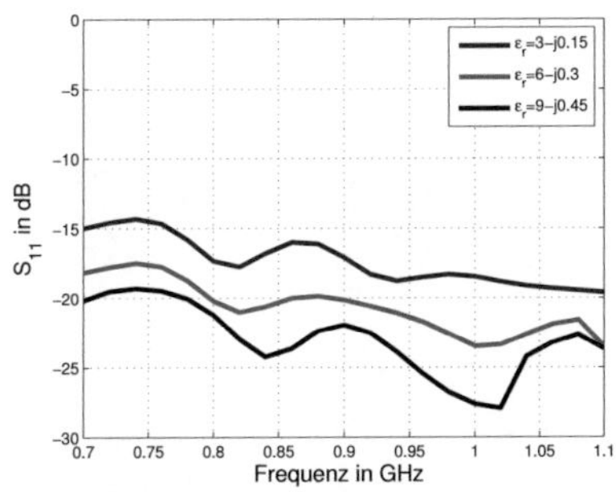

Bild 4.40: Verlauf des Reflexionsfaktors S_{11} der Wanderwellenantenne bei Böden mit unterschiedlichen dielektrischen Eigenschaften

Auch hier ist keine ausgeprägte Frequenzabhängigkeit vorhanden. Für die drei betrachteten Bodeneigenschaften ist die Anpassung der Antenne besser als −15 dB und es zeigt sich auch hier eine Verbesserung der Anpassung bei steigenden Verlusten im Boden.

Ein Vergleich des gemessenen und des simulierten Reflexionsfaktors in trockenem Sand ist in Bild 4.41 gezeigt. Die Frequenzabhängigkeit ergibt sich durch den Hohlleiter-

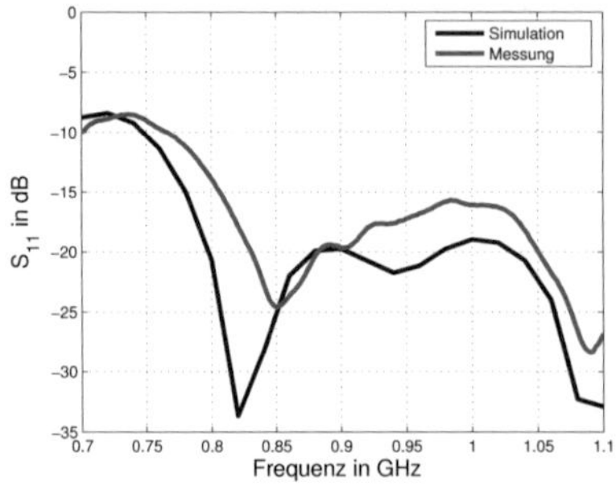

Bild 4.41: Simulation und Messung des Reflexionsfaktors S_{11} der Wanderwellenantenne in trockenem Sand

Koaxialleiter-Übergang. Bei der betrachteten Frequenz von $f = 915\,\text{MHz}$ ist die Anpassung besser als $-15\,\text{dB}$.

Die Betrachtung des elektrischen Feldes im umgebenden Boden, wie in Bild 4.42 gezeigt, liefert ähnliche Ergebnisse wie zuvor bei 2,45 GHz.

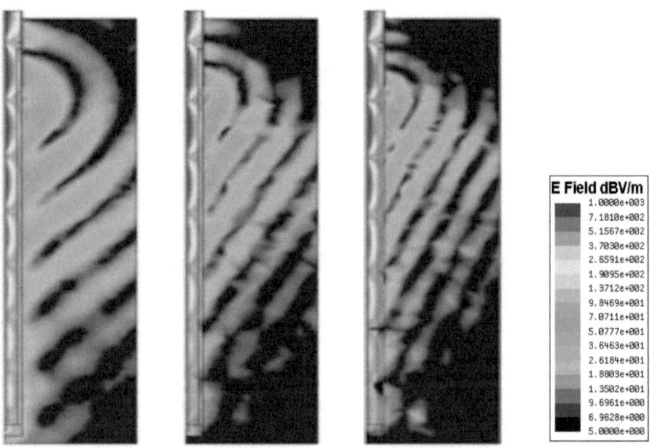

(a) $\varepsilon_r = 3 - j0{,}15$ (b) $\varepsilon_r = 6 - j0{,}3$ (c) $\varepsilon_r = 9 - j0{,}45$

Bild 4.42: Elektrisches Feld in Sand mit unterschiedlicher Permittivität

Deutlich zu erkennen sind die größeren Abstände der Feldmaxima und die vergrößerte Eindringtiefe im Vergleich zu Bild 4.39 bei einer Frequenz 2,45 GHz.
Somit ist gezeigt, dass die Wanderwellenantenne zusätzlich für die Frequenz 915 MHz benutzt werden kann, was den Einsatzbereich der Antenne hin zu Mikrowellengeneratoren mit höherer Leistung erweitert.

4.9.7 Wanderwellenantenne mit ringförmigen Schlitzen

Zusätzlich zu den erwähnten Wanderwellenantennen wird eine weitere Möglichkeit untersucht, diese Antennenstruktur möglichst einfach und kostengünstig zu realisieren.
Dazu wird ein Hochleistungskoaxialkabel (Eupen 5438A) verwendet, von dem Teile des äußeren Kupfermantels entfernt werden. Das Koaxialkabel bietet den Vorteil, dass es in nahezu jede gewünschte Form gebracht werden kann, solange der minimale Biegeradius von 20 cm nicht unterschritten wird. Ein weiterer Vorteil ist die Möglichkeit, den äußeren Kupfermantel gezielt in bestimmten Gebieten zu entfernen. Damit ist prinzipiell jede gewünschte Abstrahlcharakteristik einstellbar und es besteht die Möglichkeit, die Abstrahlung gezielt auf den Verlauf der Kontaminierung im Boden einzustellen.
Allerdings beinhaltet dieses Konzept auch Nachteile: Die maximal übertragbare Leistung des Koaxialkabels ist auf $P_{max} = 2{,}6\,kW$ bei einer Frequenz von 2,45 GHz bzw. bei 915 MHz auf 4,6 kW begrenzt [144].
Des Weiteren ist das Kabel im Gegensatz zu den vorgetsellten Antennen nicht hohl, sondern vollständig mit Dielektrikum gefüllt. Damit ist es nicht möglich, Luft durch die Antenne in das Erdreich einzublasen, um einerseits die Antenne zu kühlen und andererseits den Wärme- und Stofftransport im Boden zu verbessern. Die Temperaturbeständigkeit des Kabels ist mit maximal 85 °C [144] zudem etwas schlechter als bei den oben erwähnten Wanderwellenantennen. Das Dielektrikum besteht aus geschäumtem Polyethylen, das verglichen mit PTFE eine etwas schlechtere Chemikalienbeständigkeit aufweist. Aus diesen Gründen wird das Koaxialkabel als mögliche Antenne zur Einkopplung von Mikrowellen in kontaminierten Boden im Verlauf dieser Arbeit nicht weiter untersucht.

4.10 Bewertung der verschiedenen Antennentypen

Die **Hornantenne** eignet sich sehr gut zur Dekontaminierung oberflächennaher Verschmutzung, da sie eine gute Einkopplung der Mikrowellen in verschiedene Bodenarten und somit eine einfache Erwärmung der oberen Schichten erlaubt. Da die Hornantenne kein dielektrisches Material besitzt, ist sie für hohe Temperaturbereiche geeignet. Des Weiteren ist sie einfach herzustellen und lässt sich ohne großen Aufwand über den Boden bewegen. Für Kontaminierungen in tieferen Schichten ist die Hornantenne nicht geeignet. Hierzu müssen koaxiale Antennen verwendet werden.

Die koaxiale Schlitzantenne und die Wanderwellenantenne wurden mit Hilfe von Simulationen auf das Anwendungsgebiet optimiert. Mit beiden ist die gewünschte radialsymmetrische Abstrahlung und eine gute Anpassung an Böden mit verschiedenen Eigenschaften möglich. Die simulierten Werte der Anpassung wurden durch Messungen verifiziert.
Ein Vergleich der simulierten Werte des elektrischen Feldes mit einer Messung ist nicht möglich, da das elektrische Feld innerhalb des Bodens nicht direkt gemessen werden kann. Ein Vergleich erfolgt deshalb indirekt über die Temperatur innerhalb des Erdbodens. Dafür ist allerdings in der Simulation eine Berücksichtigung der gegenseitigen Verkopplung des thermischen und des elektrischen Feldes nötig, um die simulierten Daten mit Messungen verifizieren zu können. Darauf wird in Kapitel 5 detailliert eingegangen.
Abschließend zeigt sich, dass sowohl die koaxiale Schlitzantenne als auch die Wanderwellenstruktur für die Einkopplung von Mikrowellen in kontaminierten Boden geeignet sind. Dabei hat jede Struktur gewisse Vor- und Nachteile, die nochmals kurz zusammengefasst werden:
Da die **koaxiale Schlitzantenne** kein Dielektrikum besitzt, ist sie weitestgehend verlustfrei und geeignet für hohe Leistungen und Temperaturen. Durch ihre einfache modulare Bauweise ist sie kostengünstig herzustellen. Sie erlaubt die gewünschte radialsymmetrische Abstrahlung, die gleichmäßig über die Länge der Antenne erfolgt. Da die Funktionsweise allerdings auf einer resonanten Struktur beruht, verschlechtert sich die Anpassung bei Umgebungsmedien mit höherer Permittivität. Dieser Einfluss lässt sich durch die modulare Bauweise mit austauschbarem Innenleiter zwar etwas verringern, bleibt aber trotzdem hinter den Ergebnissen der Wanderwellenantenne zurück. Die Ummantelung der Antenne mit PTFE zur Impedanzanpassung an verschiedene Erdböden bewirkt eine deutliche Reduzierung des Reflexionsfaktors auf unter −12 dB. Somit ist die Antenne ebenfalls für ein breites Spektrum an Erdböden geeignet, hat jedoch den Nachteil, dass sich der Bohrlochdurchmesser durch die Ummantelung leicht erhöht und der Temperaturbereich gegenüber der luftgefüllten Koaxialantenne eingeschränkt ist.

Die **Wanderwellenantenne** weist einen sehr geringen Reflexionsfaktor auf, der bei steigender Permittivität des umgebenden Mediums noch geringer wird. Sie erlaubt somit eine sehr verlustarme Einkopplung der Mikrowellen. Durch die Bauweise der Antenne ist die gewünschte radialsymmetrische Auskopplung gewährleistet. Da die Antenne innen hohl ist, besteht die Möglichkeit, durch kleine Löcher im Dielektrikum Luft durch die Antenne in das umgebende Medium einzublasen. Durch diese Belüftung ist eine Verbesserung des Wärme- und Stofftransports möglich. Der variierende Abstrahlwinkel in Abhängigkeit von der Permittivität des umgebenden Mediums erweist sich als vorteilhaft. Der Boden wird zunächst in den oberen Schichten stärker erwärmt und somit schneller getrocknet. Das wiederum erhöht die Durchlässigkeit des Bodens für die Gase, die in tieferen Schichten ausgedampft werden. Ein weiterer Vorteil ist die einfache Erweiterung auf andere Frequenzbereiche. Der Nachteil der Wanderwellenstruktur beruht in erster Linie auf den höheren Kosten, die durch das

PTFE-Material als Dielektrikum entstehen. Durch die Verwendung von PTFE ist der Temperaturbereich auf maximal 260 °C beschränkt. Für die meisten Lösungsmittel und Treibstoffe ist dies jedoch ausreichend. Zusätzlich ist die Antenne etwas schwerer als die koaxiale Schlitzantenne.

Für das Gesamtsystem ist es denkbar, die Dekontaminierung des Bodens mit den Wanderwellenantennen zu beginnen. Sollte der Temperaturbereich des Dielektrikums nicht ausreichen, können die Wanderwellenantennen bei zunehmender Trocknung des Erdbodens durch die temperaturbeständigeren koaxialen Schlitzantennen ausgetauscht werden. Durch den identischen Antennendurchmesser ist eine Veränderung des Bohrlochdurchmessers nicht erforderlich. Da in diesem Fall der Boden bereits weitgehend getrocknet ist, ist eine gute Anpassung der Schlitzantennen gewährleistet. Im weiteren Verlauf der Arbeit wird die Wanderwellenantenne betrachtet, da bei dieser Struktur die Vorteile überwiegen.

5 Elektromagnetisch-thermisch gekoppelte Feldberechnung im Boden

Zur Bewertung der Leistungsfähigkeit der Bodendekontaminierung mit Hilfe von Mikrowellen und der Konzeptionierung des Systems ist eine Modellierung der elektrischen und thermischen Vorgänge im Boden unabdingbar. Die vollständige Betrachtung der gegenseitigen Wechselwirkungen und die Berücksichtigung aller relevanten Wärme- und Stofftransportprozesse erlaubt eine gezielte Optimierung des Systems unter unterschiedlichen Randbedingungen. Dies ermöglicht beispielsweise eine auf die Kontaminierung angepasste Wärmeverteilung im Erdreich, um ein Gebiet möglichst schonend oder z.B. unterstützend zu einer biologischen Maßnahme zu sanieren.
Hierzu wurden in Kapitel 2 die theoretischen Grundlagen der Wellenausbreitung in dielektrischen Medien und der damit verbundenen Wärmewirkung beschrieben. Bei der Betrachtung der Feldverkopplung in diesem Kapitel ist es notwendig, das elektrische Feld und das thermische Feld miteinander zu verknüpfen.
Während des Erwärmungsvorgangs treten sowohl elektromagnetische als auch thermische Felder auf. Die elektromagnetischen Felder verursachen hierbei durch die Verluste des Mediums eine lokale Erwärmung. Diese Temperaturveränderung wiederum bewirkt eine Veränderung der dielektrischen Eigenschaften des Mediums, was eine Veränderung des elektromagnetischen Feldes zur Folge hat [145]. Bedingt durch die Belüftung des Mediums und durch die Evaporation der enthaltenen Flüssigkeit entsteht zusätzlich zum Wärmetransport ein Massentransport. Dieser wirkt sich seinerseits auf die dielektrischen Eigenschaften und damit auf das elektromagnetische Feld im Medium aus. Darüber hinaus sind auch die thermischen Parameter wie Wärmekapazität und Wärmeleitfähigkeit Funktionen der Temperatur und müssen entsprechend in die Feldberechnung mit einbezogen werden. Die gegenseitige Feldverkopplung ist schematisch in Bild 5.1 dargestellt.
Mathematisch besteht das System der gekoppelten Felder aus zwei Teilsystemen: einem elektromagnetischen System und einem thermischen System. Dies lässt sich durch die beiden Differentialgleichungen für die Wärmeausbreitung

$$(\rho c_\mathrm{p})_\mathrm{m}(T)\frac{\partial T}{\partial t} + \nabla \cdot (-k_\mathrm{m}(T)\,\nabla T) + \nabla \cdot ((\rho c_\mathrm{p})_\mathrm{f}(T)\,\vec{v}(T)\,T) = q'''_\mathrm{m}(\vec{E}) \tag{5.1}$$

und für die Wellenausbreitung in einem verlustbehafteten Medium

$$\Delta\vec{E} - \gamma^2(T)\,\vec{E} = \Delta\vec{E} + \omega^2\mu_0\varepsilon_0(\varepsilon'_\mathrm{r}(T) - j\varepsilon''_\mathrm{r}(T))\,\vec{E} = 0 \tag{5.2}$$

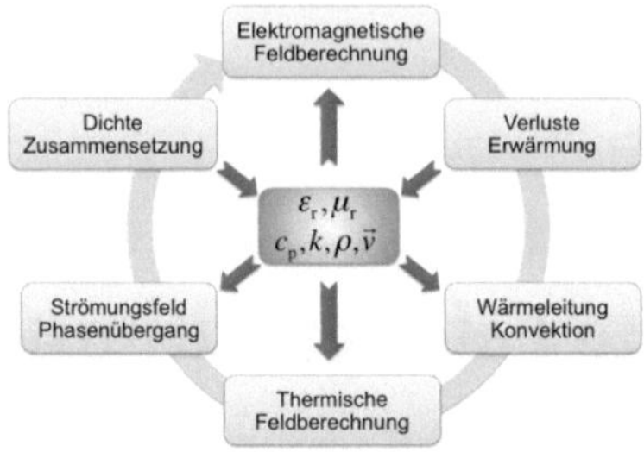

Bild 5.1: Schematische Darstellung der Feldverkopplung

ausdrücken. Gleichung (5.1) ist abhängig von der elektrischen Feldstärke, die als Wärmeleistungsdichte q_m''' in das thermische System eingeht. Gleichzeitig sind die Materialparameter in (5.2) von der Temperatur abhängig, was eine kontinuierliche Änderung der Wellenausbreitung mit sich bringt.
Da die Zeitkonstanten der beiden Phänomene stark unterschiedlich sind, können die beiden Gleichungen getrennt voneinander gelöst werden. Dazu wird das elektromagnetische Feld im eingeschwungenen, d.h. stationären Zustand betrachtet, da sich die Materialeigenschaften aufgrund der thermischen Trägheit nur langsam ändern.

5.1 Modellierung mittels Finiter Elemente Methode

Die Modellierung der Bodenerwärmung wird mit Hilfe einer Finiten Elemente Methode (FEM) durchgeführt. Dabei wird das Berechnungsgebiet in einzelne Elemente unterteilt. Die Form der Elemente kann dabei an das zu diskretisierende Gebiet angepasst werden. Üblich sind geradlinige Dreiecke oder Vierecke im Falle von zweidimensionalen Problemen und Tetraeder bzw. Quader bei dreidimensionalen Problemstellungen. Mit einer entsprechend feinen Diskretisierung können die Gebiete ausreichend gut angenähert werden. Alternativ besteht auch die Möglichkeit, krummlinige Elemente zu verwenden, wodurch sich auch komplexe Geometrien und inhomogene Materialien modellieren lassen. Die Flexibilität der Diskretisierung ist im Vergleich zu einem FDTD-Verfahren (engl. *Finite Differences Time Domain*) ein entscheidender Vorteil, da bei solchen Verfahren nur orthogonale Gitter möglich sind. Die Genauigkeit der Lösung ist abhängig von der Diskretisierung des Gebietes. Sie steigt mit höherer Diskretisierungsdichte, allerdings nehmen damit auch der Speicherbedarf und die Rechenzeit zu. Bei elektromagnetischen Problemen sollte die Diskretisierung nicht gröber als 1/10 der Wellenlänge innerhalb des Mediums sein [146]. Bei sehr hohen Frequenzen und bei Materialien mit hoher Permittivität kann dies zu einer sehr großen Elementanzahl und damit zu einem hohen Speicherbedarf und langen Rechenzeiten führen. Dies kann durch die Ausnutzung von Symmetrieeigenschaften in der Modellierung reduziert werden. Zur Vermeidung numerischer Schwierigkeiten sollten im Gitter sehr spitze und sehr stumpfe Winkel vermieden werden [146]. Die FEM bietet die Möglichkeit, dass die thermischen und die elektromagnetischen Problemstellungen mit der gleichen Diskretisierung berechnet werden können und diese innerhalb des Modells unterschiedlich sein kann. Eine lokale und zeitliche Variation der thermischen und elektromagnetischen Parameter kann einfach realisiert werden, so dass sich die FEM sehr gut zur Berechnung gekoppelter Probleme eignet. Innerhalb der Elemente werden die zugrunde liegenden Differentialgleichungen mit Hilfe geeigneter Funktionen numerisch gelöst. Diese Ansätze bestehen aus Linearkombinationen spezieller Formfunktionen. Zusammen mit den Randbedingungen, den Anfangsbedingungen und Stetigkeitsbedingungen beim Übergang zwischen den Elementen kann ein Gleichungssystem aufgestellt werden, dessen Lösung eine Näherungslösung der betrachteten Differentialgleichung darstellt. Eine ausführliche Beschreibung der Finiten Elemente Methode findet sich in [146].

5.2 Modell zur Bodendekontaminierung

Eine Skizze des Modells zur Bodendekontaminierung sowie die schematische Darstellung des diskretisierten FEM-Modells sind in Bild 5.2 dargestellt. Zur Reduzierung des erforderlichen Speicherbedarfs und der Rechenzeit wird ein rotationssymmetrisches Modell verwendet, wie es in Bild 5.2(a) zu sehen ist. Die z-Achse bildet hierbei die Rotationsachse.
Die in Bild 5.2(b) gezeigte Diskretisierung ist hierbei nur schematisch, da sich diese je nach Modell unterscheidet. Während die Modelle mit trockenem Sand mit weniger Elementen auskommen, muss bei dem Modell mit höherem Wassergehalt eine feinere Auflösung verwendet werden, da die Wellenlänge in diesem Fall durch die höhere Permittivität abnimmt.

Das in Bild 5.2(a) skizzierte Modell wird in das Simulationstool COMSOL® Multiphysics implementiert, wobei die geometrischen Abmessungen in Tabelle 5.1 aufgeführt sind.

Tabelle 5.1: Geometrische Größen der Simulationsmodelle

Bezeichnung	Wert
Antennenlänge	1000 mm
Tonnenhöhe	900 mm
Sandhöhe	830 mm
Sandvolumen	0,266 m^3

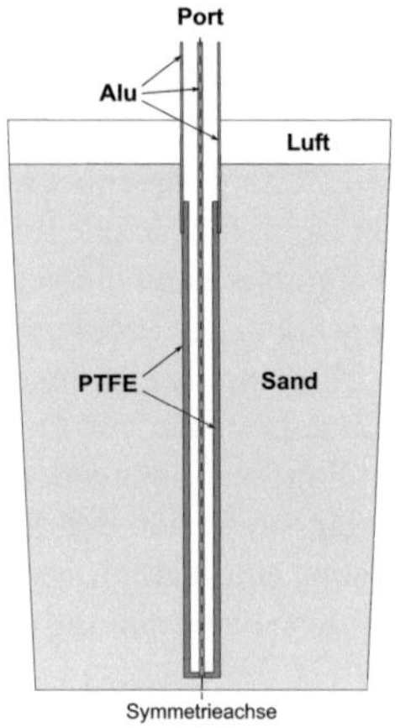

(a) Modellskizze

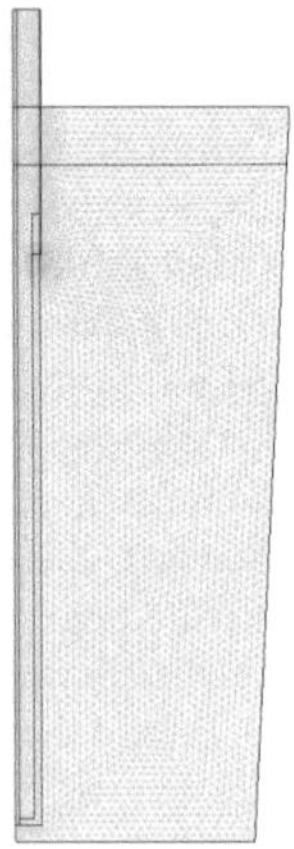

(b) FEM-Modell

Bild 5.2: Skizze des Modells zur Bodendekontaminierung und schematische Darstellung des diskretisierten FEM-Modells

Diese Größen sind für alle folgenden Simulationsergebnisse identisch, ebenso die elektrischen und thermischen Randbedingungen. Die Außenwände der Tonne werden als perfekter elektrischer Leiter modelliert, die thermischen Randbedingungen werden durch einen Wärmefluss repräsentiert, der die Abstrahlung sowie einen konvektiven Wärmetransport an der Oberfläche berücksichtigt. Die Außenwände der Tonne sind nicht luftdurchlässig, die Oberseite der Tonne hat als Randbedingung einen konstanten Außendruck von $1{,}013 \cdot 10^5$ Pa.
Die Materialparameter für Aluminium und PTFE werden über der Temperatur als konstant angenommen, da diese nur einen geringen Einfluss auf die resultierende Temperaturverteilung im Boden haben. Die entsprechenden Werte sind in Tabelle 5.2 gegeben. Die Dichte, die Porosität und die Permeabilität von Sand sind ebenfalls konstant über der Temperatur. Dies gilt auch für die spezifische Gaskonstante $R_{s,Luft}$ von trockener Luft. Stoffeigenschaften, die sich in Abhängigkeit der Temperatur oder des Feuchtegehalts ändern, sind in den nachfolgenden Abschnitten getrennt erläutert.

5.3 Modellierung der Erwärmung von trockenem Sand ohne Bodenbelüftung

Als einfaches Modellierungsbeispiel wird zunächst die Erwärmung von trockenem Sand gewählt. In diesem Fall ist noch keine Flüssigkeit beteiligt, d.h. Phasenübergänge und

Tabelle 5.2: Physikalische Eigenschaften der verwendeten Stoffe der Simulationsmodelle

Bezeichnung	Wert
Dichte Sand	$\rho_{\mathrm{Sand}} = 1650\,\mathrm{kg/m^3}$
Porosität Sand	$\varphi = 0{,}34$
Permeabiliät Sand	$K = 5 \cdot 10^{-11}\,\mathrm{m^2}$
Dichte PTFE	$\rho_{\mathrm{PTFE}} = 2200\,\mathrm{kg/m^3}$
Wärmekapazität PTFE	$c_{\mathrm{p,PTFE}} = 1050\,\mathrm{J/kgK}$
Wärmeleitfähigkeit PTFE	$k_{\mathrm{PTFE}} = 0{,}24\,\mathrm{W/mK}$
komplexe rel. Permittivität PTFE	$\varepsilon'_{\mathrm{r,PTFE}} = 2$
Dichte Aluminium	$\rho_{\mathrm{Al}} = 2700\,\mathrm{kg/m^3}$
Wärmekapazität Aluminium	$c_{\mathrm{p,Al}} = 900\,\mathrm{J/kgK}$
Wärmeleitfähigkeit Aluminium	$k_{\mathrm{Al}} = 235\,\mathrm{W/mK}$
elektrische Leitfähigkeit Aluminium	$\sigma_{\mathrm{Al}} = 36{,}6 \cdot 10^6\,\mathrm{S/m}$
spez. Gaskonstante trockene Luft	$R_{\mathrm{s,Luft}} = 287{,}058\,\mathrm{J/kgK}$
Viskosität Luft	$\eta_{\mathrm{Luft}} = 18{,}19 \cdot 10^{-6}\,\mathrm{Pas}$
komplexe rel. Permittivität Luft	$\varepsilon'_{\mathrm{r,Luft}} = 1$

Diffusionsprozesse müssen hierbei nicht betrachtet werden. Die Verkopplung der Felder erfolgt in diesem Fall über die temperaturabhängigen Eigenschaften von Sand und Luft und wird entsprechend berücksichtigt.
Die Wärmeleitungsgleichung (5.1) vereinfacht sich damit zu

$$(\rho c_{\mathrm{p}})_{\mathrm{m}} \frac{\partial T}{\partial t} + \nabla \cdot (-k_{\mathrm{m}} \nabla T) + \nabla \cdot ((\rho c_{\mathrm{p}})_{\mathrm{f}} \vec{v}\, T) = q'''_{\mathrm{m}} \quad , \tag{5.3}$$

wobei für die rechte Seite von (5.3) gilt

$$q'''_{\mathrm{m}} = \frac{1}{2} \omega \varepsilon_0 \varepsilon''_{\mathrm{r}} \vec{E} \vec{E}^* \tag{5.4}$$

und sich das elektrische Feld aus (5.2) und den entsprechenden Randbedingungen ergibt.

Auf der linken Seite von (5.3) sind die volumetrischen Wärmekapazitäten des Stoffgemisches aus Sand und Luft $(\rho c_{\mathrm{p}})_{\mathrm{m}}$ und des durchströmenden Fluids $(\rho c_{\mathrm{p}})_{\mathrm{f}}$, in diesem Fall Luft, sowie die resultierende Wärmeleitfähigkeit des Gemisches k_{m} einzusetzen. Diese berechnen sich zu

$$(\rho c_{\mathrm{p}})_{\mathrm{m}} = (1 - \varphi) \rho_{\mathrm{Sand}} c_{\mathrm{p,Sand}} + \varphi \rho_{\mathrm{Luft}} c_{\mathrm{p,Luft}} \tag{5.5}$$

$$(\rho c_{\mathrm{p}})_{\mathrm{f}} = \varphi \rho_{\mathrm{Luft}} c_{\mathrm{p,Luft}} \tag{5.6}$$

$$k_{\mathrm{m}} = (1 - \varphi) k_{\mathrm{Sand}} + \varphi k_{\mathrm{Luft}} \quad . \tag{5.7}$$

Aufgrund der hohen Dichte des Sandes verglichen mit der Dichte von Luft, spielt die volumetrische Wärmekapazität von Luft nur eine untergeordnete Rolle.

5.3.1 Temperaturabhängige Eigenschaften von Sand und Luft

Die dielektrischen und thermischen Eigenschaften von trockenem Sand sind temperaturabhängig. Daher müssen die veränderliche Wärmeleitfähigkeit und die Wärmekapazität von Sand mit geeigneten analytischen Formeln approximiert und in das Modell implementiert werden. Dazu werden Literaturwerte für die thermischen Stoffeigenschaften aus [56] herangezogen. Die delektrischen Eigenschaften von Sand werden messtechnisch ermittelt und analytisch genähert.
Die Stoffeigenschaften von Luft sind ebenfalls temperaturabhängig. Werte für die Wärmekapazität, die Wärmeleitfähigkeit, die Dichte und die Viskosität von Luft werden hierbei der Literatur [67] entnommen und durch geeignete Funktionen genähert.
Die entsprechenden Näherungen sind im Folgenden beschrieben.

5.3.1.1 Komplexe Permittivität

Die dielektrischen Parameter von trockenem Sand in Abhängigkeit der Temperatur wurden messtechnisch bestimmt und sind in Bild 5.3 zu sehen.

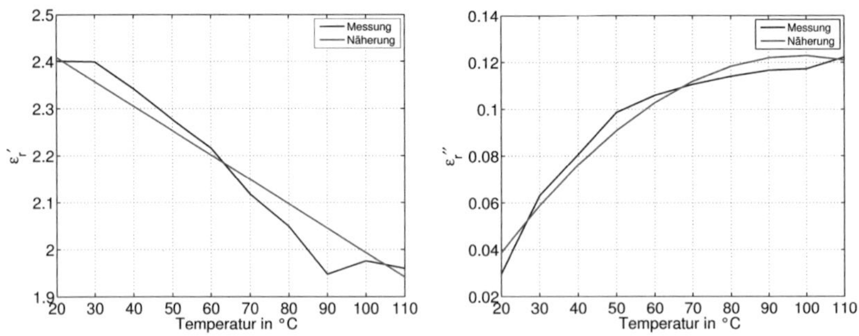

(a) Realteil (b) Imaginärteil

Bild 5.3: Komplexe Permittivät von trockenem Sand in Abhängigkeit der Temperatur T

Die gemessenen Werte der Permittivität $\varepsilon_r = \varepsilon_r' - j\varepsilon_r''$ werden durch die beiden analytischen Funktionen

$$\varepsilon_r'(T) = -0{,}00519 \cdot \frac{T}{K} + 3{,}93 \tag{5.8}$$

für den Realteil und

$$\varepsilon_r''(T) = -1{,}3757 \cdot 10^{-5} \cdot \left(\frac{T}{\mathrm{K}}\right)^2 + 0{,}010218 \cdot \frac{T}{\mathrm{K}} - 1{,}7744 \tag{5.9}$$

für den Imaginärteil angenähert und in das Modell implementiert, wobei T die Temperatur in K darstellt. Die Modellierung der komplexen Permittivität hat entscheidenden Einfluss auf die Temperaturverteilung innerhalb des Mediums, da sie direkt proportional zur lokalen Erwärmung ist.
Die relative Permittivität der Luft ist von der Temperatur unabhängig und beträgt $\varepsilon_r = 1$.

5.3.1.2 Wärmekapazität und Wärmeleitfähigkeit

Trockener Sand

Die Wärmekapazität c_p von trockenem Sand als Funktion der Temperatur wird linear durch

$$c_p(T) = 2{,}0934\,\mathrm{J/kgK} \cdot \frac{T}{\mathrm{K}} + 221{,}64\,\mathrm{J/kgK} \tag{5.10}$$

angenähert, wobei T die Temperatur in K darstellt.
Die Temperaturabhängigkeit der Wärmeleitfähigkeit von Sand wird gemäß

$$k(T) = 4{,}145 \cdot 10^{-4}\,\mathrm{W/mK} \cdot \frac{T}{\mathrm{K}} + 0{,}18\,\mathrm{W/mK} \tag{5.11}$$

in dem Modell implementiert.
Der Verlauf der Wärmekapazität c_p und der Wärmeleitfähigkeit k von trockenem Sand über der Temperatur T ist in den Bildern 5.4(a) und 5.4(b) zu sehen.

Trockene Luft

Trockene Luft weist ebenfalls eine Variation der Wärmekapazität c_p und der Wärmeleitfähigkeit k über der Temperatur auf. Die Verläufe über der Temperatur sind in Bild 5.5 zu sehen [67].
Die blaue Kurve in Bild 5.5(a) zeigt den genauen Wert nach [67], die rote Kurve zeigt die Näherung gemäß (5.12), wie sie zur Berechnung der Wärmekapazität benutzt wird.

$$c_p(T) = 0{,}159\,\mathrm{J/kgK} \cdot \frac{T}{\mathrm{K}} + 956\,\mathrm{J/kgK} \tag{5.12}$$

Die Wärmeleitfähigkeit k von Luft in Abhängigkeit der Temperatur T ist in Bild 5.5(b) dargestellt. Auch hier zeigt die blaue Kurve die Literaturwerte nach [67], die rote Kurve die Näherung gemäß

$$k(T) = 10^{\left(0{,}8616 \cdot \log\left(\frac{T}{\mathrm{K}}\right) - 3{,}7142\right)}\,\mathrm{W/mK} \quad . \tag{5.13}$$

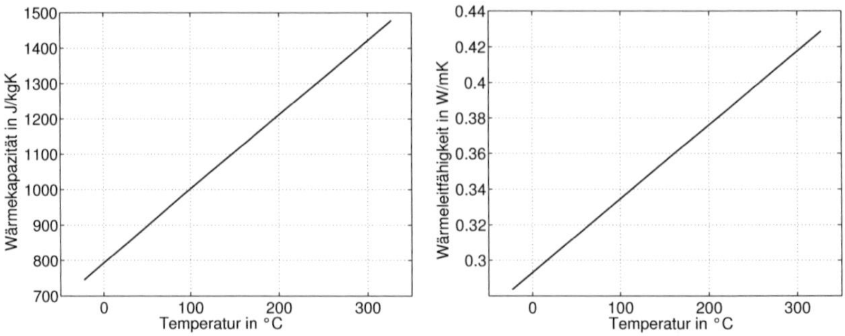

(a) Wärmekapazität c_p (b) Wärmeleitfähigkeit k

Bild 5.4: Wärmekapazität c_p und Wärmeleitfähigkeit k von trockenem Sand in Abhängigkeit der Temperatur

5.3.1.3 Dichte und Viskosität

Die Dichte ρ der Luft und deren Viskosität η ändern sich ebenfalls mit der Temperatur. Dies ist in Bild 5.6 gezeigt.
Die blaue Kurve in Bild 5.6(a) zeigt die Werte aus der Literatur für Normaldruck (1 013 hPa), während die rote Kurve die analytische Näherung gemäß

$$\rho(p, T) = 3{,}46403 \cdot 10^{-3}\,\text{kg/m}^3 \cdot \frac{p}{T} \cdot \text{K/Pa} \tag{5.14}$$

darstellt. Hierin beschreibt p den Druck in Pa und T die Temperatur in K.
Die dynamische Viskosität η der Luft, deren Verlauf in Bild 5.6(b) dargestellt ist, wird durch die quadratische Funktion

$$\eta(T) = -2{,}24 \cdot 10^{-11}\,\text{Pa} \cdot \text{s} \cdot \left(\frac{T}{\text{K}}\right)^2 + 4{,}86 \cdot 10^{-8}\,\text{Pa} \cdot \text{s} \cdot \frac{T}{\text{K}} + 1{,}72 \cdot 10^{-5}\,\text{Pa} \cdot \text{s} \tag{5.15}$$

beschrieben (rot), während die blaue Kurve den Literaturwerten entspricht.

5.3.2 Modellierung der natürlichen Konvektion

In diesem Simulationsmodell wird keine zusätzliche Luft in den Erdboden eingebracht, die entstehenden Strömungen der Luft innerhalb des Mediums entstehen nur durch natürliche Konvektion aufgrund von Druck- bzw. Dichteunterschieden der Luft innerhalb des Porenvolumens. Das daraus resultierende Strömungsfeld $\vec{v}$ kann mit der Darcy-Gleichung (2.76) berechnet werden, wie sie in Abschnitt 2.3.2.2 beschrieben wird. Der

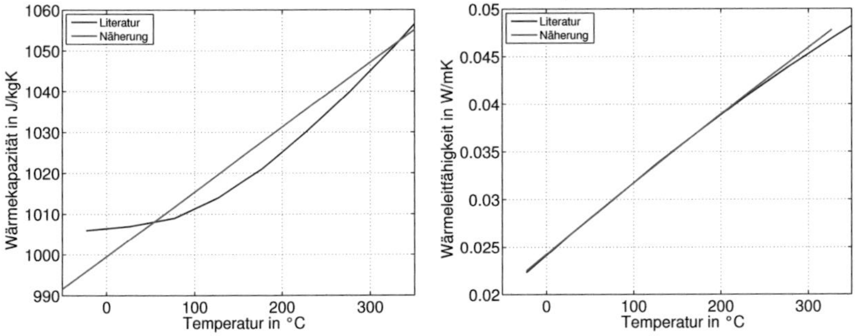

(a) Wärmekapazität c_p (b) Wärmeleitfähigkeit k

Bild 5.5: Wärmekapazität c_p und Wärmeleitfähigkeit k von trockener Luft in Abhängigkeit der Temperatur

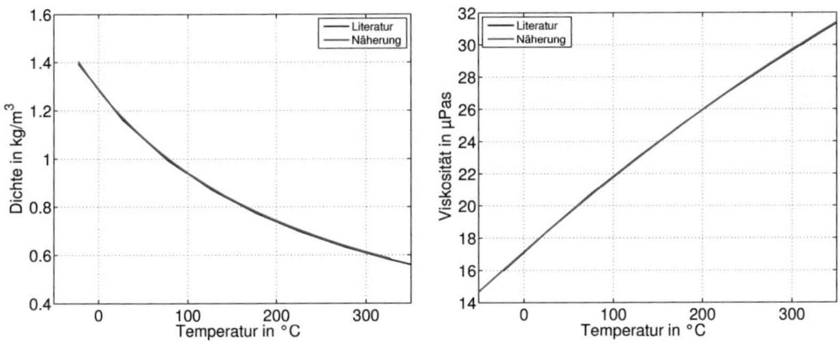

(a) Dichte ρ (b) Viskosität η

Bild 5.6: Dichte ρ und Viskosität η von trockener Luft in Abhängigkeit der Temperatur

Druck p und die Dichte ρ von Luft bei einer konstanten Temperatur sind über die spezifische Gaskonstante von Luft $R_{\mathrm{s,Luft}}$ gemäß

$$p = \rho R_{\mathrm{s,Luft}} T \tag{5.16}$$

miteinander verknüpft. Damit ergibt sich

$$\nabla p = \nabla \rho R_{\mathrm{s,Luft}} T + \rho R_{\mathrm{s,Luft}} \nabla T \quad , \tag{5.17}$$

was in (2.76) eingesetzt die Beziehung

$$\begin{aligned}\vec{v} &= -\frac{K}{\eta}(\nabla p - \rho\vec{g}) \\ &= -\frac{K}{\eta}(\nabla \rho R_{\mathrm{s,Luft}} T + \rho R_{\mathrm{s,Luft}} \nabla T - \rho\vec{g})\end{aligned} \tag{5.18}$$

zur Bestimmung der Strömungsgeschwindigkeit $\vec{v}$ der Luft im Erdboden liefert. Der Gravitationsterm $\rho\vec{g}$ ist hierbei vernachlässigbar, er liegt im Bereich einiger µm/s.

5.3.3 Simulationsergebnisse

Mit den gegebenen Stoffeigenschaften wird die Erwärmung des trockenen Sandes ohne zusätzliche Belüftung des Bodens simuliert. Die Mikrowellenleistung des Generators beträgt hierbei 2 kW. Allerdings muss berücksichtigt werden, dass die Leistung nicht vollständig in das Erdreich eingekoppelt wird, da ein Teil der Leistung durch nicht-ideale Anpassung reflektiert wird und zusätzlich etwa 10 % der Leistung im Zirkulator verbraucht werden. Der Reflexionsfaktor S_{11} über der Zeit ist in Bild 5.7(a) dargestellt, die eingekoppelte Leistung P_{in} in Bild 5.7(b).

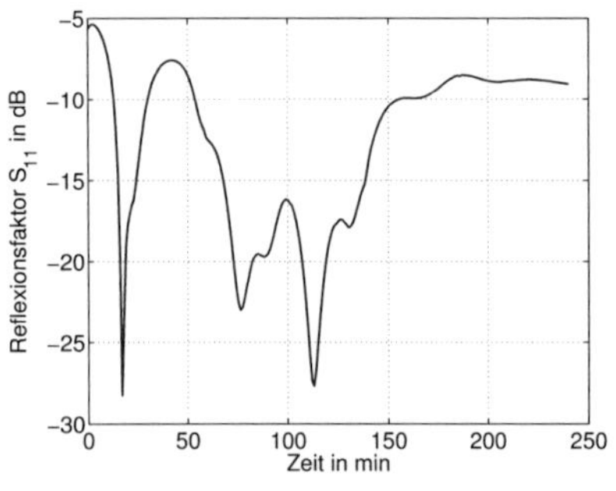

(a) Reflexionsfaktor S_{11}

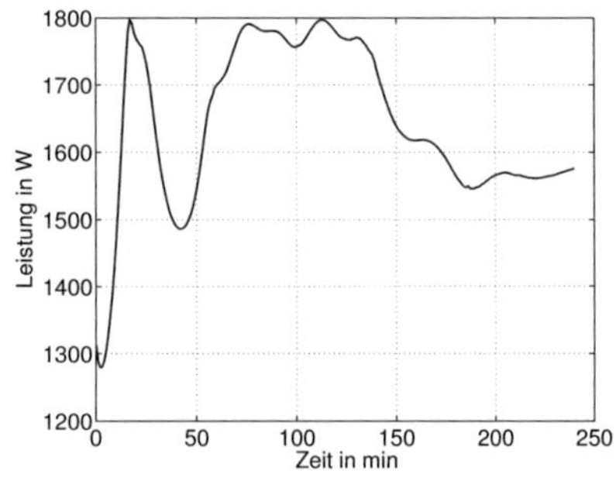

(b) eingekoppelte Leistung P_{in}

Bild 5.7: Reflexionsfaktor S_{11} und eingekoppelte Leistung P_{in} über der Zeit

5.3.3.1 Elektrische Feldverteilung

Der Betrag der elektrischen Feldstärke E zu verschiedenen Zeitpunkten ist in Bild 5.8 zu sehen. Die Feldstärke ist hierbei in einem logarithmischen Maßstab aufgetragen.

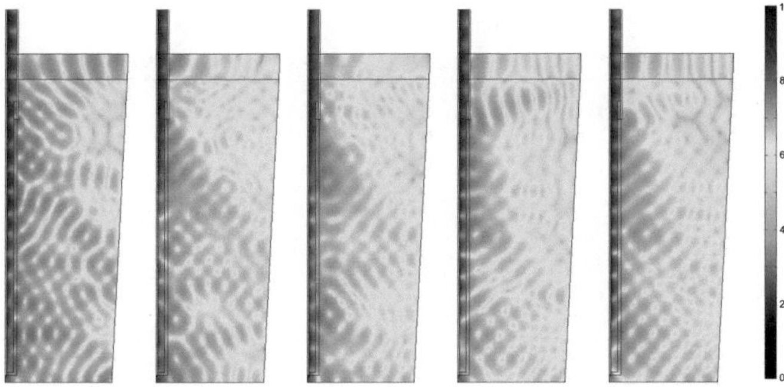

(a) Beginn (b) nach 1 h (c) nach 2 h (d) nach 3 h (e) nach 4 h

Bild 5.8: Elektrisches Feld E in dBV/m in trockenem Sand ohne Belüftung über der Zeit

Durch die metallischen Randbedingungen und durch die geringe Dämpfung der elektromagnetischen Wellen in trockenem Sand bilden sich stehende Wellen aus, was in den Bildern 5.8(a) bis 5.8(e) deutlich zu erkennen ist.

5.3.3.2 Permittivität

Mit zunehmender Erwärmung verändert sich die komplexe Permittivität ε_r des trockenen Sandes, wie in (5.8) und (5.9) beschrieben. Damit ergibt sich eine zeitliche Veränderung der Permittivität, wie sie in Bild 5.9 für den Realteil ε_r' und in Bild 5.10 für den Imaginärteil ε_r'' zu sehen ist.

Wie in den Bildern 5.9(a) bis 5.9(e) zu erkennen ist, bleiben der Realteil der Permittivität ε_r' von Luft und von PTFE über der Zeit konstant, während sich die Permittivität des Sandes mit zunehmender Zeit, d.h. steigender Temperatur leicht verringert.

Gleiches gilt für den Imaginärteil der Permittivität ε_r''. Dieser bleibt ebenfalls konstant für Luft und PTFE, während die Verluste des Sandes über der Zeit leicht variieren. Dies ist in den Bildern 5.10(a) bis 5.10(e) dargestellt.

5.3.3.3 Umgesetzte Leistung

Sind elektrisches Feld, Frequenz und die komplexe Permittivität bekannt, kann die umgesetzte Leistung gemäß (2.45) berechnet werden. Dies ist in Bild 5.11 gezeigt. Da der Imaginärteil der Permittivität von Luft und PTFE Null ist, wird in diesen Bereichen keine Leistung umgesetzt. In den Bildern 5.11(a) bis 5.11(e) ist zu erkennen, dass der Leistungseintrag in den Erdboden nicht konstant ist, sondern mit der Zeit variiert.

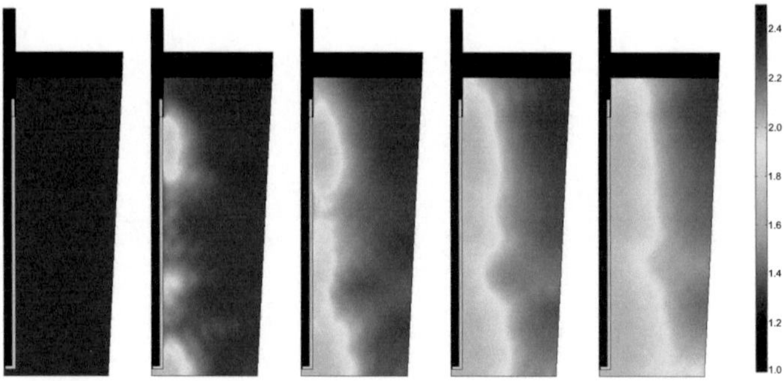

(a) Beginn (b) nach 1 h (c) nach 2 h (d) nach 3 h (e) nach 4 h

Bild 5.9: Realteil der Permittivität ε_r' in trockenem Sand ohne Belüftung über der Zeit

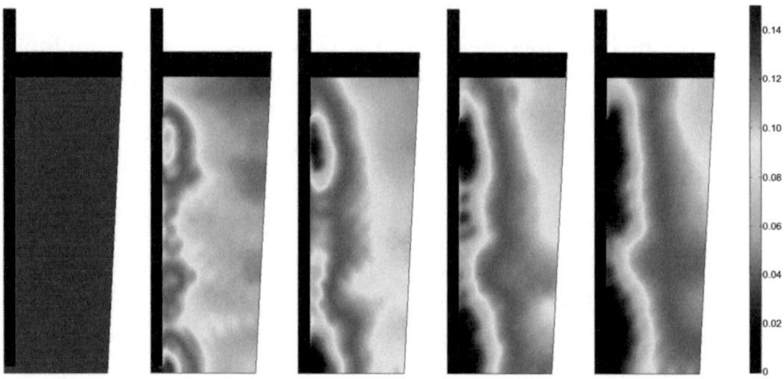

(a) Beginn (b) nach 1 h (c) nach 2 h (d) nach 3 h (e) nach 4 h

Bild 5.10: Imaginärteil der Permittivität ε_r'' in trockenem Sand ohne Belüftung über der Zeit

5.3.3.4 Temperaturverteilung

Der lokale Energieeintrag führt zusammen mit den thermischen Stoffeigenschaften wie Wärmeleitung und Wärmekapazität in Verbindung mit den beteiligten Konvektionsprozessen zu einer zeitlich veränderlichen Temperaturverteilung im Medium, wie sie in Bild 5.12 zu sehen ist. Die maximale Temperatur entsteht zunächst in den Bereichen mit den höchsten Feldstärken, am Beginn und am Ende des PTFE-Bereiches der Antenne. Dies ist den Bildern 5.12(b) und 5.12(c) gut zu erkennen. Durch die entstehenden Konvektionsprozesse und die Wärmeleitfähigkkeit des Mediums wird mit zunehmender Zeit die Erwärmung entlang der Antennen homogener, siehe Bild 5.12(d) bzw. 5.12(e), und führt

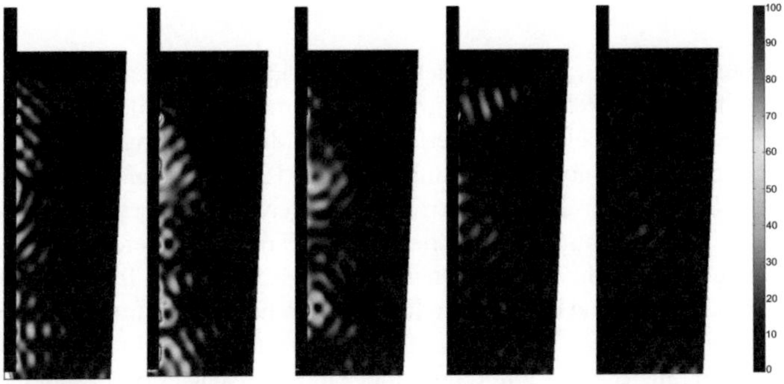

(a) Beginn (b) nach 1 h (c) nach 2 h (d) nach 3 h (e) nach 4 h

Bild 5.11: In Wärme umgesetzte Leistung in kW/m^3 in trockenem Sand ohne Belüftung über der Zeit

zu einer Wärmefront, die sich in Richtung der Wand und der Oberseite des Mediums fortbewegt.

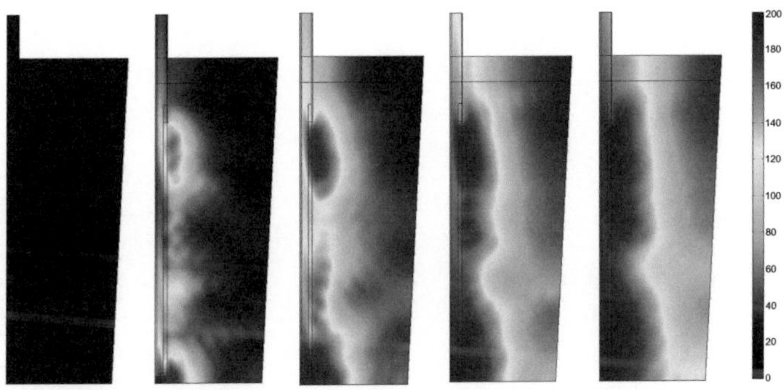

(a) Beginn (b) nach 1 h (c) nach 2 h (d) nach 3 h (e) nach 4 h

Bild 5.12: Temperaturverteilung in °C in trockenem Sand ohne Belüftung über der Zeit

Fazit

Trockener Sand besitzt nur geringe dielektrische Verluste. Dies zeigt sich in den Simulationen deutlich an den Reflexionen innnerhalb der metallischen Berandung des Simulationsbereiches. Durch die geringen Verluste nimmt die Anpassung der Antenne etwas ab und liegt knapp oberhalb von −10 dB. Dieser Effekt ist jedoch auf die Simulation beschränkt und tritt in einer ausgedehnten Bodenumgebung ohne seitliche Metallberandung nicht auf. Die Simulation zeigt auch, dass am oberen und unteren Ende der Antenne lokale Temperaturerhöhungen entstehen. Mit der Zeit findet ein Temperaturausgleich statt, der in trockenem Sand bedingt durch die vergleichsweise niedrige Wärmekapazität zur gewünschten homogenen Erwärmung entlang der Antenne führt. Die erreichbaren Temperaturen liegen bei bis zu 200 °C und sind somit ausreichend zur Evaporation flüchtiger Schadstoffe.

5.4 Modellierung der Erwärmung von trockenem Sand mit Bodenbelüftung

Das Modell des trockenen Sandes wird nun um die Bodenbelüftung erweitert. Hierzu wird Luft am Eingang der Antenne eingeleitet. Der Volumenstrom $\dot{V}$ der Luft beträgt etwa 100 L/min, die Lufttemperatur beträgt etwa 24 °C.
Die bestimmende Gleichung bleibt identisch zu (5.3) und ergibt sich unter Vernachlässigung des Gravitationsterms zu

$$\begin{aligned} \vec{v} &= -\frac{K}{\eta}(\nabla p - \rho\vec{g}) \\ &= -\frac{K}{\eta}(\nabla \rho R_{\mathrm{s,Luft}} T + \rho R_{\mathrm{s,Luft}} \nabla T) \quad . \end{aligned} \tag{5.19}$$

Zusätzlich wird der natürlichen Konvektion die erzwungene Konvektion durch den Luftstrom durch die Antenne in den Sand überlagert. Die Strömungsgeschwindigkeit der erzwungenen Konvektion ist hierbei nicht bekannt. Sie kann jedoch anhand des Volumenstroms abgeschätzt werden. Unter der Annahme, dass 2 % der Antennenoberfläche dem Luftstrom zur Verfügung stehen, ergibt sich mit der Abschätzung

$$v \approx \frac{\dot{V}}{A_{\mathrm{Luft}}} \tag{5.20}$$

eine Strömungsgeschwindigkeit am äußeren Rand der Antenne von etwa 0,5 m/s, wobei A_{Luft} die Fläche ist, durch die die Luft hindurchströmen kann. Weiter wird angenommen, dass die Strömung im Bodenvolumen nur eine Radialkomponente besitzt und die Strömungsgeschwindigkeit mit dem Abstand von der Antenne gemäß $1/r$ abnimmt.
Die Werte für die thermischen und physikalischen Eigenschaften der beteiligten Medien sind analog zu denen in Abschnitt 5.3.
Die Ergebnisse der Simulation sind im folgenden Abschnitt dargestellt.

5.4.1 Simulationsergebnisse

Wie zuvor beträgt die Mikrowellenleistung des Generators 2 kW. Der Reflexionsfaktor über der Zeit ist in Bild 5.13(a) dargestellt, die eingekoppelte Leistung in Bild 5.13(b).

5.4.1.1 Elektrische Feldverteilung

Der Betrag der elektrischen Feldstärke in trockenem Sand mit Belüftung zu verschiedenen Zeitpunkten ist in Bild 5.14 zu sehen. Die Feldstärke ist hierbei in einem logarithmischen Maßstab aufgetragen.

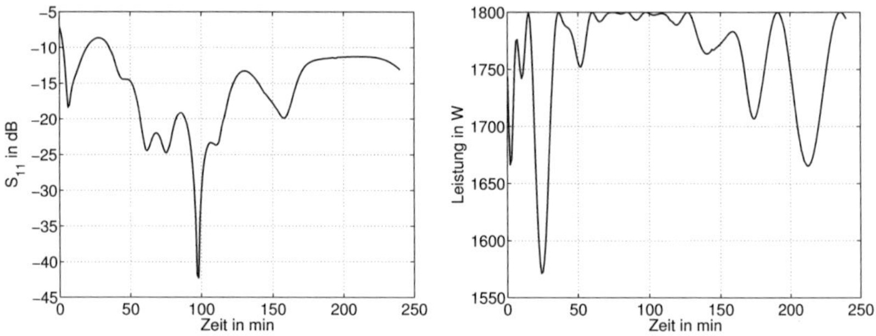

(a) Reflexionsfaktor S_{11} (b) eingekoppelte Leistung P_{in}

Bild 5.13: Reflexionsfaktor S_{11} und eingekoppelte Leistung P_{in} mit Belüftung über der Zeit

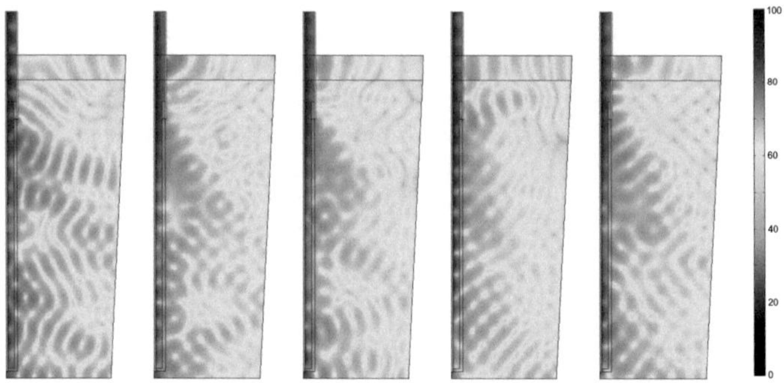

(a) Beginn (b) nach 1 h (c) nach 2 h (d) nach 3 h (e) nach 4 h

Bild 5.14: Elektrisches Feld E in dBV/m in trockenem Sand mit Belüftung über der Zeit

Auch hier sind durch die geringe Dämpfung der elektromagnetischen Wellen im trockenen Sand und durch die metallischen Randbedingungen die aus der Überlagerung der Felder resultierenden Minima und Maxima deutlich zu erkennen.

5.4.1.2 Permittivität

Die zeitliche Veränderung der komplexen Permittivität ε_r ist in Bild 5.15 für den Realteil ε_r' und in Bild 5.16 für den Imaginärteil ε_r'' zu sehen.
Wie in den Bildern 5.15(a) bis 5.15(e) zu erkennen ist, bleibt auch hier der Realteil der Permittivität ε_r' von Luft und von PTFE über der Zeit konstant, während sich die Permittivität des Sandes mit zunehmender Zeit, d.h. steigender Temperatur leicht verringert.

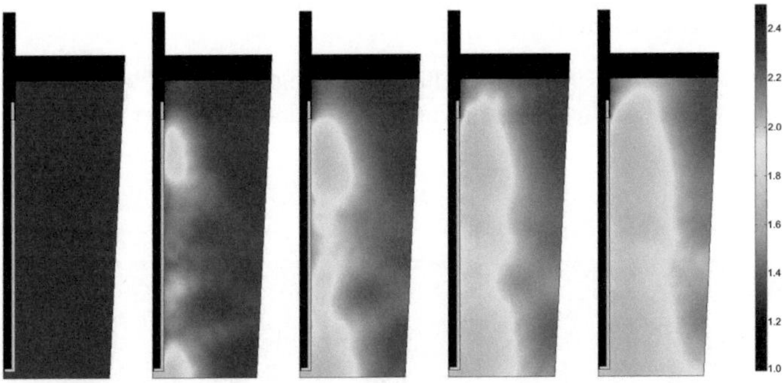

(a) Beginn (b) nach 1 h (c) nach 2 h (d) nach 3 h (e) nach 4 h

Bild 5.15: Realteil der Permittivität ε_r' in trockenem Sand mit Belüftung über der Zeit

Gleiches gilt für den Imaginärteil der Permittivität ε_r''. Dieser bleibt ebenfalls konstant für Luft und PTFE, während die Verluste des Sandes über der Zeit leicht variieren. Dies ist in den Bildern 5.16(a) bis 5.16(e) dargestellt.

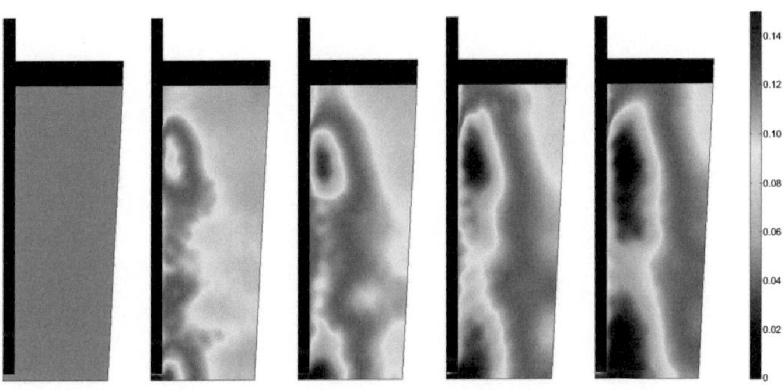

(a) Beginn (b) nach 1 h (c) nach 2 h (d) nach 3 h (e) nach 4 h

Bild 5.16: Imaginärteil der Permittivität ε_r'' in trockenem Sand mit Belüftung über der Zeit

5.4.1.3 Umgesetzte Leistung

Die im Sand umgesetzte Leistung ist in Bild 5.17 gezeigt. In den Bildern 5.17(a) bis 5.17(e) ist zu erkennen, dass der Leistungseintrag in den Erdboden mit der Zeit variiert.

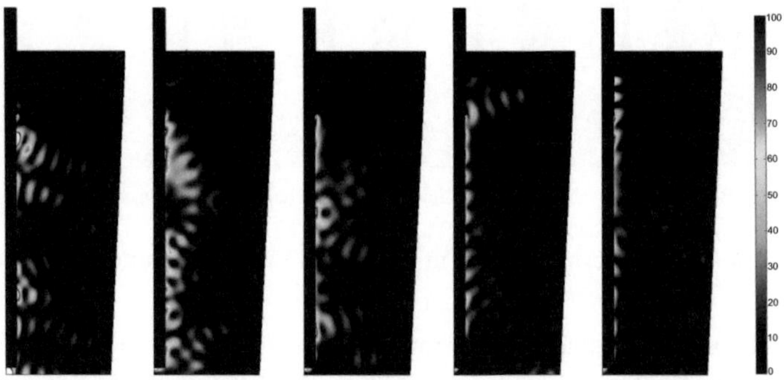

(a) Beginn (b) nach 1 h (c) nach 2 h (d) nach 3 h (e) nach 4 h

Bild 5.17: In Wärme umgesetzte Leistung in kW/m^3 in trockenem Sand mit Belüftung über der Zeit

5.4.1.4 Temperaturverteilung

Die Temperaturentwicklung bei Belüftung ist in Bild 5.18 dargestellt. Im Gegensatz zur natürlichen Konvektion breitet sich die Wärmefront stärker in Richtung Außenseite aus.

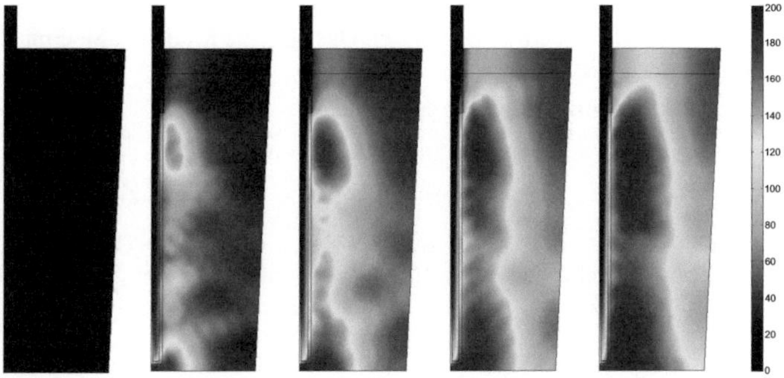

(a) Beginn (b) nach 1 h (c) nach 2 h (d) nach 3 h (e) nach 4 h

Bild 5.18: Temperaturverteilung in °C in trockenem Sand mit Belüftung über der Zeit

5.5 Modellierung der Erwärmung von nassem Sand mit Bodenbelüftung

Um ein realitätsnahes Modell für die Bodendekontaminierung zu erhalten, wird dem Sand Wasser zugesetzt. Das Wasser stellt einen Ersatz für verschiedene Kontaminierungen dar und ermöglicht so einen Vergleich mit Messungen, ohne die Verwendung von gesundheits- oder umweltschädlichen Stoffen. Das erstellte Modell kann einfach auf andere Kontaminierung erweitert werden.
Die bestimmende Gleichung nach (5.1) ergibt sich zu

$$(\rho c_{\mathrm{p}})_{\mathrm{m}}\frac{\partial T}{\partial t} + \nabla\cdot(-k_{\mathrm{m}}\nabla T) + (\rho c_{\mathrm{p}})_{\mathrm{f}}\vec{v}\cdot\nabla T + \nabla\cdot(-D_i\nabla C_i)c_{\mathrm{p},i}T = q_{\mathrm{m}}''' \quad . \tag{5.21}$$

Die volumetrische Wärmekapazität des Sand-Wasser-Luftgemisches $(\rho c_{\mathrm{p}})_{\mathrm{m}}$ setzt sich gemäß

$$(\rho c_{\mathrm{p}})_{\mathrm{m}} \;=\; (1-\varphi)\rho_{\mathrm{S}}c_{\mathrm{p,S}} + \varphi\cdot(S_{\mathrm{L}}\rho_{\mathrm{L}}c_{\mathrm{p,L}} + S_{\mathrm{D}}\rho_{\mathrm{D}}c_{\mathrm{p,D}} + S_{\mathrm{W}}\rho_{\mathrm{W}}c_{\mathrm{p,W}}) \tag{5.22}$$

zusammen, wobei die Indizes S, L, D, W für Sand, Luft, Dampf und Wasser stehen. S_{L} bezeichnet den Volumenanteil von Luft, S_{D} den Volumenanteil von Dampf und S_{W} den Volumenanteil von Wasser in dem Gemisch und es gilt $S_{\mathrm{L}} + S_{\mathrm{D}} + S_{\mathrm{W}} = 1$.

Von besonderer Bedeutung ist die Wärmekapazität des Wassers $c_{\mathrm{p,W}}$ in (5.22), da hier zusätzlich der Übergang von flüssigem Wasser in die Dampfphase berücksichtigt werden muss. Während die Wärmekapazität von Wasser etwa $c_{\mathrm{p}} = 4{,}181\,\mathrm{kJ/kgK}$ beträgt, liegt die Verdampfungswärme von Wasser bei ungefähr $Q_{\mathrm{V}} = 2{,}257\,\mathrm{MJ/kg}$.
Zur Modellierung wird zunächst die Energiedichte w des Wassers betrachtet. Diese lässt sich mit

$$w = \rho c_{\mathrm{p}} T + H(T)\rho\, Q_{\mathrm{V}} \tag{5.23}$$

ausdrücken, wobei der rechte Summand die Energie darstellt, die zur Verdampfung des Wassers benötigt wird. $H(T)$ entspricht hierbei einer geglätteten Heavisidefunktion, wie sie in Bild 5.19(a) zu sehen ist.
Die Ableitung von (5.23) nach der Zeit liefert mit

$$\alpha = \frac{\partial H}{\partial T} \tag{5.24}$$

den Zusammenhang

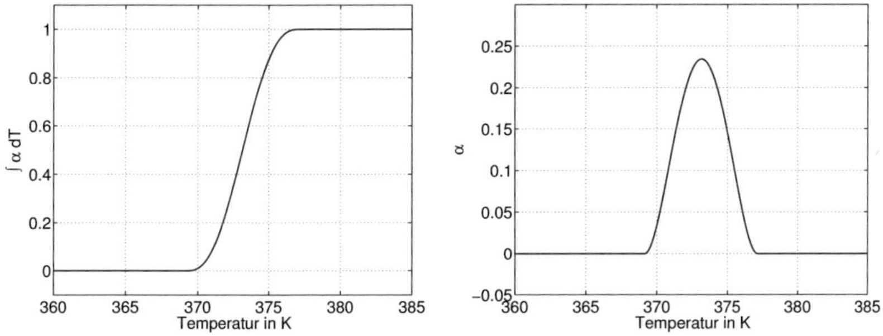

(a) Geglättete Heavisidefunktion (b) Ableitung

Bild 5.19: Geglättete Heavisidefunktion und deren Ableitung

$$\begin{aligned}\frac{dw}{dt} &= \rho c_{\mathrm{P}} \frac{\partial T}{\partial t} + \rho\, Q_{\mathrm{V}} \cdot \frac{\partial H(T)}{\partial T} \cdot \frac{\partial T}{\partial t} \\ &= \rho c_{\mathrm{P}} \frac{\partial T}{\partial t} + \rho\, Q_{\mathrm{V}} \cdot \alpha \frac{\partial T}{\partial t} \\ &= \rho (c_{\mathrm{P}} + \alpha Q_{\mathrm{V}}) \frac{\partial T}{\partial t} \quad .\end{aligned} \tag{5.25}$$

Die Modellierung erfolgt somit durch eine Funktion der Form

$$c_{\mathrm{p,W}} = c_{\mathrm{P}} + \alpha Q_{\mathrm{V}} \quad . \tag{5.26}$$

Damit tritt die Verdampfungswärme nur in einem bestimmten Übergangsbereich der Temperatur in Erscheinung. Für das Integral über der Temperatur ergibt sich

$$\int_{-\infty}^{\infty} \alpha \, \mathrm{d}T = 1 \quad . \tag{5.27}$$

Der Übergangsbereich der Heavisidefunktion beträgt im Modell ±2 K um den Siedepunkt des Wassers von $T_{\mathrm{S}} = 373{,}15\,\mathrm{K}$. Der prinzipielle Verlauf der Heavisidefunktion und deren Ableitung sind in Bild 5.19 illustriert.

Die Wärmeleitfähigkeit k_{m} des Bodengemisches setzt sich ebenfalls aus dem volumetrischen Mittel der Wärmeleitfähigkeiten der Einzelkomponenten gemäß

$$k_{\mathrm{m}} = (1-\varphi) k_{\mathrm{S}} + \varphi \cdot (S_{\mathrm{L}} k_{\mathrm{L}} + S_{\mathrm{D}} k_{\mathrm{D}} + S_{\mathrm{W}} k_{\mathrm{W}}) \tag{5.28}$$

zusammen.

Für die Wärmekapazität des strömenden Fluids ergibt sich

$$(\rho c_\mathrm{p})_\mathrm{f} = \varphi \cdot (S_\mathrm{L}\rho_\mathrm{L}c_\mathrm{p,L} + S_\mathrm{D}\rho_\mathrm{D}c_\mathrm{p,D}) \quad , \tag{5.29}$$

d.h. nur Luft und Dampf tragen zur Konvektion bei, da die Beweglichkeit von Wasser in den Poren verglichen mit Luft bzw. Dampf sehr gering ist.

Die Permittivität des Bodengemisches ist entscheidend für die umgesetzte Leistung und damit für die Erwärmung. Sie setzt sich zusammen aus der komplexen Permittivität von Sand $\varepsilon_\mathrm{r,S}$, Wasser $\varepsilon_\mathrm{r,W}$ und der Luft im Porenvolumen. Die Permittivität von dampfhaltiger Luft entspricht in guter Näherung der Permittivität von trockener Luft [71]. Damit ergibt sich die komplexe Gesamtpermittivität $\varepsilon_\mathrm{r,m}$ des Gemisches zu

$$\varepsilon_\mathrm{r,m} = \varepsilon_\mathrm{r,S} + \varphi((1 - S_\mathrm{W})\varepsilon_\mathrm{r,L} + S_\mathrm{W}\varepsilon_\mathrm{r,W}) \quad . \tag{5.30}$$

5.5.1 Temperaturabhängige Eigenschaften von Wasser und Wasserdampf

5.5.1.1 Komplexe Permittivität

Die Permittivität von reinem Wasser kann mit Hilfe der Debye-Gleichung berechnet werden, welche die Abhängigkeit der komplexen Permittivität von der Frequenz beschreibt:

$$\varepsilon_\mathrm{r}(\omega) = \varepsilon_\mathrm{r}'(\omega) - j\varepsilon_\mathrm{r}''(\omega) = \varepsilon_\infty + \frac{\varepsilon_\mathrm{s} - \varepsilon_\infty}{1 + j\omega\tau} \quad . \tag{5.31}$$

Die Temperaturabhängigkeit der Debye-Gleichung (5.31) wurde in [147] empirisch ermittelt und kann mit Hilfe der temperaturabhängigen Funktionen

$$\varepsilon_\mathrm{s}(T) = 10^{1{,}94404 - 1{,}991 \cdot 10^{-3} \cdot \frac{T - 273{,}15\,\mathrm{K}}{\mathrm{K}}} \tag{5.32}$$

$$\varepsilon_\infty(T) = 5{,}77 - 2{,}74 \cdot 10^{-2} \cdot \frac{T - 273{,}15\,\mathrm{K}}{\mathrm{K}} \tag{5.33}$$

$$\tau(T) = (3{,}745 \cdot 10^{-15}\,\mathrm{s}) \cdot \left(1 + 7 \cdot 10^{-5} \cdot \left(\frac{\mathrm{T} - 300{,}65\,\mathrm{K}}{\mathrm{K}}\right)^2\right) \cdot e^{\frac{2{,}2957 \cdot 10^3\,\mathrm{K}}{T}} \tag{5.34}$$

für die statische Permittivität ε_s, die Permittivität ε_∞ für $f \to \infty$ und die Relaxationszeit τ beschrieben werden, wobei T die Temperatur in K darstellt.

Der Real- und Imaginärteil der komplexen Permittivität von reinem Wasser sind bei einer Frequenz von 2,45 GHz über der Temperatur in den Bildern 5.20(a) und 5.20(b) gezeigt.

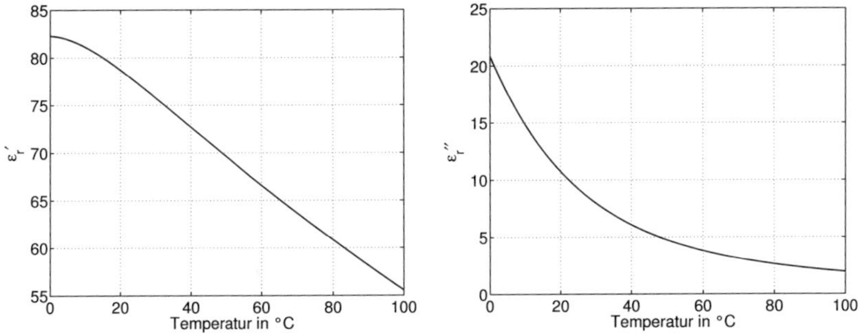

(a) Realteil ε_r' (b) Imaginärteil ε_r''

Bild 5.20: Komplexe Permittivität ε_r von reinem Wasser bei 2,45 GHz in Abhängigkeit der Temperatur

5.5.1.2 Wärmekapazität und Wärmeleitfähigkeit

Flüssiges Wasser Die Temperaturabhängigkeit der Wärmekapazität und der Wärmeleitfähigkeit von Wasser werden näherungsweise durch eine Polynomfunktion beschrieben [148]. Damit lässt sich die Wärmekapazität $c_\mathrm{p}(T)$ gemäß

$$\begin{aligned} c_\mathrm{p}(T) &= 3{,}62536437 \cdot 10^{-7}\,\mathrm{J/kgK} \cdot \left(\frac{T}{\mathrm{K}}\right)^4 - 5{,}38186884 \cdot 10^{-4}\,\mathrm{J/kgK} \cdot \left(\frac{T}{\mathrm{K}}\right)^3 \\ &\quad + 3{,}09866854 \cdot 10^{-1}\,\mathrm{J/kgK} \cdot \left(\frac{T}{\mathrm{K}}\right)^2 - 8{,}04072879 \cdot 10^{1}\,\mathrm{J/kgK} \cdot \frac{T}{\mathrm{K}} \\ &\quad + 1{,}20101471 \cdot 10^{4}\,\mathrm{J/kgK} \end{aligned} \tag{5.35}$$

annähern. Die Gleichung (5.35) gilt für flüssiges Wasser bei Normaldruck, wobei T die Temperatur in K darstellt.

Die Wärmeleitfähigkeit $k(T)$ von Wasser ist gemäß

$$\begin{aligned} k(T) &= 7{,}97543259 \cdot 10^{-9}\,\mathrm{W/mK} \cdot \left(\frac{T}{\mathrm{K}}\right)^3 - 1{,}58366345 \cdot 10^{-5}\,\mathrm{W/mK} \cdot \left(\frac{T}{\mathrm{K}}\right)^2 \\ &\quad + 8{,}94880345 \cdot 10^{-3}\,\mathrm{W/mK} \cdot \frac{T}{\mathrm{K}} - 0{,}869083936\,\mathrm{W/mK} \end{aligned} \tag{5.36}$$

implementiert.

Der Verlauf der Wärmekapazität $c_\mathrm{p}(T)$ von Wasser ist in Bild 5.21(a) dargestellt, die Wärmeleitfähigkeit $k(T)$ zeigt Bild 5.21(b).

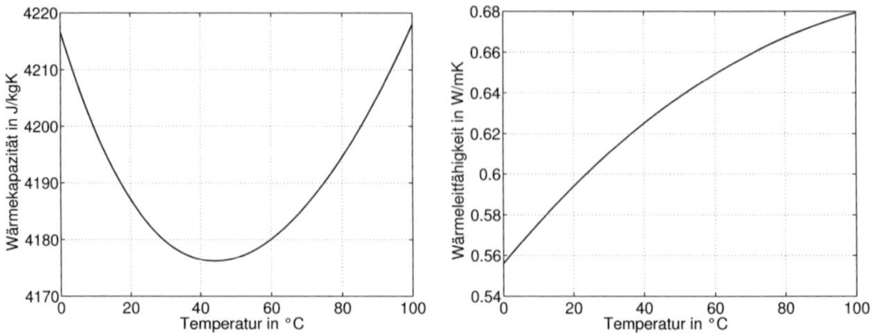

(a) Wärmekapazität c_p

(b) Wärmeleitfähigkeit k

Bild 5.21: Wärmekapazität c_p und Wärmeleitfähigkeit k von flüssigem Wasser in Abhängigkeit der Temperatur

Wasserdampf Nach dem erfolgten Phasenübergang des Wassers vom flüssigen in den gasförmigen Zustand werden die Werte für Wasserdampf berücksichtigt. Die Werte der Wärmekapazität und der Wärmeleitfähigkeit werden ebenfalls durch Polynome approximiert [148].

Für die Wärmekapazität $c_p(T)$ des Wasserdampfes ergibt sich dabei die Temperaturabhängigkeit zu

$$\begin{aligned} c_p(T) = & -9{,}56147519 \cdot 10^{-11}\,\mathrm{J/kgK} \cdot \left(\frac{T}{\mathrm{K}}\right)^5 + 3{,}18369497 \cdot 10^{-7}\,\mathrm{J/kgK} \cdot \left(\frac{T}{\mathrm{K}}\right)^4 \\ & -4{,}21264496 \cdot 10^{-4}\,\mathrm{J/kgK} \cdot \left(\frac{T}{\mathrm{K}}\right)^3 + 2{,}7735566 \cdot 10^{-1}\,\mathrm{J/kgK} \cdot \left(\frac{T}{\mathrm{K}}\right)^2 \\ & -90{,}4303506\,\mathrm{J/kgK} \cdot \frac{T}{\mathrm{K}} + 1{,}36047344 \cdot 10^{4}\,\mathrm{J/kgK} \quad . \end{aligned} \tag{5.37}$$

Die Wärmeleitfähigkeit $k(T)$ des Wasserdampfes kann durch

$$k(T) = 8{,}3334 \cdot 10^{-5}\,\mathrm{W/mK} \cdot \frac{T}{\mathrm{K}} - 0{,}0076309\,\mathrm{W/mK} \tag{5.38}$$

angenähert werden.
Den Verlauf der Wärmekapazität von Wasserdampf über der Temperatur zeigt Bild 5.22(a), während in Bild 5.22(b) die Wärmeleitfähigkeit des Wasserdampfes im Bereich zwischen 100 °C und 400 °C aufgetragen ist.

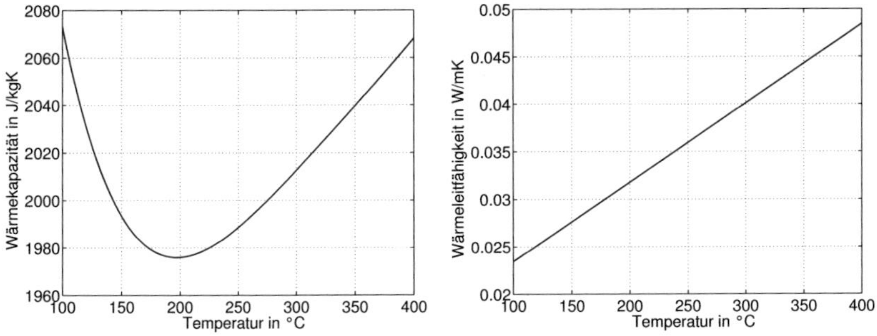

(a) Wärmekapazität c_p (b) Wärmeleitfähigkeit k

Bild 5.22: Wärmekapazität c_p und Wärmeleitfähigkeit k von Wasserdampf in Abhängigkeit der Temperatur

5.5.1.3 Dichte und Viskosität

Dichte und Viskosität von flüssigem Wasser und von Dampf ändern sich mit steigender Temperatur. Die Abhängigkeiten sind in den folgenden Abschnitten erläutert und in Diagrammen aufgetragen.

Flüssiges Wasser Unter der Voraussetzung eines konstanten Umgebungsdruckes von 1 013 hPa kann die Dichte $\rho(T)$ von Wasser durch das Polynom

$$\begin{aligned}\rho(T) &= 1{,}6349 \cdot 10^{-5}\,\mathrm{kg/m^3} \cdot \left(\frac{T}{\mathrm{K}}\right)^3 - 0{,}019385\,\mathrm{kg/m^3} \cdot \left(\frac{T}{\mathrm{K}}\right)^2 \\ &\quad +6{,}9507\,\mathrm{kg/m^3} \cdot \frac{T}{\mathrm{K}} + 214{,}55\,\mathrm{kg/m^3} \end{aligned} \tag{5.39}$$

angenähert werden.
Der Viskositätsverlauf $\eta(T)$ des flüssigen Wassers über der Temperatur wird durch

$$\begin{aligned}\eta(T) &= -4{,}0224 \cdot 10^{-13}\,\mathrm{Pa \cdot s} \cdot \left(\frac{T}{\mathrm{K}}\right)^5 + 6{,}8229 \cdot 10^{-10}\,\mathrm{Pa \cdot s} \cdot \left(\frac{T}{\mathrm{K}}\right)^4 \\ &\quad -4{,}632 \cdot 10^{-7}\,\mathrm{Pa \cdot s} \cdot \left(\frac{T}{\mathrm{K}}\right)^3 + 0{,}00015741\,\mathrm{Pa \cdot s} \cdot \left(\frac{T}{\mathrm{K}}\right)^2 \\ &\quad +0{,}026796\,\mathrm{Pa \cdot s} \cdot \left(\frac{T}{\mathrm{K}}\right) + 1{,}8302\,\mathrm{Pa \cdot s} \end{aligned} \tag{5.40}$$

beschrieben. Die Verläufe sind in Bild 5.23 dargestellt. Die Dichte von Wasser ändert sich über der Temperatur um etwa 4 %, wie in Bild 5.23(a) zu sehen ist. Die blaue Kurve sind Literaturwerte, die rote Kurve beschreibt die implementierte Näherung nach (5.39).
Der Viskositätsverlauf ist in Bild 5.23(b) dargestellt. Die Viskosität zeigt hierbei eine deutliche Abhängigkeit der Temperatur. Die rote Kurve zeigt den Verlauf nach (5.40), wie sie in dem Modell berücksichtigt wird, während die blaue Kurve die Werte aus der Literatur abbildet.

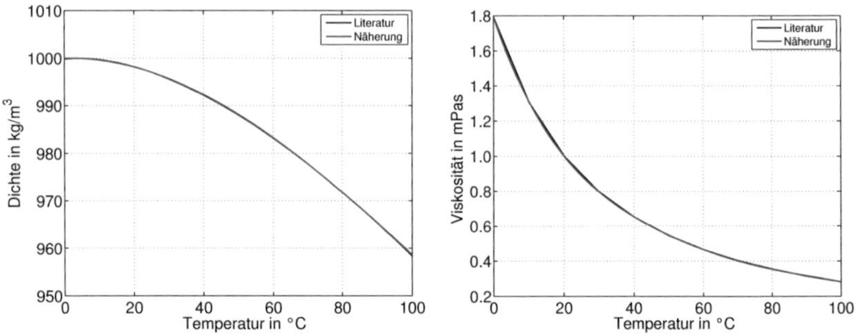

(a) Dichte ρ (b) Viskosität η

Bild 5.23: Dichte ρ und Viskosität η von Wasser in Abhängigkeit der Temperatur

Wasserdampf Die Dichte und Viskosität von Wasserdampf wird ebenfalls mit Hilfe von Polynomfunktionen berechnet. Für den Verlauf der Dichte von Wasserdampf $\rho(p,T)$ über der Temperatur ergibt sich ein Verhalten, das durch

$$\rho(p,T) = 2{,}16743 \cdot 10^{-3}\,\mathrm{kg/m^3} \cdot \frac{p}{T} \cdot \mathrm{K/Pa} \tag{5.41}$$

beschrieben werden kann, wobei p den Druck in Pa und T die Temperatur in K darstellt.

Die Viskosität $\eta(T)$ des Dampfes bei einem Druck von 1 013 hPa als Funktion der Temperatur berechnet sich nach

$$\eta(T) = 3{,}88 \cdot 10^{-8}\,\mathrm{Pa \cdot s} \cdot \left(\frac{T}{\mathrm{K}}\right) - 2{,}05 \cdot 10^{-6}\,\mathrm{Pa \cdot s} \quad . \tag{5.42}$$

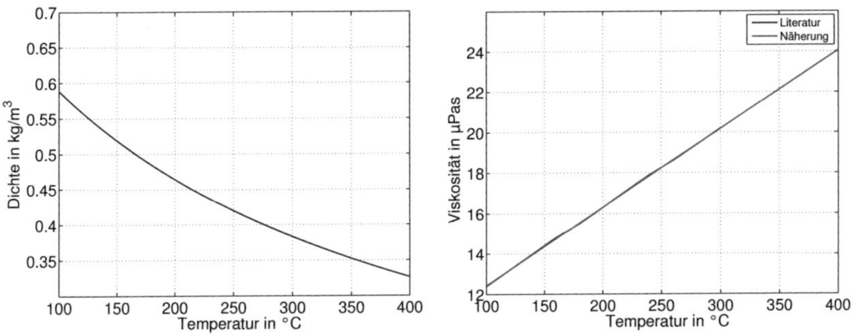

(a) Dichte ρ (b) Viskosität η

Bild 5.24: Dichte ρ und Viskosität η von Wasserdampf in Abhängigkeit der Temperatur

Bild 5.24 zeigt die Dichte und die Viskosität von Wasserdampf bei Normaldruck. In Bild 5.24(a) ist der Verlauf der Dichte gemäß (5.41) aufgetragen, Bild 5.24(b) zeigt die Viskosität von Wasserdampf nach (5.42) in einem Temperaturbereich zwischen 100 °C und 400 °C.

Es ist zu erkennen, dass sich sowohl Dichte als auch Viskosität des Wasserdampfes mit der Temperatur deutlich ändern.

5.5.2 Modellierung der Konvektion von Luft und Wasserdampf

In diesem Simulationsmodell wird Luft durch die Antenne in das Erdreich eingeblasen, wobei der Volumenstrom der Luft etwa 100 L/min beträgt. Diese erzwungene Belüftung und die freie Konvektion werden in dem Modell überlagert. Die Konvektion innerhalb des Erdbodens setzt sich aus der Konvektion der Luft und der Konvektion des Wasserdampfes zusammen. Die Konvektion der Luft wird mit Hilfe der spezifischen Gaskonstante von Luft $R_{\mathrm{s,Luft}}$ gemäß (5.16) und der Darcy-Gleichung (5.19) berechnet. Die Vorgehensweise bei der Dampfkonvektion ist analog, lediglich der Wert der Gaskonstanten ist verschieden. Die spezifische Gaskonstante von Wasserdampf $R_{\mathrm{s,Dampf}}$ beträgt

$$R_{\mathrm{s,Dampf}} = 461{,}5\,\mathrm{J/kgK} \quad .$$

Über den Zusammenhang

$$p = \rho R_{\mathrm{s,Dampf}} T \tag{5.43}$$

ergibt sich mit

$$\nabla p = \nabla \rho R_{\mathrm{s,Dampf}} T + \rho R_{\mathrm{s,Dampf}} \nabla T \tag{5.44}$$

die Strömungsgeschwindigkeit $\vec{v}$ im Boden zu

$$\begin{aligned} \vec{v} &= -\frac{K}{\eta}(\nabla p - \rho \vec{g}) \\ &= -\frac{K}{\eta}(\nabla \rho R_{\mathrm{s,Dampf}} T + \rho R_{\mathrm{s,Dampf}} \nabla T - \rho \vec{g}) \quad . \end{aligned} \tag{5.45}$$

Der gravimetrische Anteil an der Konvektion ist auch hier vernachlässigbar. Für die erzwungene Konvektion gelten die selben Annahmen, wie sie bereits in Abschnitt 5.4 beschrieben wurden.

5.5.3 Modellierung der Dampfdiffusion

Die Diffusion ist innerhalb des Bodens aufgrund der geringen Porosität und der Tatsache, dass lediglich der luftgefüllte Anteil des Porenvolumens zur Verfügung steht, nur von untergeordneter Bedeutung für die Modellierung des Wärmetransports. Gerade zu Beginn der Dekontaminierungsphase kann davon ausgegangen werden, dass das Porenvolumen nahezu vollständig mit Wasser gefüllt ist, so dass die Diffusion vernachlässigt werden kann. Der Einfluss der Diffusion auf den Wärmetransport wird mit folgenden Annahmen zunächst abgeschätzt:

- Massenstromdichte durch Diffusion [149] $\vec{j} = D \nabla C = 5 - 10 \cdot 10^{-6}\,\mathrm{kg/m^2s}$
- Wärmekapazität des Dampfes $c_\mathrm{p} = 2\,\mathrm{kJ/kgK}$ bei $T = 400\,\mathrm{K}$
- Temperatur des Dampfes $T = 400\,\mathrm{K}$

Mit diesen Annahmen ergibt sich ein Wärmetransport durch den Einfluss von Diffusionsprozessen in der Größenordnung von einigen $\mathrm{mW/m^3}$. Vergleicht man dies mit dem Wärmetransport durch die erzwungene Konvektion $(\rho c_\mathrm{p})_\mathrm{f} \vec{v}_\mathrm{f}\, \nabla T$, die in der Größenordnung einiger $\mathrm{kW/m^3}$ liegt, kann daraus geschlossen werden, dass der Einfluss der Diffusion auf den Wärmetransport in guter Näherung vernachlässigt werden kann.
Die nachfolgend gezeigten Ergebnisse wurden auf Basis dieser Vereinfachung durchgeführt.

5.5.4 Simulationsergebnisse

Die Ausgangsleistung des Mikrowellengenerators beträgt wie zuvor 2 kW. Diese wird über einen Zirkulator in die Antenne eingekoppelt. Der Reflexionsfaktor über der Zeit

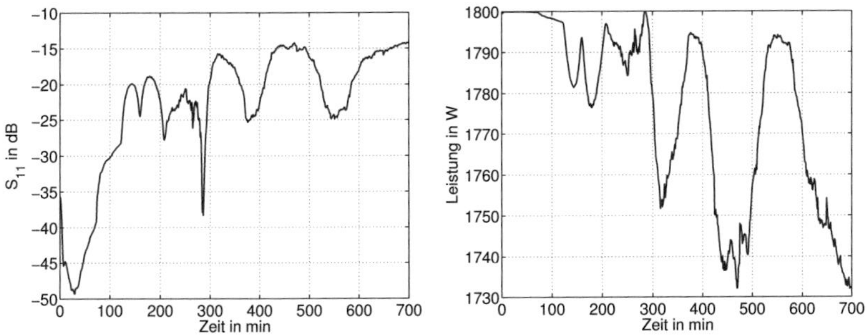

(a) Reflexionsfaktor S_{11}

(b) eingekoppelte Leistung P_{in}

Bild 5.25: Reflexionsfaktor S_{11} und eingekoppelte Leistung P_{in} in nassen Sand mit Belüftung über der Zeit

ist in Bild 5.25(a) dargestellt, die eingekoppelte Leistung in Bild 5.25(b). Der Simulationszeitraum beträgt in diesem Beispiel 700 Minuten, ist damit also knapp 4 Stunden länger als in den vorigen Berechnungen.

Es ist zu erkennen, dass die Anpassung der Wanderwellenantenne über den kompletten Simulationszeitraum deutlich besser als −13 dB ist. Damit ist sichergestellt, dass mehr als 95 % der Leistung in die Antenne und in das Erdreich eingekoppelt werden und bestätigt die Breitbandigkeit der entwickelten Antenne und somit deren Eignung zur Bodendekontaminierung. In den nächsten Abschnitten werden die Feldverteilung, die Veränderung der Permittivität und die daraus resultierende umgesetzte Leistung im Boden untersucht.

5.5.4.1 Elektrische Feldverteilung

Der Betrag der elektrischen Feldstärke in nassem Sand mit Belüftung zu verschiedenen Zeitpunkten ist in Bild 5.26 zu sehen. Die Feldstärke ist hierbei in einem logarithmischen Maßstab aufgetragen.

Zu Beginn der Erwärmungsphase ist die Eindringtiefe des elektromagnetischen Feldes erwartungsgemäß am geringsten. Dies ist in Bild 5.26(a) zu erkennen. Mit zunehmender Prozessdauer, während der sich die Temperatur erhöht, steigt auch die Eindringtiefe an. Dies macht deutlich, dass die Bodendekontaminierung mit Hilfe von Mikrowellen nicht primär auf die Wärmeleitfähigkeit des Bodens angewiesen ist, sondern sich die Wärmequelle mit steigender Temperatur und damit Trocknung des Bodens von der Antenne weg bewegt. Dies wird in Bild 5.29 nochmals deutlich. Mit Beginn der Verdampfung des Wassers und Vergrößerung der trockenen Bodenbereiche bildet sich ein Bereich mit deutlich verminderter Permittivität aus. Am Rand dieses Bereichs wird ein Teil der elektromagne-

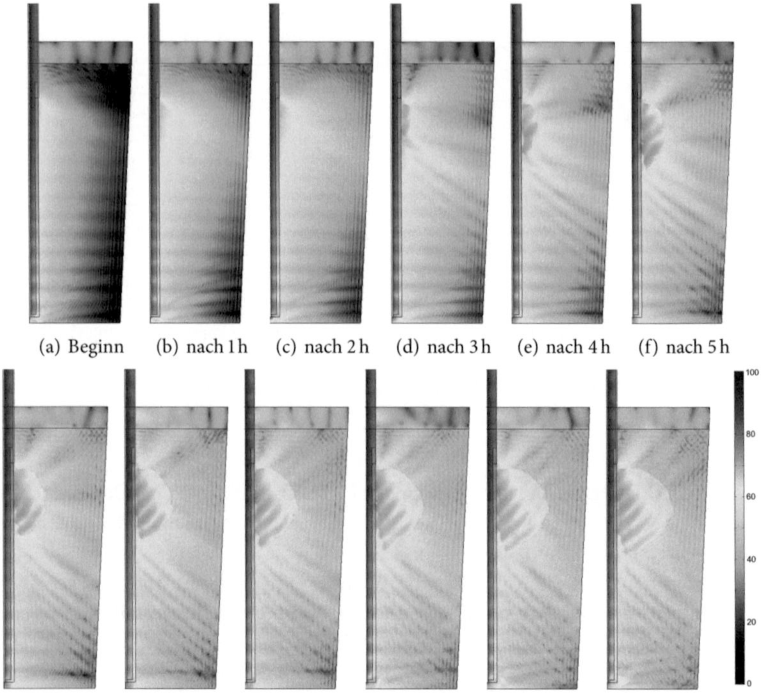

(a) Beginn (b) nach 1 h (c) nach 2 h (d) nach 3 h (e) nach 4 h (f) nach 5 h

(g) nach 6 h (h) nach 7 h (i) nach 8 h (j) nach 9 h (k) nach 10 h (l) nach 11 h

Bild 5.26: Elektrisches Feld E in dBV/m in nassem Sand mit Belüftung über der Zeit

tischen Welle reflektiert, so dass in diesem trockenen Bereich deutlich ein Interferenzmuster zu erkennen ist (vgl. Bild 5.26(f)-5.26(l)).

5.5.4.2 Permittivität

Die Permittivität hat einerseits einen Einfluss auf die Eindringtiefe des elektrischen Feldes in den Boden, andererseits auch auf die im Boden umgesetzte Leistung, die schließlich zu einer Temperaturerhöhung und zur Verdampfung der Flüssigkeit führt. Die zeitliche Veränderung der komplexen Permittivität, ist in Bild 5.27 für den Realteil ε_r' und in Bild 5.28 für den Imaginärteil ε_r'' zu sehen. Da der Wassergehalt im Versuchsaufbau mit steigender Bodentiefe zunimmt, erhöht sich die Permittivität entsprechend.
Wie in den Bildern 5.27(a) bis 5.27(l) zu erkennen ist, bleiben der Realteil ε_r' der Permittivität von Luft und von PTFE über der Zeit konstant, während sich die Permittivität des

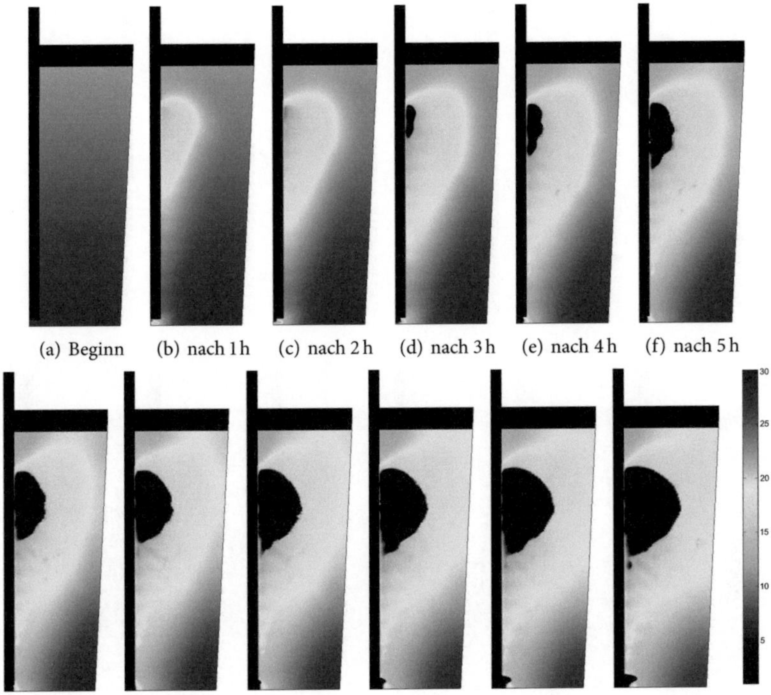

(a) Beginn (b) nach 1 h (c) nach 2 h (d) nach 3 h (e) nach 4 h (f) nach 5 h

(g) nach 6 h (h) nach 7 h (i) nach 8 h (j) nach 9 h (k) nach 10 h (l) nach 11 h

Bild 5.27: Realteil der Permittivität ε_r' in nassem Sand mit Belüftung über der Zeit

Bodens stark verändert. In den ersten beiden Stunden (5.27(a) – 5.27(c)) ändert sich die Permittivität relativ gleichmäßig und großflächig. Diese Änderung ist bedingt durch die Temperatur, da sowohl der Realteil der Permittivität von Sand als auch von Wasser mit steigender Temperatur geringer wird. In den Bildern 5.27(d) – 5.27(l) beginnt das Wasser zu verdampfen, wodurch sich die Permittivät in diesen Bereichen stark verringert. Dies hat zur Folge, dass es um den bereits trockenen Bereich herum zu einer sprunghaften Änderung der Permittivität von etwa $\varepsilon_r' = 2$ auf Werte um $\varepsilon_r' = 12 - 18$ kommt. Der Imaginärteil der Permittivität ε_r'' bleibt ebenfalls konstant für Luft und PTFE, während die Verluste des Sandes über der Zeit leicht variieren. Dies ist in den Bildern 5.28(a) bis 5.28(l) dargestellt.

Es ist zunächst eine langsame Änderung zu beobachten, während bei Eintritt der Evaporation der Imaginärteil der Permittivität in den trockenen Bereichen stark abnimmt

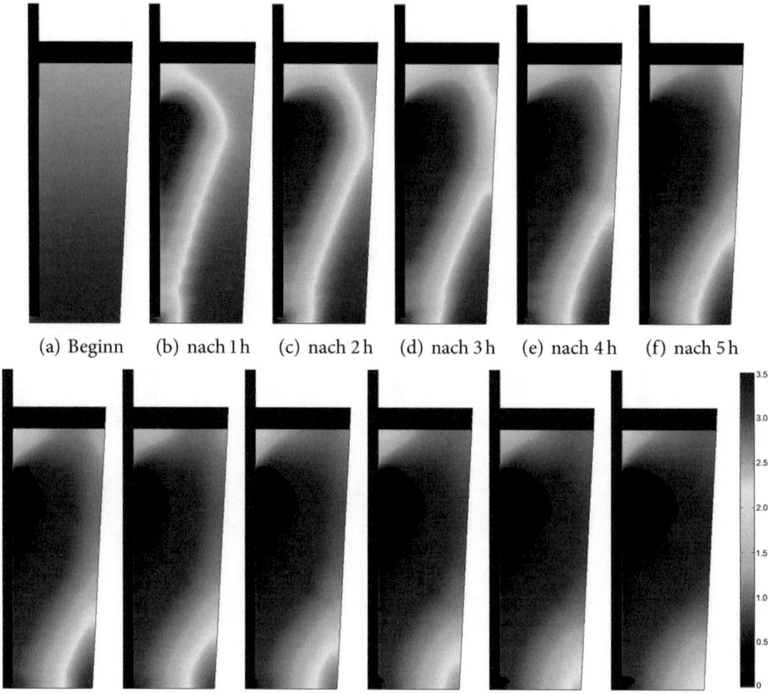

(a) Beginn (b) nach 1 h (c) nach 2 h (d) nach 3 h (e) nach 4 h (f) nach 5 h

(g) nach 6 h (h) nach 7 h (i) nach 8 h (j) nach 9 h (k) nach 10 h (l) nach 11 h

Bild 5.28: Imaginärteil der Permittivität ε_r'' in nassem Sand mit Belüftung über der Zeit

und sich auf die reinen Sandverluste beschränkt. Dies geht einher mit einer Erhöhung der Eindringtiefe, was sich vorteilhaft auf die Dekontaminierung weiter entfernter Bodenvolumina auswirkt.

5.5.4.3 Umgesetzte Leistung

Die im Sand umgesetzte Leistung ist in Bild 5.29 gezeigt. Der Leistungseintrag ist hierbei logarithmisch in W/m^3 aufgetragen. In den Bildern 5.29(a) bis 5.29(l) ist zu erkennen, dass der Leistungseintrag in den Erdboden nicht konstant ist, sondern mit der Zeit variiert. Zwei Komponenten sind für die Umsetzung der Mikrowellenergie in Wärme verantwortlich: das elektrische Feld E und der Imaginärteil der Permittivität ε_r''. Diese sind bereits in den Bildern 5.26 und 5.28 dargestellt.

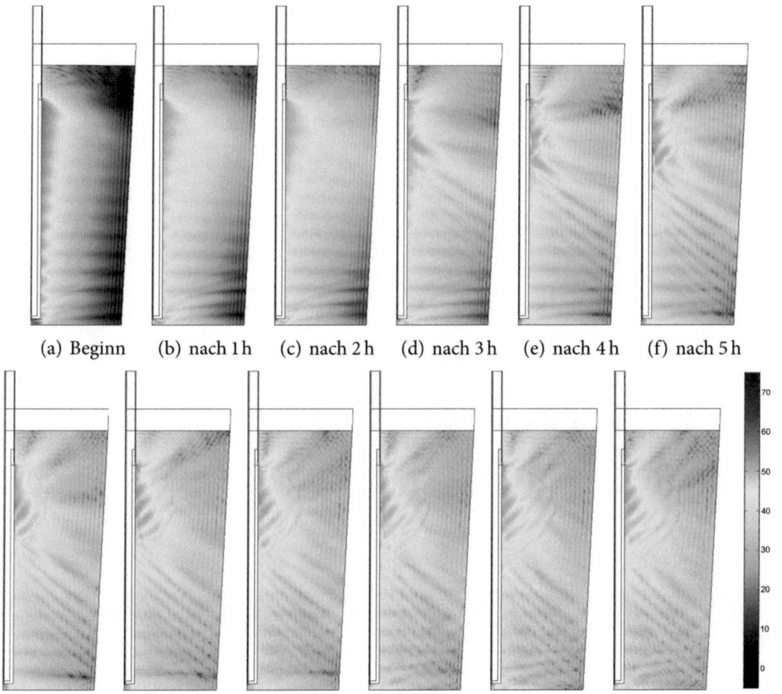

(a) Beginn (b) nach 1 h (c) nach 2 h (d) nach 3 h (e) nach 4 h (f) nach 5 h

(g) nach 6 h (h) nach 7 h (i) nach 8 h (j) nach 9 h (k) nach 10 h (l) nach 11 h

Bild 5.29: In Wärme umgesetzte Leistung in dBW/m^3 in nassem Sand mit Belüftung über der Zeit

Die in Wärme umgesetzte Leistung ist proportional zum Quadrat der elektrischen Feldstärke, woraus sich ein hohe Ähnlichkeit zu Bild 5.26 ergibt.

5.5.4.4 Temperaturverteilung

Die resultierende Temperaturentwicklung im nassen Sand mit Belüftung ist in Bild 5.30 dargestellt.

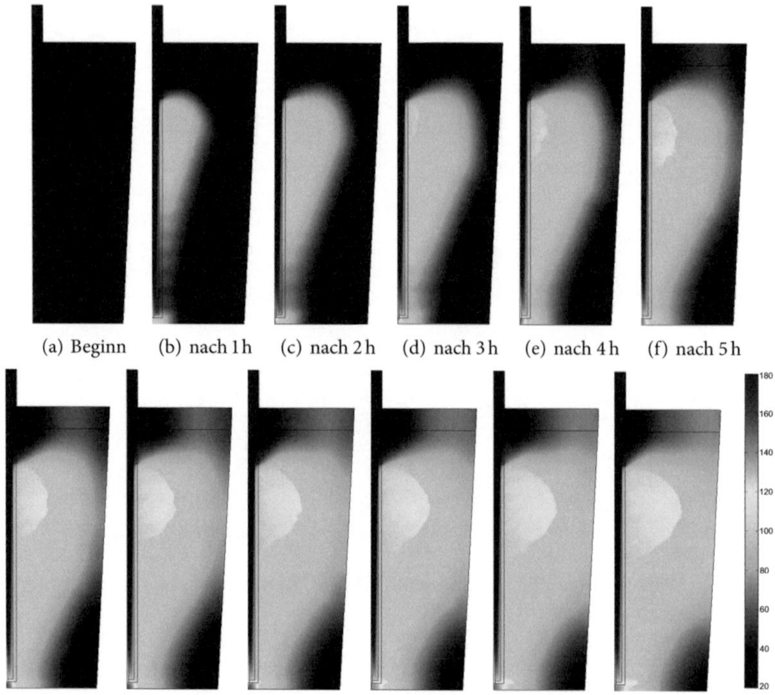

(a) Beginn (b) nach 1 h (c) nach 2 h (d) nach 3 h (e) nach 4 h (f) nach 5 h

(g) nach 6 h (h) nach 7 h (i) nach 8 h (j) nach 9 h (k) nach 10 h (l) nach 11 h

Bild 5.30: Temperaturverteilung in °C in nassem Sand mit Belüftung über der Zeit

5.5.4.5 Wassergehalt im Erdboden

Der Wassergehalt des Bodens ändert sich im Verlauf der Dekontaminierungsphase, da mit steigender Temperatur ein Teil das Wassers verdampft und abgesaugt wird. In Bild 5.31 ist der Anteil des Wassers im Bodenvolumen über einen Zeitraum von 11 Stunden aufgetragen. Um das Modell möglichst realitätsnah zu gestalten, variiert der Wassergehalt über der Bodentiefe. Er beträgt zu Beginn der Erwärmungsphase 75 % an der Oberfläche und nimmt auf 100 % des Porenvolumens am Boden zu.

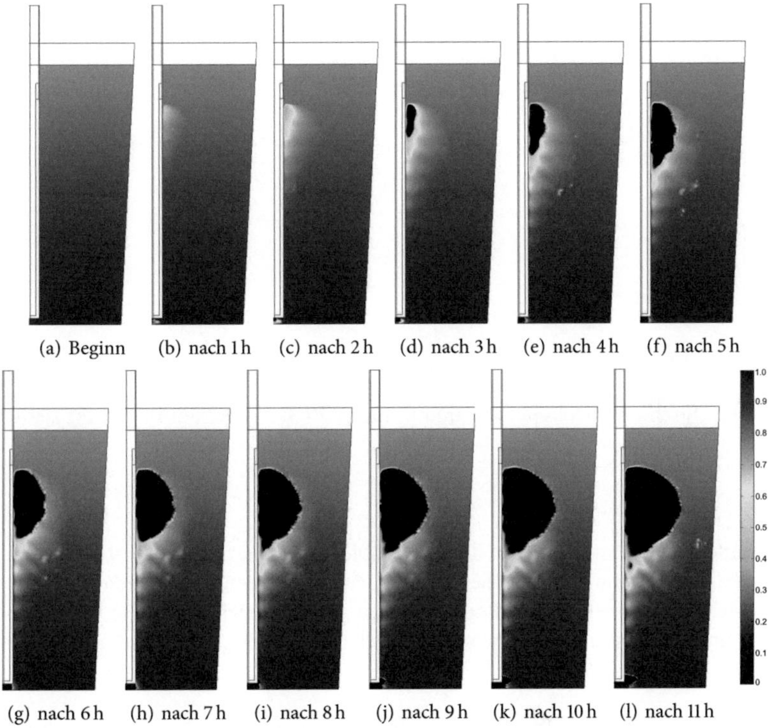

(a) Beginn (b) nach 1 h (c) nach 2 h (d) nach 3 h (e) nach 4 h (f) nach 5 h

(g) nach 6 h (h) nach 7 h (i) nach 8 h (j) nach 9 h (k) nach 10 h (l) nach 11 h

Bild 5.31: Wassergehalt im Erdboden mit Belüftung über der Zeit

Es ist zu erkennen, dass nach etwa einer Stunde der Siedepunkt des Wassers neben der Antenne erreicht ist und der Evaporationsprozess einsetzt. Dieser setzt sich aufgrund der hohen Verdampfungswärme von Wasser jedoch sehr langsam fort. Dies wird ebenfalls deutlich bei Betrachtung der Wärmeentwicklung in Bild 5.30. Die Temperatur steigt relativ gleichmäßig von der Ausgangstemperatur auf etwa 100 °C an. Mit Beginn der Verdampfung bleibt diese Temperatur konstant, bis das Wasser vollständig in die Dampfphase übergegangen ist.

Die Durchschnittstemperatur und der mittlere Wassergehalt im Porenvolumen sind in Bild 5.32(a) und Bild 5.32(b) gezeigt. Er beträgt zu Beginn der Erwärmungsphase knapp 87 % bei einer Temperatur von 24 °C.

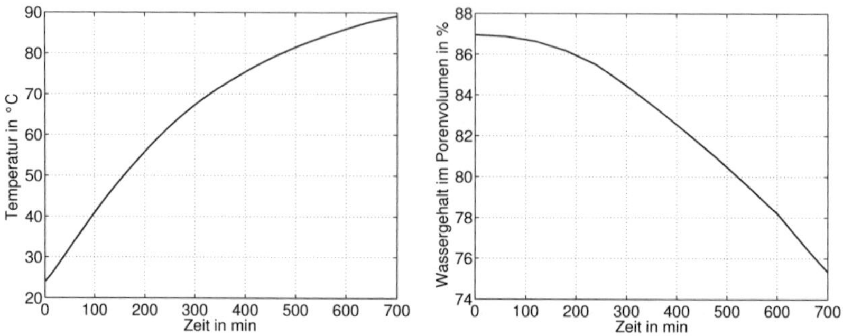

(a) Durchschnittstemperatur (b) Wassergehalt im Porenvolumen

Bild 5.32: Durchschnittstemperatur und mittlerer Wassergehalt im Boden im zeitlichen Verlauf

Die mittlere Temperatur steigt in diesem Beispiel nichtlinear mit der Zeit an, was durch die hohe Verdampfungswärme des Wassers erklärt werden kann. Diese führt in der Modellierung zu einem sprunghaften Anstieg der Wärmekapazität. Der Wassergehalt nimmt über der Zeit nichtlinear ab und erreicht nach einer Dauer von 11 Stunden einen Wert von ungefähr 75 %.

Die Wärmeentwicklung und der Wassergehalt werden in Kapitel 7 messtechnisch erfasst, um das Simulationsmodell zu verifizieren.

5.6 Fazit

Im Rahmen dieses Kapitels wird die temperaturabhängige Veränderung der elektrischen und thermischen Materialeigenschaften vollständig beschrieben und in ein Finite Elemente Modell implementiert. Dieses erlaubt die Berücksichtigung der gegenseitigen Verkopplung des elektromagnetischen und des thermischen Feldes. Damit ist eine äußerst realitätsnahe Modellierung des Erwärmungsprozesses möglich. Die Evaporation der beteiligten Flüssigkeit wird in diesem Modell ebenso berücksichtigt wie der Einfluss von

Konvektionsströmungen auf den Wärmetransport innerhalb des Erdbodens. Darüber hinaus ist es möglich, die Rückwirkungen auf die Anpassung und die maximal einkoppelbare Leistung zu betrachten. Dies kann als Ausgangspunkt für eine weitere Systemoptimierung bezüglich der verwendeten Antennen benutzt werden. Die Betrachtung der Temperaturverteilung innerhalb des Bodenvolumens erlaubt eine gezielte Anpassung des Systems auf unterschiedliche Randbedingungen. Durch die Flexibilität des neuartigen Modells, das erstmals alle relevanten Einflussgrößen berücksichtigt, ist die Planung einer definierten Wärmeverteilung im Erdreich zur Unterstützung einer biologischen Maßnahme ebenso denkbar wie die vorzeitige Bewertung des Sanierungsaufwands bei diversen Schadstoffen und Bodenbeschaffenheiten.

6 Modellierungsbeispiele

Die Mehrzahl der vorkommenden Kontaminierungen sind Verunreinigungen des Bodens mit flüchtigen und halbflüchtigen organischen Stoffen wie beispielsweise Treibstoffen. Die folgenden exemplarischen Modellierungsbeispiele umfassen daher Kontaminierungen von Erdboden mit Benzin und Diesel bzw. Heizöl. Sie erlauben somit eine simulative Abschätzung des zeitlichen und energetischen Aufwands für eine Sanierung des betrachteten Bodenvolumens.
Durch die Parametrisierung des entwickelten Modells können beliebige Kontaminierungen in verschiedenen Erdböden entsprechend berechnet und bereits im Vorfeld der Dekontaminierungsphase bezüglich Aufwand und Dekontaminierungserfolg bewertet werden.

6.1 Dekontaminierung von benzinbelastetem Erdreich

Zunächst wird das Beispiel eines mit Benzin belasteten Sandbodens untersucht. Als Modell dient wie zuvor der Laboraufbau mit der entwickelten koaxialen Wanderwellenantenne. Die Mikrowellenleistung des Generators beträgt 2 kW und der Luftstrom durch die Antenne 100 L/min. Es wird angenommen, dass das Porenvolumen vollständig mit Benzin gefüllt ist.
Die physikalischen Eigenschaften von Benzin, die der Simulation zugrunde liegen, sind in Tabelle 6.1 zusammengefasst.
Der Siedepunkt von Benzin erstreckt sich aufgrund der Zusammensetzung aus verschiedenen Kohlenwasserstoffverbindungen über einen weiten Bereich zwischen 30 °C und 215 °C. Es kann davon ausgegangen werden, dass bei Temperaturen von 100 °C zwischen 46 % und 71 % des Benzins verdampft sind. Dieser Anteil erhöht sich bei Temperaturen von 150 °C auf über 75 % und bei einer Temperatur von 210 °C auf über 98 % [150].
Der betrachtete Simulationszeitraum beträgt 11 Stunden. Die resultierende Sättigung der Poren mit Benzin ist in Bild 6.1 im zeitlichen Verlauf aufgetragen.
Zu Beginn der Simulation beträgt die Sättigung 100 %, wie in Bild 6.1(a) zu sehen ist. Bereits nach einer Stunde bilden sich innerhalb des Bodenvolumens Bereiche aus, in denen die Kontamination vollständig evaporiert ist (Bild 6.1(b)). Mit zunehmender Erwärmungsdauer vergrößert sich dieser Bereich weiter und umfasst nach etwa 11 Stunden das Volumen des Laboraufbaus nahezu vollständig.

Tabelle 6.1: Eigenschaften von Benzin

Permittivität ε_r	3,406 – j0,139
Dichte ρ	750 kg/m^3
Viskosität η	0,5 µPas
Wärmekapazität c_p	2280 J/kgK
Verdampfungswärme Q_V	348,9 kJ/kg
Wärmeleitfähigkeit k	0,13 W/mK
Siedepunkt T_S	30 – 215 °C

Der zeitliche Verlauf der Durchschnittstemperatur im Boden ist in Bild 6.2(a) zu sehen, den Benzingehalt im Porenvolumen des Bodens zeigt Bild 6.2(b).
Temperatur und Benzingehalt sind über einen Zeitraum von 40 Stunden aufgetragen. Die mittlere Temperatur nimmt in den ersten 12 Stunden linear zu und erreicht nach etwa 17 Stunden ein Maximum. Eine weiterer Energieeintrag in Form von Mikrowellen führt nicht zu einer weiteren Temperaturerhöhung. Ein ähnlicher Verlauf zeigt sich auch beim Benzingehalt im Porenvolumen. Er beträgt zu Beginn der Dekontaminierungsphase 100 %, d.h. das Porenvolumen ist vollständig mit Benzin gefüllt. Mit Beginn der Erwärmungsphase nimmt der Benzingehalt nahezu linear ab und fällt nach 12 Stunden auf etwa 4,1 % der Anfangskonzentration, d.h. bereits nach 12 Stunden sind 96 % der Schadstoffe evaporiert. Nach etwa 20 Stunden geht der Benzingehalt in eine Sättigung, zu diesem Zeitpunkt sind knapp 99 % der ursprünglichen Schadstoffe beseitigt.
Verglichen mit Wasser erfolgt die Verdampfung erwartungsgemäß deutlich schneller. Dies liegt zum einen an der etwas geringeren Wärmekapazität von Benzin, vor allem aber an der deutlich geringeren Verdampfungswärme, die nur etwa 15 % der Verdampfungswärme von Wasser beträgt.
Die benötigte Mikrowellenenergie beträgt in diesem Fall 40 kWh, dies entspricht etwa 150 kWh je m^3 kontaminierten Erdreichs bzw. ungefähr 91 kWh je Tonne Trockengewicht.

6.2 Dekontaminierung von dieselbelastetem Erdreich

Die physikalischen Eigenschaften von Diesel, die der Simulation zugrunde liegen sind in Tabelle 6.2 zusammengefasst.
Der Siedepunkt von Diesel liegt in einem Bereich zwischen 150 °C und 390 °C. Nach [151] sind bei einer Temperatur von 250 °C etwa 60 % der Dekontaminierung verdampft, bei einer Temperatur von 350 °C über 85 %. Somit ist Diesel verglichen mit Benzin etwas schwieriger zu entfernen, da die Siedepunkte deutlich höher liegen.

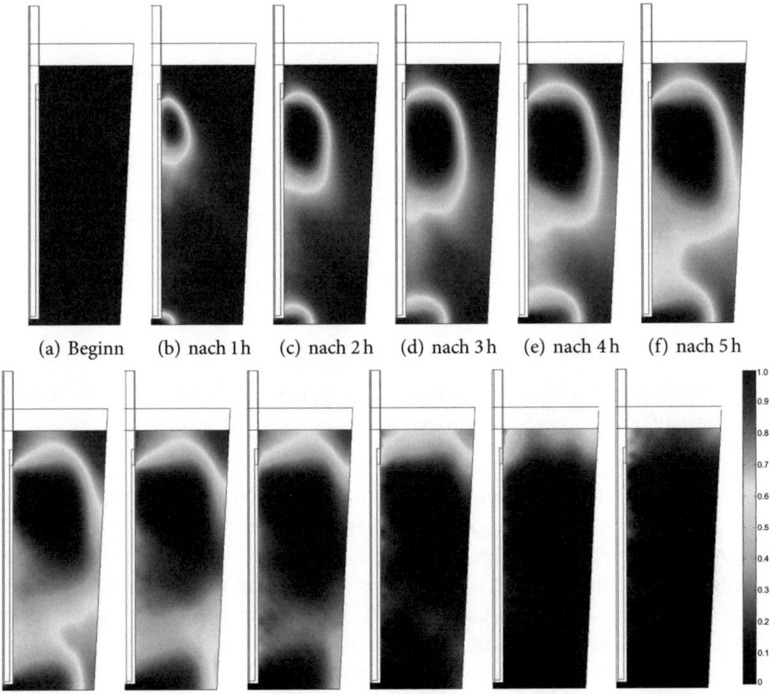

(a) Beginn (b) nach 1 h (c) nach 2 h (d) nach 3 h (e) nach 4 h (f) nach 5 h

(g) nach 6 h (h) nach 7 h (i) nach 8 h (j) nach 9 h (k) nach 10 h (l) nach 11 h

Bild 6.1: Benzingehalt im Boden im zeitlichen Verlauf

Tabelle 6.2: Eigenschaften von Diesel

Permittivität ε_r	3,403 – j0,162
Dichte ρ	830 kg/m^3
Viskosität η	3,3 µPas
Wärmekapazität c_p	2070 J/kgK
Verdampfungswärme Q_V	232,6 kJ/kg
Wärmeleitfähigkeit k	0,14 W/mK
Siedepunkt T_S	150 – 390 °C

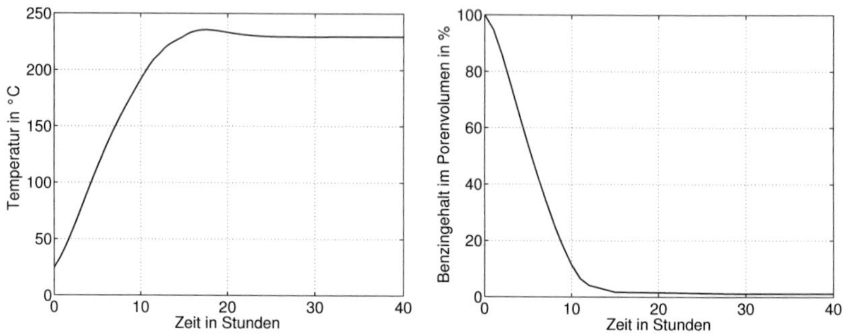

(a) Durchschnittstemperatur (b) Benzingehalt im Porenvolumen

Bild 6.2: Durchschnittstemperatur und mittlerer Benzingehalt im Boden im zeitlichen Verlauf

Der betrachtete Simulationszeitraum beträgt 80 Stunden. Die resultierende Sättigung der Poren mit Diesel ist in Bild 6.3 im zeitlichen Verlauf aufgetragen.
Zu Beginn der Simulation beträgt die Sättigung 100 %, wie in Bild 6.3(a) zu sehen ist. Der Dekontaminierungsvorgang ist vergleichen mit Benzin deutlich langsam aufgrund des erhöhten Siedepunktes. Erst nach etwa 20 Stunden tritt eine großflächige Dekontaminierung des Bodenvolumens ein. Nach dieser Zeit sind etwa 50 % der ursprünglichen Kontaminierung verdampft, nach 40 Stunden beträgt der Dieselgehalt noch 3,77 %. Nach 80 Stunden sind nahezu 98 % der ursprünglichen Schadstoffe verdampft.
Der zeitliche Verlauf der Durchschnittstemperatur im Boden ist in Bild 6.4(a) zu sehen, den Dieselgehalt im Porenvolumen des Bodens zeigt Bild 6.4(b).
Temperatur und Dieselgehalt sind über einen Zeitraum von 80 Stunden aufgetragen. Die mittlere Temperatur nimmt in den ersten 30 Stunden linear zu und steigt danach nur noch langsam an. Der Dieselgehalt im Porenvolumen beträgt zu Beginn der Dekontaminierungsphase 100 %, d.h. das Porenvolumen ist vollständig mit Diesel gefüllt. Mit Beginn der Erwärmungsphase nimmt der Dieselgehalt nur langsam ab, im Bereich zwischen 10 Stunden und 30 Stunden ist die Abnahme stark beschleunigt. Ab 40 Stunden ist die Abnahme nur sehr gering. Der Dieselgehalt nach 80 Stunden beträgt noch etwa 2 %.
Die benötigte Mikrowellenenergie beträgt in diesem Fall 160 kWh, dies entspricht etwa 600 kWh je m^3 kontaminierten Erdreichs bzw. ungefähr 365 kWh je Tonne Trockengewicht.

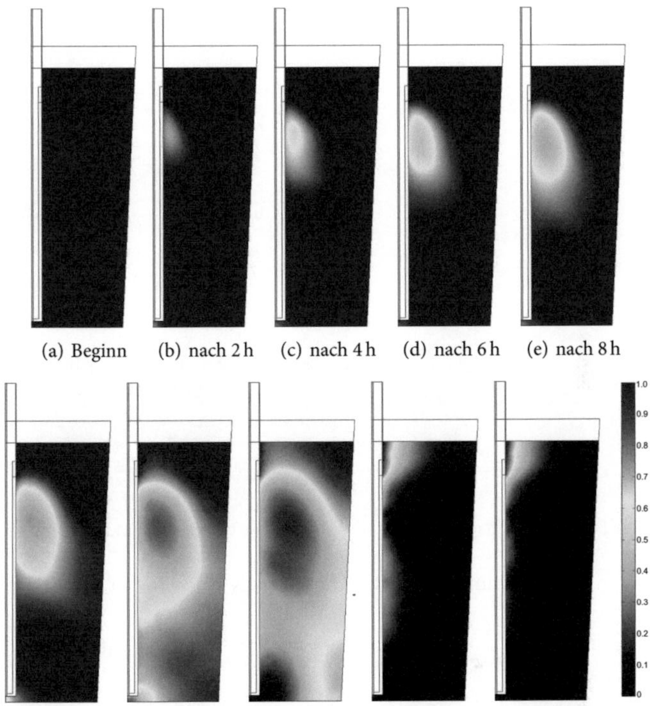

(a) Beginn (b) nach 2 h (c) nach 4 h (d) nach 6 h (e) nach 8 h

(f) nach 10 h (g) nach 15 h (h) nach 20 h (i) nach 40 h (j) nach 80 h

Bild 6.3: Dieselgehalt im Boden im zeitlichen Verlauf

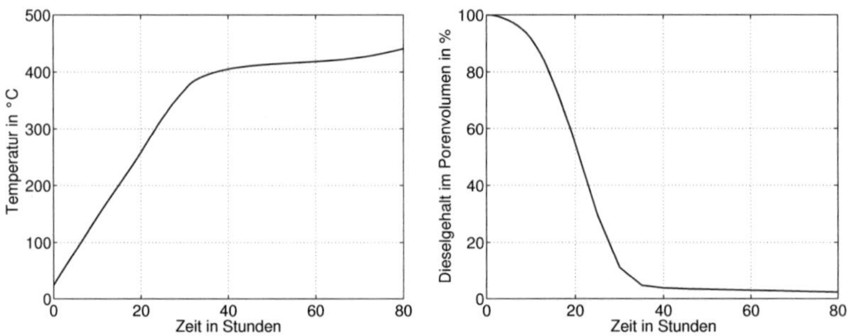

(a) Durchschnittstemperatur

(b) Dieselgehalt im Porenvolumen

Bild 6.4: Durchschnittstemperatur und Dieselgehalt im Boden im zeitlichen Verlauf

7 Verifikationsmessungen

Dieses Kapitel beschreibt den Laboraufbau zur Messung der Temperaturverteilung im Erdboden für verschiedene Antennenformen. Da eine direkte Messung des elektromagnetischen Feldes innerhalb des Erdbodens nicht möglich ist, muss eine indirekte Verifizierung durchgeführt werden. Dies geschieht zweckmäßigerweise durch eine Messung der sich ergebenden Temperatur innerhalb des Bodenvolumens.
Für oberflächennahe Kontaminierungen wird zunächst die Messung mit der Hornantenne vorgestellt. Dieser Aufbau wird dann für tiefere Bodenschichten erweitert, wobei eine koaxiale Antenne mit Schlitzen verwendet wird. Anschließend wird diese Erweiterung durch eine koaxiale Wanderwellenantenne ersetzt, da diese eine noch bessere Anpassung über einen weiten Bereich von Bodenparametern darstellt. Die gemessenen Werte der Temperaturverteilung dieser Wanderwellenantennne werden mit den Werten der verschiedenen Simulationsmodelle verglichen und bewertet. Abschließend folgt eine Beschreibung des Versuchsaufbaus bei 915 MHz und eine Darstellung der in diesem Versuch gewonnenen Messwerte.

7.1 Aufbau des Laborversuches

Der Versuchsaufbau besteht aus einer Tonne mit einem Inhalt von etwa 0,266 m^3, die mit Sand gefüllt ist. Um eine Abstrahlung elektromagnetischer Wellen zu verhindern, werden die Tonne und der Deckel vollständig mit einer Kupferfolie zur Schirmung ausgekleidet. Dies ist in Bild 7.1 zu sehen. Zusätzlich wird in den Deckel ein Lüfter eingebaut, um den entstehenden Wasserdampf aus der Tonne abzusaugen. Da sich trotz des Lüf-

Bild 7.1: Abschirmung des Versuchsaufbaus mit Kupferfolie

ters Kondenswasser in der Tonne bildet, wird der Deckel im Laufe der Versuche durch ein engmaschiges Drahtgitter ersetzt. Die gemessene Dämpfung des Gitters bei 2,45 GHz liegt bei über 40 dB und stellt sicher, dass die erlaubten Grenzwerte außerhalb des Versuchsaufbaus an keiner Stelle überschritten werden. Gleichzeitig kann der entstehende Wasserdampf durch das Gitter ungehindert entweichen. An den Außenwänden sind Bohrungen angebracht, um Temperatursensoren in den Sand einführen zu können. Auch hier ist durch die Größe der Bohrungen sichergestellt, dass keine unzulässige Abstrahlung erfolgt.

7.1.1 Mikrowellengenerator

zur Erzeugung der Mikrowellenenergie wird ein Magnetron des Herstellers Muegge mit einer Ausgangsleistung von 2 kW bei einer Frequenz von 2,45 GHz verwendet. Zur Vermeidung von Schäden durch zu hohe reflektierte Leistung wird zwischen Magnetron und Antenne ein Zirkulator eingebracht, der die reflektierte Leistung in eine Wasserlast umleitet. Das Magnetron und der zugehörige Zirkulator sind in Bild 7.2(a) zu sehen, die zugehörige Steuerung zeigt Bild 7.2(b).

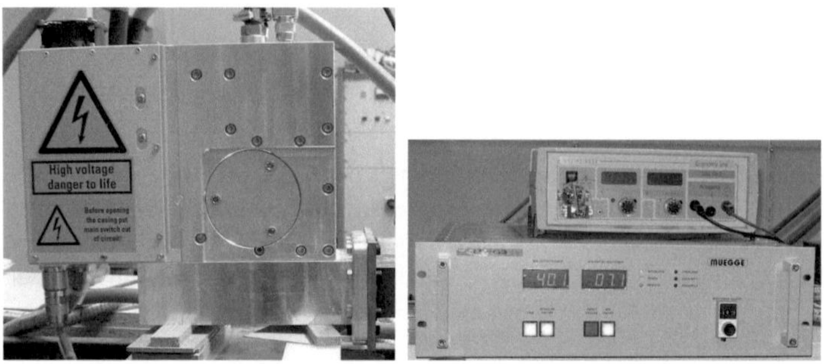

(a) Magnetron mit Zirkulator

(b) Steuerung

Bild 7.2: Magnetronkopf mit Zirkulator und zugehörige Steuerung

Sowohl die Steuerung als auch der Magnetronkopf mit Zirkulator sind hierbei wassergekühlt. Zusätzlich befindet sich am Zirkulator ein Ausgang zur Messung der rücklaufenden Leistung.

7.1.2 Temperaturmessung

Zur Messung der Temperatur wird ein faseroptisches Temperaturmessgerät verwendet. Da die Sonden hierbei nicht aus Metall bestehen ist eine Messung auch bei eingeschalteter Mikrowellenquelle möglich. Das Thermometer ermöglicht eine gleichzeitige Messung von vier Kanälen mit einer Messwiederholrate von 500 ms. Die maximal mögliche Temperatur liegt bei ca. 300 °C. Vor Beginn der Messung erfolgt eine Kalibrierung der Sensoren.

7.1.3 Absaugung / Belüftung

Bei den Versuchen mit der Hornantenne sowie mit den koaxialen Schlitzantenne wird die entweichende Feuchtigkeit mit Hilfe eines Lüfters aus der Tonne abgesaugt. Da es mit diesem Aufbau nicht möglich ist, die Strömung im Erdreich maßgeblich zu erhöhen wird bei den weitergehenden Versuchen mit der Wanderwellenantenne die Abschirmung mit dem Lüfter durch ein engmaschiges Drahtgitter ersetzt. Des Weiteren wird die Bodenluft nicht mehr abgesaugt, sondern über die Antenne in das Erdreich eingeblasen. Die dadurch entstehende Strömung kühlt einerseits die Antenne und trägt andererseits zu einer erzwungenen Konvektion im Erdreich bei. Dies verbessert gleichzeitig den Wärme- und Stofftransport durch das kontaminierte Erdreich.

7.2 Messungen mit Hornantenne

Zur Durchführung der Messungen wird die Hornantenne entsprechend Abschnitt 4.6 benutzt. Die Messung wird über einen Zeitraum von einer Stunde durchgeführt und die Temperatur wird in verschiedenen Bodentiefen zwischen 7 cm und 57 cm im Abstand von 10 min ermittelt. Die Hornantenne wird während des Versuches auf den Sand aufgesetzt. Der Wassergehalt des Sandes beträgt während der Messung etwa 10 % (gravimetrisch). Bild 7.3(a) zeigt den Messaufbau, wobei die Lage der Hornantenne in der Tonne in Form einer gestrichelten Linie angedeutet ist. Die einzelnen Messpunkte liegen in verschiedenen Bodentiefen mittig unter der Hornantenne. Sie sind farblich gekennzeichnet und entsprechen der jeweiligen Kurve im rechten Messdiagramm, Bild 7.3(b). Es ist zu erkennen, dass die Erwärmung des Bodens auf etwa 90 °C bis in eine Tiefe von 17 cm reicht. Mit zunehmender Tiefe nimmt die Temperatur erwartungsgemäß ab. Es stellt sich bis in eine Tiefe von ungefähr 40 cm eine Bodentemperatur von über 50 °C nach einer Stunde Erwärmung ein, was zur Dekontamination der meisten Treibstoffanteile mit Ausnahme von Diesel ausreichend ist. Damit wird deutlich, dass sich die Hornantenne sehr gut zur Dekontaminierung der oberflächennahen Schichten eignet, ihre Effizienz jedoch mit steigender Bodentiefe abnimmt. Für tiefere Bodenschichten wird daher die Verwendung von koaxialen Antennenstrukturen vorgeschlagen, wie sie in den folgenden Abschnitten gezeigt sind.

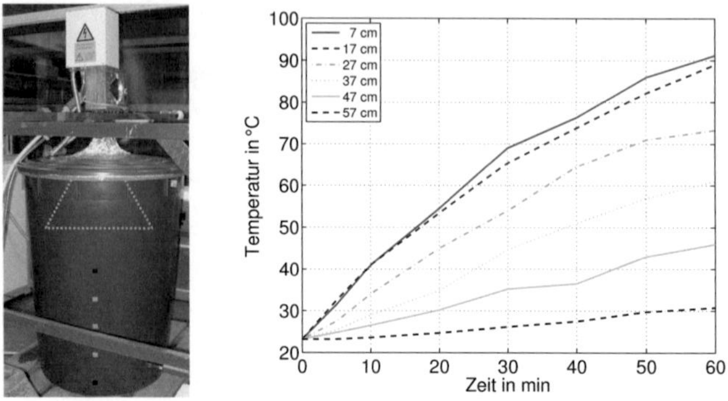

Bild 7.3: Erwärmung des Bodens in verschiedenen Tiefen

7.3 Messungen mit der geschlitzten Koaxialantenne

Der geschlitzte Koaxialleiter, wie er bereits in Abschnitt 4.8 Bild 4.30(a) gezeigt wurde, eignet sich für die Dekontaminierung in tieferen Bodenschichten. Gleichzeitig weist er eine radialsymmetrische Abstrahlung auf und koppelt die Mikrowellenenergie nahezu gleichmäßig über die gesamte Länge aus. Die Einkopplung über der Länge lässt sich hierbei über die Geometrie der Schlitze variieren. Zur Verifizierung der Auskopplung wird die Temperatur in verschiedenen Abständen zur Antenne und über die Länge der Antenne aufgenommen. Die Heizdauer beträgt zwei Stunden mit einer Mikrowellenleistung von 2 kW. Dabei wird die Temperatur im Abstand von 10 min in Abständen von 5, 10 und 20 cm von der Antenne in unterschiedlichen Bodentiefen gemessen und gemittelt. Der Messaufbau und die entsprechenden Messpunkte sind in Bild 7.4 zu sehen, wobei die Farbe der Kurve im Diagramm 7.4(b) den farblich kodierten Messpunkten in Bild 7.4(a) entspricht.

Es ist eine annähernd lineare Abhängigkeit der Temperatur zum Abstand von der Antenne erkennbar.

Die Messergebnisse der Temperatur nach einer Heizdauer von 60 min bzw. 120 min in unterschiedlichen Tiefen und verschiedenen Abständen zur Antenne sind in den Bildern 7.5(a) und 7.5(b) dargestellt.

Es zeigt sich in beiden Fällen ein nahezu konstanter Temperaturverlauf über der gesamten wirksamen Antennenlänge. In geringen Bodentiefen nimmt die Temperatur aufgrund thermischer Abstrahlung leicht ab, wobei dieser Effekt mit steigender Temperatur deutlicher in Erscheinung tritt.

Zusammenfassend lässt sich feststellen, dass sich der geschlitzte Koaxialleiter aufgrund seiner radialsymmetrischen und über der Länge gleichförmigen Abstrahlung sehr gut zur Dekontaminierung tieferer Bodenschichten eignet. Durch seine resonante Struktur

(a) Lage der Messpunkte

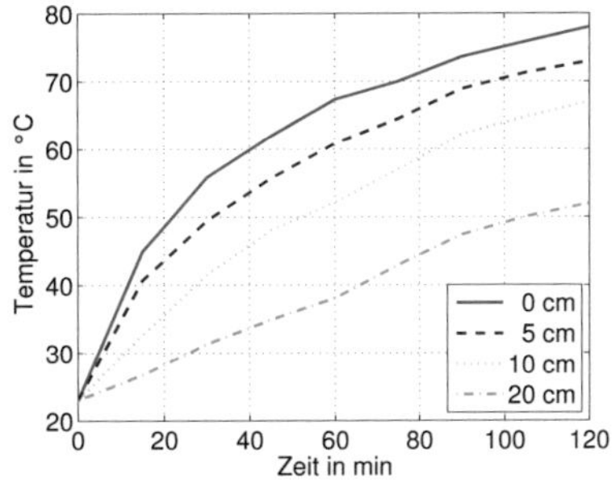

(b) Temperaturverlauf

Bild 7.4: Bodenerwärmung in verschiedenen Abständen zur Antenne

nimmt jedoch speziell bei sehr feuchten Boden seine Anpassung etwas ab (vgl. Bild 4.28). Durch eine Veränderung der Abmessungen des Innenleiters bzw. durch die Verwendung von PTFE als Füllung oder als Ummantelung kann dieses Verhalten jedoch deutlich verbessert werden. Im Folgenden soll die koaxiale Wanderwellenantenne als nahezu frequenzunabhängige Antenne untersucht werden.

7.4 Messungen mit der Wanderwellenantenne

Der Messaufbau mit der koaxialen Wanderwellenantenne nach Abschnitt 4.9 Bild 4.37 ist in Bild 7.6(a) zu sehen. Die geschlossene Abdeckung ist durch ein dampfdurchlässiges Drahtgitter ersetzt. Die roten Schläuche dienen zur Kühlung des Magnetrons und als Wasserlast für den Zirkulator. Die blaue Leitung ist die Druckluftleitung, durch die Luft über die Antennenstruktur in das Erdreich eingeblasen wird und somit zu einer erzwungenen Konvektion innerhalb des Erdbodens führt. Die Position der verwendeten Temperatursensoren ist in Bild 7.6(b) schematisch dargestellt.
Zur Messung der Temperatur innerhalb des Erdbodens wird ein faseroptisches Thermometer benutzt. Dieses ermöglicht eine Temperaturmessung bei eingeschalteter Mikrowellenquelle. Die Positionen der Sensoren sind in Tabelle 7.1 gegeben. Während des Versuches wird die Temperatur an jedem Messpunkt im Abstand von 15 min ermittelt.
Die Messungen mit der Wanderwellenantenne wird in drei Versuchsreihen durchgeführt. Zunächst erfolgt eine Erwärmungsmessung in trockenem Sand ohne erzwungenen Konvektion, diese wird anschließend um eine Messung mit Bodenbelüftung erweitert. Abschließend wird eine Messung in nassem Sand mit Bodenbelüftung durchgeführt. Der Vergleich zwischen Simulation und Messung ist in den nachfolgenden Abschnitten beschrieben.

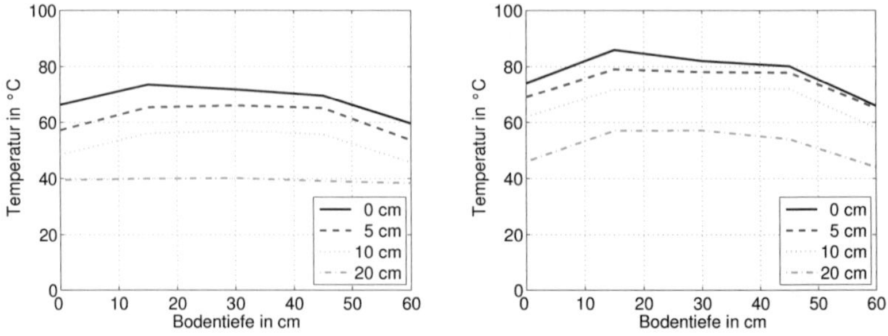

(a) nach 60 min

(b) nach 120 min

Bild 7.5: Temperaturverlauf über der Bodentiefe in verschiedenen Abständen zur Antenne.

7.4.1 Messung bei trockenem Sand ohne Belüftung

Die Messungen entsprechen den durchgeführten Simulationen in Abschnitt 5.3. Zur Verifikation der Simulation werden zeitabhängige Messungen der Bodentemperatur durchgeführt. Die vergleichenden Ergebnisse von Simulation und Messung sind in Bild 7.7 dargestellt.

Die gemessenen Temperaturen sind in den Diagrammen als durchgängige Linie dargestellt, die in der Simulation ermittelten Temperaturen sind als Kreuze in das Diagramm eingetragen. Während sich die gemessenen Werten auf einen Punkt innerhalb des Bodenvolumens beziehen, sind die Werte aus der Simulation über einen würfelförmigen Raumbereich mit 4 cm Kantenlänge gemittelt. Damit werden Ungenauigkeiten in der Positionierung der Temperatursensoren im Boden kompensiert.

Für den oberen Messpunkt T1 (vgl. Bild 7.7(a)) zeigen Simulation und Messung eine sehr gute Übereinstimmung. Mit steigender Versuchsdauer nimmt zwar die Temperaturdifferenz zwischen Simulation und Messung leicht zu, bleibt jedoch bis auf einen Messpunkt unterhalb von etwa 10 °C.

Bild 7.7(b) zeigt den Verlauf von Simulation und Messung an Sensorposition T2. Während die Werte für die mittlere und äußere Sensorposition eine sehr gute Übereinstimmung zeigen, bildet sich für den inneren Sensor eine Differenz, die über der Zeit zunimmt und nach 240 min etwa 40 °C beträgt. Mögliche Ursache für diese Differenz ist ein fehlerhafter Messwert des inneren Temperatursensors. Die angezeigten Temperaturwerte sind an dieser Messposition zu niedrig.

Eine sehr gute Übereinstimmung von Simulation und Messung ist in Bild 7.7(c) für die Messebene T3 zu sehen. Die Temperaturdifferenz zwischen simulierten und gemessenen Werten ist hierbei in allen Fällen kleiner als ca. 5 °C.

(a) Versuchsaufbau mit Wanderwellenantenne

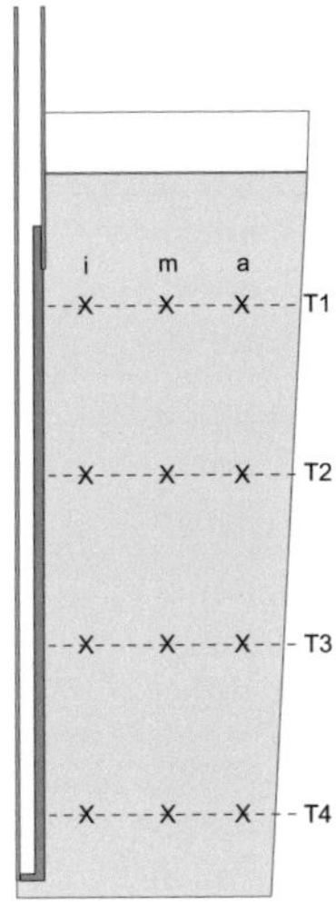

(b) Positionen der Temperatursensoren

Bild 7.6: Versuchsaufbau mit der Wanderwellenantenne und Darstellung der Position der einzelnen Temperatursensoren

Der Vergleich zwischen Simulation und Messung für die untere Reihe der Temperatursensoren T4 ist in Bild 7.7(d) zu sehen. Während Simulation und Messung für die innere und mittlere Sensorposition sehr gut übereinstimmen, werden die erhaltenen Messwerte für die äußere Position durch die Simulation unterschätzt.
Generell kann die Übereinstimmung von Simulation und Messung in allen Messpunkten als gut bezeichnet werden. Somit ist die Korrektheit und Eignung des Simulationsmodells durch die gemessenen Werte verifiziert.

7.4.2 Messung bei trockenem Sand mit Belüftung

Der Vergleich der Simulationen gemäß Abschnitt 5.4 und den gemessenen Temperaturverläufen zeigt Bild 7.8. Die durchgehenden Kurven stellen die gemessenen Temperaturen in den entsprechenden Punkten dar, während die über ein Volumenelement mit 4 cm Kantenlänge gemittelten simulierten Werte als Kreuze dargestellt werden.
Bild 7.8(a) zeigt den Vergleich zwischen gemessenen und simulierten Werten für die obere Ebene (T1) der Temperaturmessung. Es ist zu erkennen, dass die Temperaturwerte durch die Simulation leicht überschätzt werden. Der maximale Fehler beträgt nach 240 min am mittleren Sensor etwa 20 °C. Der zeitliche Temperaturverlauf für die übrigen Werte zeigt

Tabelle 7.1: Positionen der Temperatursensoren innerhalb des Versuchsaufbaus

Sensorbezeichnung	Höhe über Boden	Abstand von Antenne
T1, innen	10 cm	5 cm
T1, mitte	10 cm	15 cm
T1, außen	10 cm	25 cm
T2, innen	30 cm	5 cm
T2, mitte	30 cm	15 cm
T2, außen	30 cm	25 cm
T3, innen	50 cm	5 cm
T3, mitte	50 cm	15 cm
T3, außen	50 cm	25 cm
T4, innen	70 cm	5 cm
T4, mitte	70 cm	15 cm
T4, außen	70 cm	25 cm

eine sehr gute Übereinstimmung. Eine Erklärung hierfür könnte sein, dass die Temperaturverlust über die Konvektion bzw. über die Abstrahlung an der Oberfläche stärker ist, als in der Simulation angenommen.

Die Übereinstimmung zwischen Simulation und Messung in der Ebene T2, wie sie in Bild 7.8(b) gezeigt ist, erweist sich verglichen mit den anderen Messpunkten als schlechter. Während die Temperatur im äußeren und mittleren Bereich durch die Messung sehr gut verifiziert werden kann, zeigen sich im direkten Bereich der Antennen teils deutlich höhere Werte in der Simulation. Wie bereits im vorigen Versuch lässt sich diese Differenz durch einen fehlerhaften Messwert an der inneren Position von T2 erklären. Dieser könnte durch einen schlechten Kontakt zwischen Messgut und Temperatursensor entstehen. Auch hier erscheinen die aufgenommenen Messwerte deutlich zu klein.

Der Vergleich an den beiden unteren Messebenen T3 und T4 in Bild 7.8(c) und Bild 7.8(d) zeigt wiederum eine sehr gute Übereinstimmung der Daten. Die Abweichungen zwischen Simulation und Messung betragen in allen Fällen deutlich weniger als 20 °C.

Somit kann auch für den Fall des trockenen Bodens mit Belüftung von einer sehr guten Übereinstimmung zwischen Simulation und Messung ausgegangen werden. Das erstellte Modell gibt die Realität in gutem Maße wieder und eignet sich somit als Grundlage für weitere Modelle.

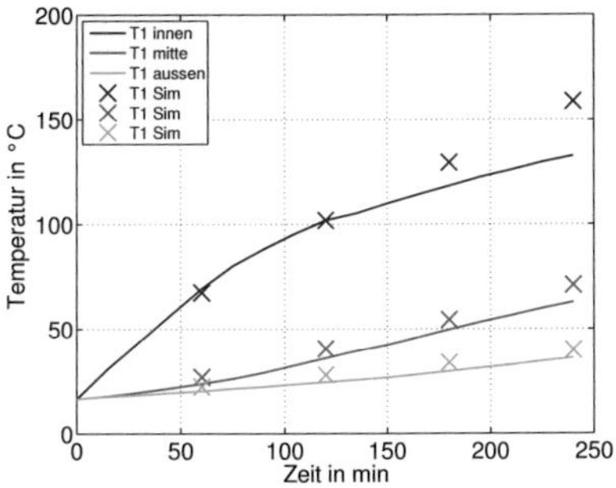

(a) Messpunkt T1

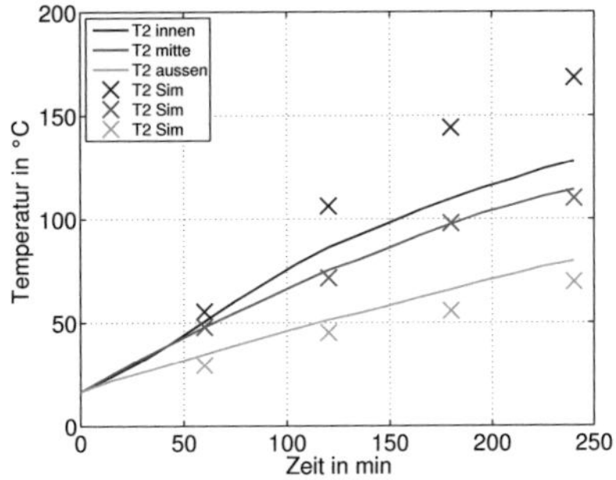

(b) Messpunkt T2

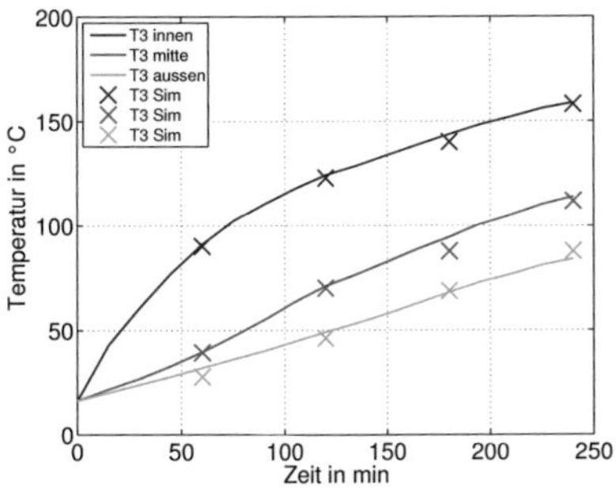

(c) Messpunkt T3

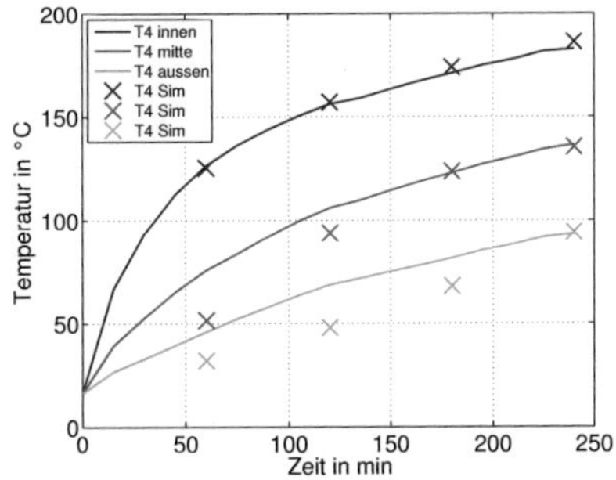

(d) Messpunkt T4

Bild 7.7: Vergleich zwischen den gemessenen Temperaturkurven und den simulierten Werten an den entsprechenden Sensorpositionen

7.4.3 Messung bei nassem Sand mit Belüftung

Der Vergleich zwischen Simulation und Messung für den nassen, belüfteten Sandboden ist in Bild 7.9 gegeben. Das Simulationsmodell ist in Abschnitt 5.5 ausführlich beschrieben.

Die durchgehenden Kurven stellen die gemessenen Temperaturen in den entsprechenden Punkten dar, die Kreuze entsprechen den simulierten Werten zu den entsprechenden Zeitpunkten.

Auch hier ist generell eine gute Übereinstimmung zwischen Simulation und Messung zu erkennen. Der gemessene Temperaturverlauf an Sensorposition T1 (innen) zeigt, dass auch die Verdampfung der Flüssigkeit sehr realitätsnah wiedergegeben wird. Dies ist in Bild 7.9(a) in der blauen Kurve zu erkennen. Lediglich in den letzten 120 Minuten wird

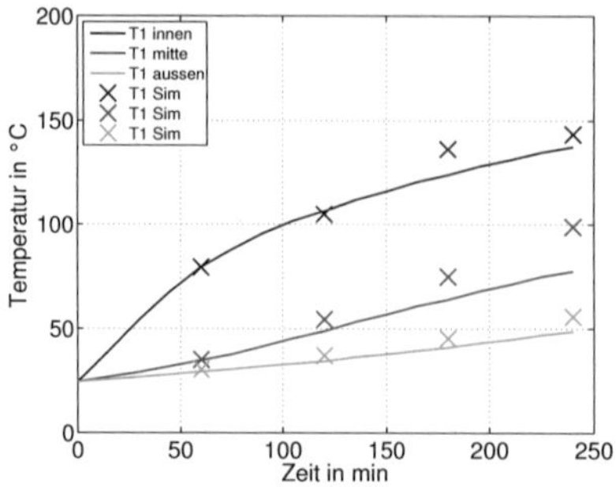

(a) Messpunkt T1

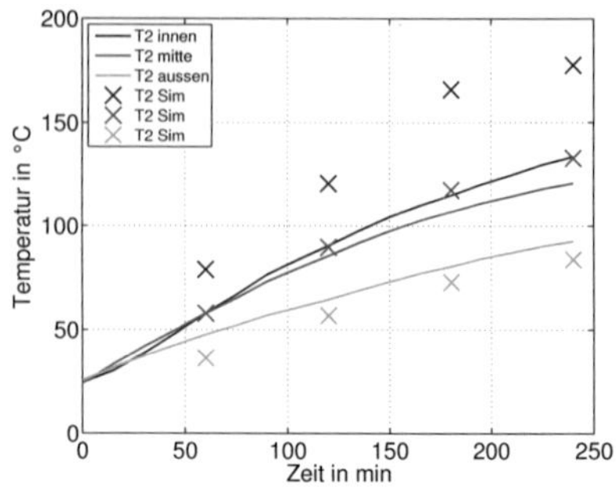

(b) Messpunkt T2

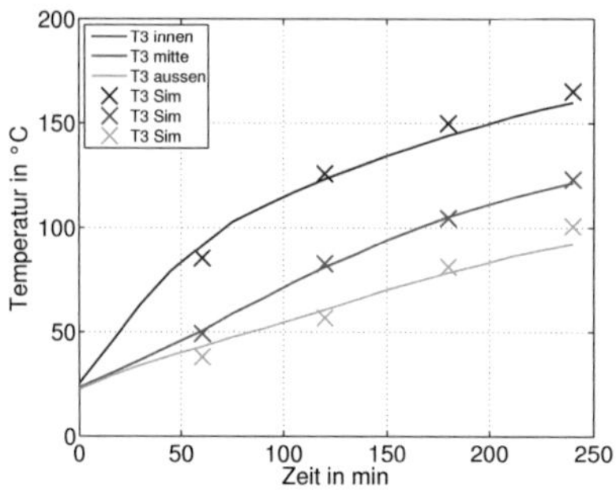

(c) Messpunkt T3

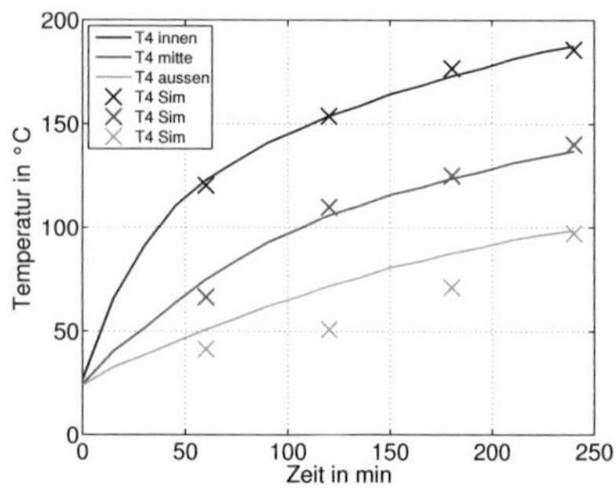

(d) Messpunkt T4

Bild 7.8: Vergleich zwischen den gemessenen Temperaturkurven und den simulierten Werten an den entsprechenden Sensorpositionen

der Temperaturverlauf am inneren Sensor in der Simulation unterschätzt. Die beiden anderen Sensorpositionen zeigen eine sehr gute Übereinstimmung.

In Bild 7.9(b) ist der Temperaturverlauf an Sensorposition T2 zu sehen. Auch hier ist eine sehr gute Übereinstimmung zwischen Simulation und Messung zu erkennen. Auch die Modellierung der Evaporation entspricht den gemessenen Werten.

An den Sensorpositionen T3 und T4, wie sie in Bild 7.9(c) bzw. Bild 7.9(d) zu sehen sind, kann die Übereinstimmung als gut bezeichnet werden. Lediglich an der jeweils inneren Sensorposition im Abstand von etwa 5 cm von der Antennen wird der Temperaturverlauf in der Simulation überschätzt. Die berechneten Werte liegen hierbei bis zu 30 °C über den gemessenen Werten. Die Ursache hierfür könnte in lokal inhomogenen Wasseranteile oder lokalen turbulenten Strömungen liegen, da das Medium in der Simulation als lokal homogen angenommen wird. Durch die hohe Wärmekapazität des Wassers und die

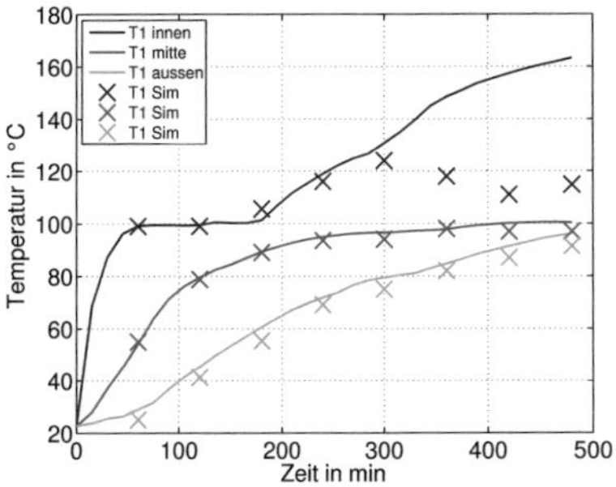

(a) Messpunkt T1

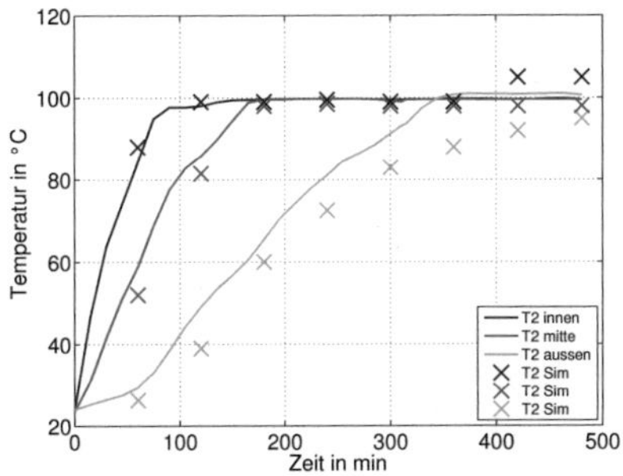

(b) Messpunkt T2

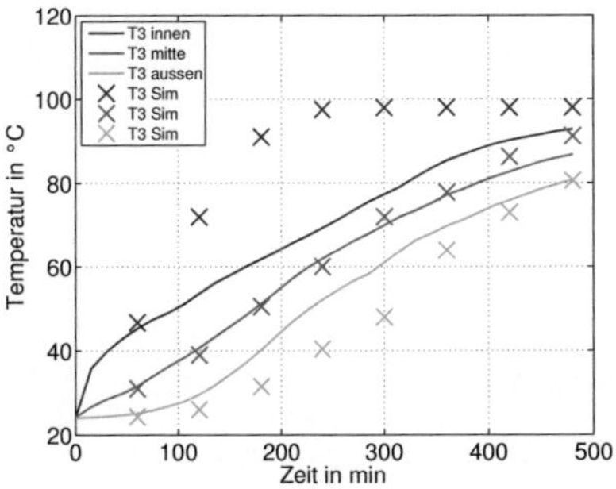

(c) Messpunkt T3

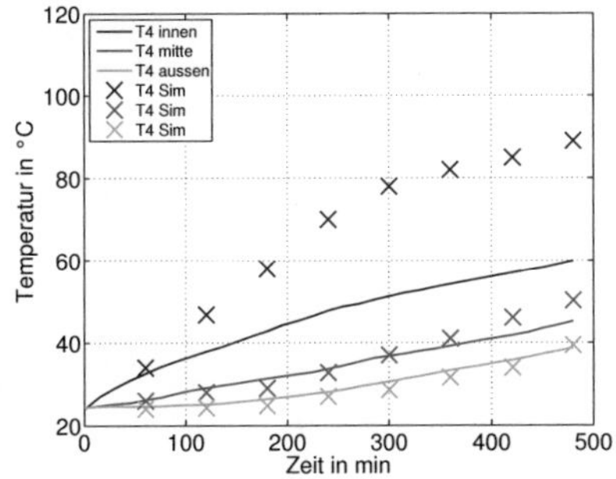

(d) Messpunkt T4

Bild 7.9: Vergleich zwischen den gemessenen Temperaturkurven und den simulierten Werten an den entsprechenden Sensorpositionen

hohe Permittivät haben lokal inhomogene Wasseransammlungen großen Einfluss auf die Wärmeentwicklung.
Generell kann auch bei dieser Simulation die Übereinstimmung mit den Messergebnissen als gut bezeichnet werden. Dies zeigt sich besonders in der korrekten Berechnung der Evaporation des Wassers. Die Eignung des Modells zur Vorhersage des Verdampfungsprozesses kann damit verifiziert werden.

7.5 Messungen mit der Wanderwellenantenne bei 915 MHz

Ergänzend zu den bisher vorgestellten Messungen der Wanderwellenantennen wird dieser Antennentyp für weitere Messungen bei einer Frequenz von 915 MHz verwendet. Zu diesem Zweck wird eine Holzbox mit den Abmessungen 2 m × 2 m × 1,5 m mit einer Kupferfolie zur Schirmung ausgekleidet, wie in Bild 7.10(a) zu sehen ist. Der größere Ver-

(a) Geschirmte Box für Versuche

(b) Versuchsaufbau im Zelt

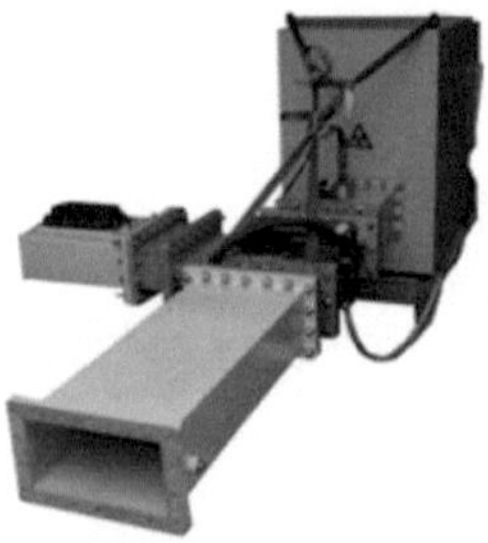

(c) 915 MHz Magnetron mit Zirkulator und Wasserlast

(d) Versuchszubehör für 915 MHz bestehend aus Magnetron, Steuerung und Kühlsystem

Bild 7.10: Versuchsaufbau und Zubehör zur Messung bei 915 MHz

suchsaufbau ist einerseits durch die höhere Ausgangsleistung des Magnetrons von etwa 14 kW bedingt, da hierfür mehrere Antennen notwendig sind. Andererseits ist die Eindringtiefe der Mikrowellen aufgrund der geringeren Frequenz größer, so dass ein größeres Volumen erwärmt wird. Die Kiste wird nach der Abschirmung mit ungefähr 8 t Sand gefüllt, dessen Wassergehalt etwa 10 % beträgt.
Zunächst wird die Wärmeentwicklung beim Betrieb mit einer einzelnen Antenne nach Abschnitt 4.9.6 gemessen, die mit einer Leistung von 10 kW betrieben wird. Die Sandtemperatur zu Beginn der Messung beträgt 19 °C, die Messdauer beträgt 2,5 Stunden. Die Ergebnisse der Simulation und der Messung sind in Bild 7.11 zu sehen.

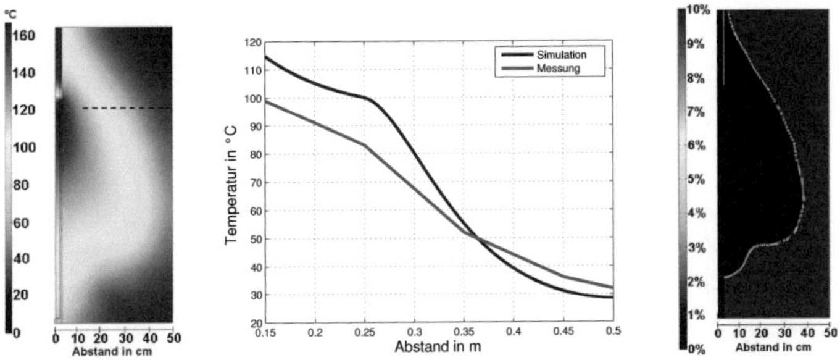

(a) Simulation

(b) Simulation und Messung

(c) Simulation des Wassergehalts

Bild 7.11: Bodenerwärmung bei 915 MHz mit 10 kW Eingangsleistung und bei Verwendung einer einzelnen Antenne

Bild 7.11(a) zeigt die simulierte Temperaturverteilung um die Antenne, während Bild 7.11(b) den Vergleich zwischen den gemessenen und simulierten Temperaturen zeigt. Die Messung wurde entlang der gestrichelten Linie in Bild 7.11(a) vorgenommen. Bild 7.11(c) zeigt den simulierten Wassergehalt des Sandes an. Die gemessenen und simulierten Temperaturen stimmen gut miteinander überein und es ist zu erkennen, dass bereits nach 2,5 Stunden Versuchsdauer ein relativ großes Bodenvolumen getrocknet werden kann.
In einem weiteren Schritt wird der Versuchsaufbau auf vier Antennen erweitert, wie in Bild 7.12(a) - 7.12(c) zu sehen ist.
Zur Ankopplung der Antennen an das Magnetron wird hierzu ein geeignetes Speisenetzwerk entworfen, bestehend aus einer Dreifach- und einer Zweifachverteilung, wie sie bereits in Abschnitt 4.4 vorgestellt wurden. Den gemessenen Eingangsreflexionsfaktor S_{11} des Versuchsaufbaus zeigt Bild 7.12(d). Dieser liegt bei 915 MHz bei ungefähr −18 dB und stellt damit eine ausreichende Anpassung des Antennensystems an die Mikrowellenquelle dar.
Die Messung der Temperatur erfolgt nach einer Heizdauer von 150 min und einer Leistung von 10 kW direkt an der Antenne sowie in einem Abstand von 25 cm und 50 cm. Die Messpunkte liegen hierbei entlang der Antennen in verschiedenen Tiefen im Abstand von 20 cm. Die Ergebnisse der Temperaturmessung sind in Bild 7.13 dargestellt.

7.6 Bewertung der Messergebnisse

Die Labormessungen wurden mit verschiedenen Antennenkonfigurationen durchgeführt. Es konnte gezeigt werden, dass sich die Hornantennne sehr gut zur Erwärmung der oberen Erdschichten im Bereich bis etwa 50 cm Tiefe eignet. Die Hornantenne ist

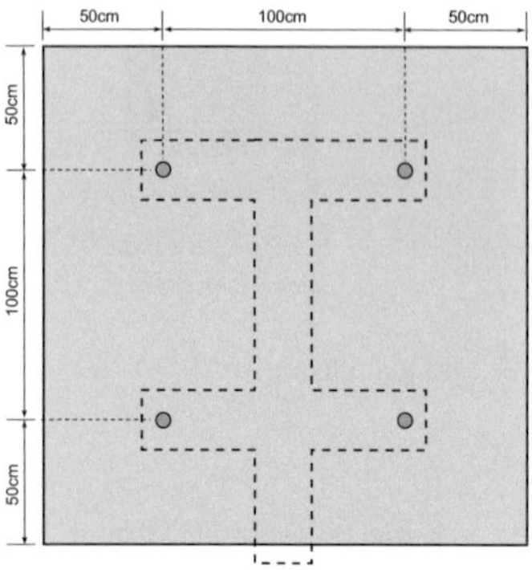

(a) Skizze der Anordnung

(b) Seitenansicht auf 2 Antennen

(c) Leistungsteiler und Antennen

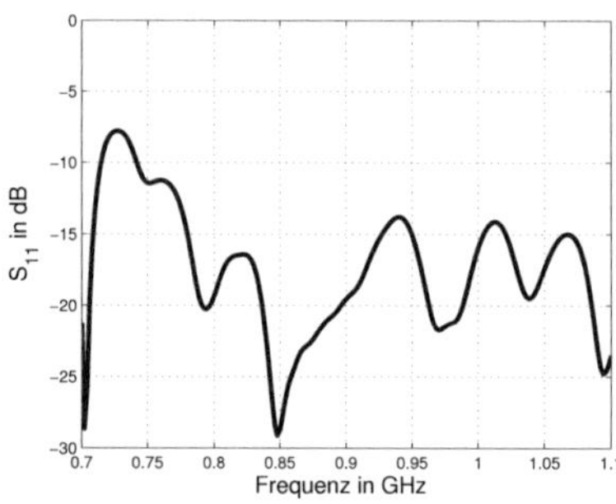

(d) Gemessener Eingangsreflexionsfaktor S_{11}

Bild 7.12: Versuchsaufbau für 915 MHz mit vier Antennen und Leistungsteilern sowie gemessener Eingangsreflexionsfaktor S_{11} des Versuchsaufbaus mit vier Antennen

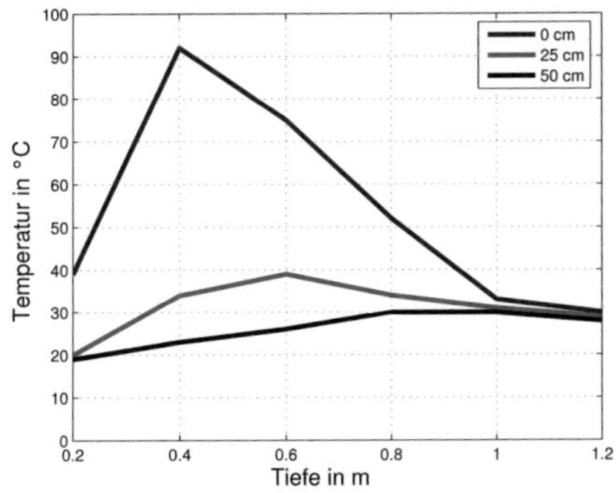

Bild 7.13: Temperaturmessung mit vier Antennen nach einer Heizdauer von 2,5 Stunden

über einen weiten Bereich der Bodenfeuchte sehr gut angepasst, der gemessene Reflexionsfaktor liegt bei 2,45 GHz unterhalb von −15 dB, wie bereits in Abschnitt 4.6.4 gezeigt wurde.

Die koaxiale Schlitzantenne zeichnet sich durch eine sehr gleichmäßige Einkopplung der Mikrowellenenergie in das umgebenden Erdreich aus. Dies konnte durch die gleichmäßige Temperaturentwicklung über der Antennenlänge nachgewiesen werden. Sie eignet sich somit besonders zur Erwärmung tieferer Erdschichten.

Eine Weiterentwicklung der koaxialen Schlitzantenne stellt die Wanderwellenantenne dar, deren Ergebnisse in zahlreichen Messungen verifiziert werden konnten. Sie zeichnet sich durch eine gute Anpassung bei verschiedenen Bodenparametern aus und stellt somit eine sehr effiziente Antenne dar. Die Auskopplung der Mikrowellenen über der Antennenlänge kann ebenfalls als gleichmäßig bezeichnet werden. Dies konnte durch die Temperaturmessungen in verschieden Abständen von der Antennen an unterschiedlichen Längenpositionen gezeigt werden. Bei trockenen Böden mit und ohne Belüftung beträgt die Temperaturdifferenz über der Antennenlänge bei verschiedenen Abständen weniger als etwa 40 °C. Die Messpunkte nahe an der Bodenoberfläche zeigen hierbei bedingt durch den Wärmeverlust durch Abstrahlung an der Oberfläche die stärksten Abweichungen. Bei nassem Erdboden zeigen sich die Temperaturen entlang der Antenne etwas ungleichmäßiger, was zum einen an der nichtlinearen Wärmeentwicklung durch die auftretende Evaporation liegt, zum anderen an der nicht-einheitlichen Wassersättigung über der Antennenlänge. Mit abnehmenden Wassergehalt stellt sich eine gleichmäßigere Wärmeentwicklung über der Antennenlänge ein.

Die Menge des verdampftes Wassers wurde durch Wiegen ermittelt und deckt sich mit den Berechnungen.

Die Simulationsergebnisse der Temperatur an verschiedenen Bodenpositionen konnten sowohl für trockenen als auch für nassen Boden durch die Messungen verifiziert werden. Die Simulationen liefern somit eine verlässliche Temperaturvorhersage. Die Messungen bestätigen die Korrektheit der entwickelten Modelle.
Die Messungen bei dem 915 MHz-System zeigen ebenfalls eine sehr gute Übereinstimmung mit den simulierten Daten. Dies unterstreicht nochmals die Flexibilität der entwickelten Wanderwellenantenne. Sie eignet sich damit nicht nur über einen weiten Bereich an sich ändernden Bodenparametern, sondern ist darüber hinaus in einem weiteren ISM-Frequenzband einsetzbar.

8 Zusammenfassung

Der Schutz und die Qualität des Erdbodens stellen in der Gesellschaft ein sehr hohes Gut dar. Die Güte des Bodens hat direkte Auswirkungen auf die Gesundheit des Menschen und auf die Qualität von Nahrungsmitteln und Grundwasser. Da der Boden praktisch nicht erneuerbar ist, sind dessen Schutz und Erhaltung für eine hohe Lebensqualität und die Wiederherstellung einer intakten Umwelt unabdingbar.
Umso wichtiger ist es, kontaminierten Boden möglichst effizient und umweltschonend zu sanieren. Am weitaus häufigsten treten Verunreinigungen des Bodens mit flüchtigen und halbflüchtigen organischen Verbindungen wie Treibstoffen oder Mineralölen auf. Hier besteht zusätzlich die Gefahr, dass flüchtige Bestandteile eingeatmet werden können. Allein in Deutschland wird die Anzahl der kontaminierten Flächen auf über 10 000 und die Anzahl der Altlastenverdachtsfälle auf über 230 500 geschätzt mit einer Fläche von nahezu 9 500 km^2. Innerhalb der EU schätzt man die Anzahl der akut sanierungsbedürftigen Flächen auf über 500 000, die der potentiell verunreinigten Flächen auf mehr als 3,5 Millionen. Aufgrund der enormen Anzahl der kontaminierten Flächen ist in den nächsten Jahren ein immenser materieller Aufwand zur Sanierung notwendig. So rechnet man beispielsweise in den USA mit Kosten von über 200 Milliarden US-Dollar in den nächsten 30 Jahren, in der Schweiz mit etwa 5 Milliarden Franken für die Sanierung von rund 4 000 Altlasten.

Bisher werden etwa 70 % der kontaminierten Böden aus Altlasten unbehandelt auf Deponien abgelagert. Aufgrund der Anzahl der zu sanierenden Flächen stellt dies jedoch keine dauerhafte Lösung dar, vielmehr soll dazu übergegangen werden, die Flächen möglichst ohne Aushub des Bodens zu sanieren. Das Ausheben des Bodens geht in den meisten Fällen mit einer Beeinträchtigung durch Lärm und potentiell gefährliche Ausgasungen einher. Daher wird verstärkt auf Gebieten der sogenannten in-Situ-Sanierung geforscht, d.h. einer Sanierung vor Ort, ohne Abtragen des Bodens.
Auf diesem Sanierungsprinzip setzt diese Arbeit auf. Als Dekontaminierungsverfahren wird hierbei ein mikrowellenunterstütztes Verfahren eingesetzt, das durch die aktive Bodenbelüftung erweitert wird. Es handelt sich somit um eine Kombination aus thermischem und mechanischem Sanierungsverfahren und beruht auf der gezielten Erwärmung und Verdampfung der Schadstoffe mit Mikrowellen. Herkömmliche thermische Methoden sind vor allem von der Wärmeleitfähigkeit des Bodens abhängig. Durch den Einsatz von Mikrowellen kann diese Abhängigkeit deutlich reduziert werden, da diese in den Boden eindringen und somit eine volumetrische Erwärmung des Bodens erfolgt. Die di-

elektrischen Verluste des Bodens sind zu Beginn der Dekontaminierungsphase hoch und nehmen mit zunehmender Verdampfung der Schadstoffe ab. Dies hat eine Erhöhung der Eindringtiefe der Mikrowellen in das Erdreich zur Folge. Bereits dekontaminierte Bodenanteile weisen deutlich geringere Verluste auf und werden somit deutlich weniger erwärmt. Sie werden von den Mikrowellen mit nur geringer Dämpfung durchdrungen, womit diese an die weiter entfernten kontaminierten Bereiche gelangen. Damit bewegt sich die Wärmequelle durch das zu dekontaminierende Erdreich. Dies stellt zusammen mit der hohen Heizrate von Mikrowellen einen entscheidenden Vorteil gegenüber herkömmlichen thermischen Verfahren dar.

Im Rahmen dieser Arbeit wurde ein Systemkonzept für ein mögliches mikrowellenunterstütztes Bodendekontaminierungssystem erstellt und im Laborversuch aufgebaut. Dazu wurde zunächst ein Messaufbau entwickelt, mit dem es möglich ist, die dielektrischen Eigenschaften von festen, flüssigen und granularen Medien über einen weiten Temperaturbereich möglichst genau zu bestimmen. Mit diesem Aufbau wurden Messungen über eine Reihe von Bodenproben mit variierendem Wassergehalt und verschiedenen Schadstoffen durchgeführt. Es zeigt sich, dass sich die dielektrischen Eigenschaften der Böden mit dem Wassergehalt und der Temperatur stark ändern.

Es ist somit erforderlich, eine gezielte Entwicklung von Antennen durchzuführen, die für möglichst viele Bodentypen geeignet sind und ein breites Spektrum an Kontaminierungen abdecken. Besonders der stark variierende Wassergehalt stellt aufgrund des hohen Einflusses von Wasser auf die dielektrischen Eigenschaften des Bodens eine Herausforderung an die Antennenentwicklung dar. So muss die Antenne sowohl bei extrem durchnässten Böden als auch in trockenem Sand eine gute Anpassung aufweisen, um die Mikrowellenenergie möglichst effizient in den Boden einzukoppeln. Dafür wurden im Rahmen dieser Arbeit modular aufgebaute koaxiale Schlitzantennen eingeführt, die über eine gute Anpassung bei unterschiedlichen Bodenimpedanzen verfügen. Darüber hinaus wurden koaxiale Wanderwellenantennen entwickelt, die den Einsatzbereich hin zu geringeren Frequenzen nochmals erweitern. So ist mit den entwickelten Schlitzantennen eine Dekontaminierung bei 2,45 GHz bis zu Temperaturen von etwa 600 °C möglich, während die Wanderwellenantennen maximale Temperaturen von etwa 250 °C erlauben, dafür aber auch bei 915 MHz eingesetzt werden können. Für oberflächennahe Kontaminierungen wurde zusätzlich eine geeignete Hornantenne entwickelt.

Die Eigenschaften der Antennen und deren Eignung zur Bodendekontaminierung wurden durch Laborversuche verifiziert. Durch die gute Anpassung der Antennen auf die sich ändernden Bodeneigenschaften ist ein Betrieb auch ohne Anpassnetzwerk, welches den Einfluss der sich ändernden Bodeneigenschaften kompensiert, möglich. Des Weiteren kann somit auch auf einen Zirkulator verzichtet werden, der das Magnetron vor reflektierter Leistung schützt. Dies reduziert die Kosten für ein solches System erheblich. Es besteht damit die Möglichkeit, auf luftgekühlte Standard-Magnetrons zurückzugreifen, was die Wirtschaftlichkeit eines solchen Systems nochmals erhöht.

Zur Bewertung der Leistungsfähigkeit und der Konzeptionierung des Systems ist eine Modellierung der elektrischen und thermischen Vorgänge im Boden unabdingbar. Erst die vollständige Betrachtung der gegenseitigen Wechselwirkungen und die Berücksichtigung aller relevanten Wärme- und Stofftransportprozesse erlaubt eine gezielte Optimierung des Systems unter unterschiedlichen Randbedingungen. Dies ermöglicht beispielsweise eine auf die Kontaminierung angepasste Wärmeverteilung im Erdreich, um ein Gebiet möglichst schonend oder z.B. unterstützend zu einer biologischen Maßnahme zu sanieren.

Daher wurde im Rahmen dieser Arbeit ein FEM-Modell entwickelt, das die gegenseitigen Verkopplungen der Felder berücksichtigt. Es werden hierbei sowohl die sich zeitlich ändernden dielektrischen Materialparameter durch Temperatur und Flüssigkeitsgehalt berücksichtigt als auch die Veränderungen der thermischen Parameter wie Wärmekapazität und Wärmeleitfähigkeit. Eine Besonderheit dieses neuartigen Modells stellt die Modellierung der Phasenumwandlung und somit der Verdampfung der enthaltenen Flüssigkeit sowie die Berücksichtigung der erzwungenen Konvektionsströmung dar. Ein Vergleich mit Messungen bestätigt, dass das Modell eine realitätsnahe Simulation der elektromagnetisch-thermischen Wechselwirkung liefert und in der Lage ist, den Erwärmungs- und Dekontaminierungsprozess sehr gut abzubilden. Damit wurde in dieser Arbeit ein umfassendes Modell zur Simulation der Verkopplung elektromagnetischer und thermischer Felder unter Berücksichtigung von Phasenumwandlungsprozessen vorgestellt und erfolgreich verifiziert. Bezogen auf die Dekontaminierung verseuchter Böden mit Hilfe von Mikrowellen erlaubt dieses Modell bereits im Vorfeld eine Bewertung des Sanierungsaufwandes und des Sanierungserfolges.

Angesichts der enormen ökologischen und wirtschaftlichen Bedeutung der Bodensanierung leistet diese Arbeit einen wertvollen Beitrag zur Entwicklung zukünftiger, effizienter, preisgünstiger, flexibler und umweltschonender Dekontaminierungsverfahren.

A Anhang

A.1 Herleitung der Wellenausbreitung im Hohlleiter

A.1.1 Maxwellgleichungen in Differentialform

Die vollständigen Maxwellgleichungen lauten in Differentialform

$$\operatorname{rot}\vec{H} = \frac{\partial \vec{D}}{\partial t} + \vec{J} \tag{A.1}$$

$$\operatorname{rot}\vec{E} = -\frac{\partial \vec{B}}{\partial t} \tag{A.2}$$

$$\operatorname{div}\vec{B} = 0 \tag{A.3}$$

$$\operatorname{div}\vec{D} = \rho \quad . \tag{A.4}$$

Für die weiteren Berechnungen werden die Einschränkungen gemacht, dass der betrachtete Feldraum stromfrei und frei von Ladungen sei, d.h.

$$\vec{J} = 0 \tag{A.5}$$

$$\rho = 0 \tag{A.6}$$

und der Feldraum sowohl homogen und isotrop sei, d.h. es gilt weiter

$$\vec{D} = \varepsilon\vec{E} = \varepsilon_0\varepsilon_r\vec{E} \tag{A.7}$$

$$\vec{B} = \mu\vec{H} = \mu_0\mu_r\vec{H} \quad . \tag{A.8}$$

Die Felder $\vec{H}$ und $\vec{E}$ seien harmonisch und die Ausbreitungsrichtung wird willkürlich in die (-z)-Richtung festgelegt. Somit ergibt sich als Ansatz für das magnetische Feld $\vec{H}$ und das elektrische Feld $\vec{E}$

$$\vec{H} = \vec{H}_0 e^{\gamma z + j\omega t} \tag{A.9}$$

und

$$\vec{E} = \vec{E}_0 e^{\gamma z + j\omega t} \tag{A.10}$$

mit $\gamma = \alpha + j\beta$.

Mit den Einschränkungen nach (A.5) bis (A.8) vereinfacht sich die Form der Maxwellgleichungen (A.1) bis (A.4). Diese lauten dann bei harmonischer Anregung nach (A.9) und (A.10)

$$\operatorname{rot}\vec{H} = \varepsilon\frac{\partial\vec{E}}{\partial t} = j\omega\varepsilon\vec{E} \tag{A.11}$$

$$\operatorname{rot}\vec{E} = -\mu\frac{\partial\vec{H}}{\partial t} = -j\omega\mu\vec{H} \tag{A.12}$$

$$\operatorname{div}\vec{B} = 0 \tag{A.13}$$

$$\operatorname{div}\vec{D} = 0 \quad . \tag{A.14}$$

In einem kartesischen Koordinatensystem erhält man bei Bildung der Rotation nach Gleichung (A.11) und (A.12) somit die Komponenten

$$\operatorname{rot}\vec{H} = \begin{pmatrix} \frac{\partial H_z}{\partial y} - \frac{\partial H_y}{\partial z} \\ \frac{\partial H_x}{\partial z} - \frac{\partial H_z}{\partial x} \\ \frac{\partial H_y}{\partial x} - \frac{\partial H_x}{\partial y} \end{pmatrix} = \varepsilon\begin{pmatrix} \frac{\partial E_x}{\partial t} \\ \frac{\partial E_y}{\partial t} \\ \frac{\partial E_z}{\partial t} \end{pmatrix} = j\omega\varepsilon\begin{pmatrix} E_x \\ E_y \\ E_z \end{pmatrix} \tag{A.15}$$

und

$$\operatorname{rot}\vec{E} = \begin{pmatrix} \frac{\partial E_z}{\partial y} - \frac{\partial E_y}{\partial z} \\ \frac{\partial E_x}{\partial z} - \frac{\partial E_z}{\partial x} \\ \frac{\partial E_y}{\partial x} - \frac{\partial E_x}{\partial y} \end{pmatrix} = -\mu\begin{pmatrix} \frac{\partial H_x}{\partial t} \\ \frac{\partial H_y}{\partial t} \\ \frac{\partial H_z}{\partial t} \end{pmatrix} = -j\omega\mu\begin{pmatrix} H_x \\ H_y \\ H_z \end{pmatrix} \quad . \tag{A.16}$$

Bildet man die örtlichen Ableitungen, so erhält man aus den Gleichungen (A.15) und (A.16) die folgenden Zusammenhänge der einzelnen Feldkomponenten

$$\frac{\partial H_z}{\partial y} = j\omega\varepsilon E_x + \gamma H_y \tag{A.17}$$

$$\frac{\partial H_z}{\partial x} = -j\omega\varepsilon E_y + \gamma H_x \tag{A.18}$$

$$\frac{\partial E_z}{\partial y} = -j\omega\mu H_x + \gamma E_y \tag{A.19}$$

$$\frac{\partial E_z}{\partial x} = j\omega\mu H_y + \gamma E_x \quad . \tag{A.20}$$

Durch Auflösen dieser beiden Gleichungssysteme erhält man

$$\left(\gamma^2 + \omega^2\varepsilon\mu\right) E_x = -j\omega\mu\frac{\partial H_z}{\partial y} + \gamma\frac{\partial E_z}{\partial x} \tag{A.21}$$

$$\left(\gamma^2 + \omega^2\varepsilon\mu\right) E_y = j\omega\mu\frac{\partial H_z}{\partial x} + \gamma\frac{\partial E_z}{\partial y} \tag{A.22}$$

$$\left(\gamma^2 + \omega^2\varepsilon\mu\right) H_x = j\omega\varepsilon\frac{\partial E_z}{\partial y} + \gamma\frac{\partial H_z}{\partial x} \tag{A.23}$$

$$\left(\gamma^2 + \omega^2\varepsilon\mu\right) H_y = -j\omega\varepsilon\frac{\partial E_z}{\partial x} + \gamma\frac{\partial H_z}{\partial y} \quad . \tag{A.24}$$

Aus den Längskomponenten des magnetischen Feldes H_z und des elektrischen Feldes E_z können somit alle weiteren Feldkomponenten berechnet werden.

A.1.2 Die Wellengleichung

Die Herleitung der Wellengleichung erfolgt durch die Anwendung der Rotation auf Gleichung (A.2) und liefert

$$\operatorname{rot}\operatorname{rot}\vec{E} = \operatorname{rot}\left(-\frac{\partial\vec{B}}{\partial t}\right) = -\mu\operatorname{rot}\frac{\partial\vec{H}}{\partial t} \quad , \tag{A.25}$$

da der Feldraum als homogen und isotrop vorausgesetzt wurde. Die Anwendung der Vektoridentität auf (A.25) zeigt, dass die Reihenfolge der örtlichen und zeitlichen Differentation vertauscht werden kann. Somit lässt sich Gleichung (A.25) mit Gleichung (A.11) umschreiben zu

$$\begin{aligned}\operatorname{rot}\operatorname{rot}\vec{E} &= -\mu\operatorname{rot}\frac{\partial\vec{H}}{\partial t} = -\mu\frac{\partial}{\partial t}(\operatorname{rot}\vec{H}) \\ &= -\mu\varepsilon\frac{\partial^2\vec{E}}{\partial t^2} \quad .\end{aligned} \tag{A.26}$$

Berücksichtigt man die Operatorenidentität [61]

$$\operatorname{rot}\operatorname{rot}\vec{E} = \operatorname{grad}\operatorname{div}\vec{E} - \Delta\vec{E} \tag{A.27}$$

sowie Gleichung (A.14) ergibt sich damit und mit der Lichtgeschwindigkeit im Medium

$$c = \frac{1}{\sqrt{\mu\varepsilon}} = \frac{c_0}{\sqrt{\mu_r\varepsilon_r}} \tag{A.28}$$

die Wellengleichung für das elektrische Feld

$$\Delta\vec{E} = \mu\varepsilon\frac{\partial^2\vec{E}}{\partial t^2} = \frac{1}{c^2}\frac{\partial^2\vec{E}}{\partial t^2} \tag{A.29}$$

und entsprechend für das magnetische Feld

$$\Delta\vec{H} = \mu\varepsilon\frac{\partial^2\vec{H}}{\partial t^2} = \frac{1}{c^2}\frac{\partial^2\vec{H}}{\partial t^2} \quad . \tag{A.30}$$

Mit der Wellengleichung (A.29) und dem Ansatz für das elektrische Feld nach Gleichung (A.10) ergibt sich für die z-Komponente des elektrischen Feldes

$$\frac{\partial^2 E_z}{\partial x^2} + \frac{\partial^2 E_z}{\partial y^2} + \frac{\partial^2 E_z}{\partial z^2} = -\frac{\omega^2}{c^2}E_z \tag{A.31}$$

und damit

$$\frac{\partial^2 E_z}{\partial x^2} + \frac{\partial^2 E_z}{\partial y^2} + \left(\gamma^2 + \frac{\omega^2}{c^2}\right)E_z = 0 \quad . \tag{A.32}$$

Die Herleitung für das magnetische Feld erfolgt analog und liefert für die z-Komponente des magnetischen Feldes

$$\frac{\partial^2 H_z}{\partial x^2} + \frac{\partial^2 H_z}{\partial y^2} + \left(\gamma^2 + \frac{\omega^2}{c^2}\right)H_z = 0 \quad . \tag{A.33}$$

A.1.3 TEM-Wellen im freien Raum und im Koaxialleiter

Bei einer Ausbreitung von Wellen im Freiraum existieren weder elektrische noch magnetische Feldkomponenten in Ausbreitungsrichtung, damit gilt

$$E_z \equiv 0 \qquad \text{und} \qquad E_z \equiv 0 \tag{A.34}$$

und weiter

$$\frac{\partial^2\vec{E}}{\partial x^2} + \frac{\partial^2\vec{E}}{\partial y^2} = 0 \tag{A.35}$$

$$\frac{\partial^2\vec{H}}{\partial x^2} + \frac{\partial^2\vec{H}}{\partial y^2} = 0 \quad . \tag{A.36}$$

Damit vereinfachen sich die Gleichungen (A.17) bis (A.20) im Freiraum mit $\gamma = j\beta_0$ zu

$$-\omega\varepsilon E_x = \beta_0 H_y \tag{A.37}$$

$$\omega\varepsilon E_y = \beta_0 H_x \tag{A.38}$$

$$\omega\mu H_x = \beta_0 E_y \tag{A.39}$$

$$-\omega\mu H_y = \beta_0 E_x \quad . \tag{A.40}$$

Für die Phasenkonstante β ergibt sich im Freiraum mit $\varepsilon_r = 1$ und $\mu_r = 1$

$$\beta = \beta_0 = \omega\sqrt{\varepsilon_0\mu_0} \tag{A.41}$$

und für den Freiraumwellenwiderstand Z_{F0} gilt

$$Z_{F0} = \frac{E_y}{H_x} = -\frac{E_x}{H_y} = \sqrt{\frac{\mu_0}{\varepsilon_0}} = 120\pi\,\Omega \quad . \tag{A.42}$$

Die Phasengeschwindigkeit berechnet sich zu

$$v_{Ph} = \frac{\omega}{\beta_0} = \frac{1}{\sqrt{\mu_0\varepsilon_0}} = c_0 \tag{A.43}$$

und enstpricht damit im Freiraum der Lichtgeschwindigkeit. Die Phasengeschwindigkeit ist bei einer TEM-Welle im Gegensatz zu anderen Wellenarten gleich der Energiegeschwindigkeit.

TEM-Wellen sind nicht nur im Freiraum ausbreitungsfähig, sondern auch in koaxialen Leitungsstrukturen [138]. Dabei ist es hilfreich, ein Zylinderkoordinatensystem zu verwenden. Die Maxwell-Gleichungen (A.11) und (A.12) lauten dann in Zylinderkoordinaten

$$\frac{1}{r}\frac{\partial H_z}{\partial \psi} - \frac{\partial H_\psi}{\partial z} = j\omega\varepsilon E_r \tag{A.44}$$

$$\frac{\partial H_r}{\partial z} - \frac{\partial H_z}{\partial r} = j\omega\varepsilon E_\psi \tag{A.45}$$

$$\frac{1}{r}H_\psi + \frac{\partial H_\psi}{\partial r} - \frac{1}{r}\frac{\partial H_r}{\partial \psi} = j\omega\varepsilon E_z \tag{A.46}$$

und

$$\frac{1}{r}\frac{\partial E_z}{\partial \psi} - \frac{\partial E_\psi}{\partial z} = -j\omega\mu H_r \tag{A.47}$$

$$\frac{\partial E_r}{\partial z} - \frac{\partial E_z}{\partial r} = -j\omega\mu H_\psi \tag{A.48}$$

$$\frac{1}{r}E_\psi + \frac{\partial E_\psi}{\partial r} - \frac{1}{r}\frac{\partial E_r}{\partial \psi} = -j\omega\mu H_z \quad . \tag{A.49}$$

Nimmt man wie zuvor eine Ausbreitung in negative z-Richtung an, ergibt sich für die Ableitung

$$\frac{\partial}{\partial z} = j\beta \tag{A.50}$$

und die obigen Gleichungen vereinfachen sich mit $E_z \equiv 0$ und $H_z \equiv 0$ zu

$$\begin{aligned} \beta H_\psi &= -\omega\varepsilon E_r && \text{(A.51)} \\ \beta H_r &= \omega\varepsilon E_\psi && \text{(A.52)} \\ \frac{1}{r}H_\psi + \frac{\partial H_\psi}{\partial r} - \frac{1}{r}\frac{\partial H_r}{\partial \psi} &= 0 && \text{(A.53)} \end{aligned}$$

und

$$\begin{aligned} \beta E_\psi &= \omega\mu H_r && \text{(A.54)} \\ \beta E_r &= -\omega\mu H_\psi && \text{(A.55)} \\ \frac{1}{r}E_\psi + \frac{\partial E_\psi}{\partial r} - \frac{1}{r}\frac{\partial E_r}{\partial \psi} &= 0 \quad , && \text{(A.56)} \end{aligned}$$

wobei die Lösung der jeweils oberen beiden Gleichungen

$$\beta^2 = \omega^2\varepsilon\mu \tag{A.57}$$

ergibt.
Hat das Feld weiterhin keine Änderung in ψ-Richtung, so wie es bei einem Koaxialleiter im Grundmode der Fall ist, d.h. $\frac{\partial}{\partial \psi} = 0$ gilt

$$\begin{aligned} \frac{1}{r}E_\psi + \frac{\partial E_\psi}{\partial r} &= 0 && \text{(A.58)} \\ \frac{1}{r}H_\psi + \frac{\partial H_\psi}{\partial r} &= 0 \quad . && \text{(A.59)} \end{aligned}$$

Die Lösung von (A.58) und (A.59) ist durch

$$\begin{aligned} E_\psi &= \frac{1}{r}E_0 e^{j(\omega t+\beta z)} && \text{(A.60)} \\ H_\psi &= \frac{1}{r}H_0 e^{j(\omega t+\beta z)} && \text{(A.61)} \end{aligned}$$

gegeben. Es ist zu erkennen, dass das Feld für $r \to 0$ über alle Grenzen anwächst. Daher muss sich Ursprung ein metallischer Leiter befinden, damit dieses Anwachsen verhindert wird [152]. Dieser gibt zusätzlich die weitere Randbedingung $E_\psi = 0$ an seiner Oberfläche vor. Damit gilt für die Feldkomponenten der TEM-Welle auf der Koaxialleitung

$$E_r = Z_{\mathrm{F0}}\frac{1}{r}H_0 e^{j(\omega t+\beta z)} \quad (A.62)$$

$$H_\psi = \frac{1}{r}H_0 e^{j(\omega t+\beta z)} \quad (A.63)$$

$$E_\psi = E_z = H_r = H_z = 0 \quad . \quad (A.64)$$

Die Ausbreitungsgeschwindigkeit ist im luftgefüllten Koaxialleiter identisch mit der Ausbreitungsgeschwindigkeit der Welle im Freiraum.

A.1.4 H- und E-Wellen im Rechteckhohlleiter

Die Herleitung erfolgt zunächst für die sog. H-Wellen bzw. TE-Wellen im Hohlleiter, da in dieser Arbeit fast ausschliesslich die magnetische H_{10}-Mode betrachtet wird. Das Vorgehen zur Herleitung der E-Wellen bzw. TM-Wellen ist analog, unterscheidet sich jedoch in den Randbedingungen.

A.1.4.1 H-Wellen

Bei H-Wellen exisitiert nur eine magnetische Komponente H_z in Ausbreitungsrichtung, E_z ist identisch 0. Ausgehend von dieser sollen die weiteren Komponenten berechnet werden. Zur Lösung der Wellengleichung (A.33) wird ein Separationsansatz [61] in der Form

$$H_z = P(x) \cdot Q(y) \quad (A.65)$$

aufgestellt, dessen Ziel es ist, die Differentialgleichung 2. Ordnung in zwei getrennte gewöhnliche Differentialgleichungen, in denen nur noch eine Variable enthalten ist, zu überführen. Der Ansatz nach Gleichung (A.65) ergibt eingesetzt in Gleichung (A.33) die separierte Wellengleichung

$$\begin{aligned}
\frac{\partial^2 P(x)}{\partial x^2} \cdot Q(y) + \frac{\partial^2 Q(y)}{\partial y^2} \cdot P(x) + \left(\gamma^2 + \frac{\omega^2}{c^2}\right) P(x) \cdot Q(y) &= 0 \\
\frac{\partial^2 P(x)}{\partial x^2} \cdot \frac{1}{P(x)} + \frac{\partial^2 Q(y)}{\partial y^2} \cdot \frac{1}{Q(y)} + \left(\gamma^2 + \frac{\omega^2}{c^2}\right) &= 0 \quad (A.66) \\
\frac{\partial^2 P(x)}{\partial x^2} \cdot \frac{1}{P(x)} + \left(\gamma^2 + \frac{\omega^2}{c^2}\right) &= -\frac{\partial^2 Q(y)}{\partial y^2} \cdot \frac{1}{Q(y)} \quad .
\end{aligned}$$

Da die linke Seite der Gleichung (A.67) nicht von y und die rechte Seite nicht von x abhängt, ist jede Seite für sich eine Konstante. Für die rechte Seite der Gleichung (A.67) soll diese Konstante mit k_y^2 bezeichnet werden, d.h.

$$\begin{aligned} -\frac{\partial^2 Q(y)}{\partial y^2} \cdot \frac{1}{Q(y)} &= k_y^2 \\ \frac{\partial^2 Q(y)}{\partial y^2} + k_y^2 \frac{1}{Q(y)} &= 0 \quad . \end{aligned} \tag{A.67}$$

Für die linke Seite der Gleichung (A.67) wird ebenfalls eine Konstante eingeführt, die mit k_x^2 bezeichnet wird. Damit ergibt sich

$$\begin{aligned} -\frac{\partial^2 P(x)}{\partial x^2} \cdot \frac{1}{P(x)} &= k_x^2 \\ \frac{\partial^2 P(x)}{\partial x^2} + k_x^2 \frac{1}{P(x)} &= 0 \quad . \end{aligned} \tag{A.68}$$

Für die nachfolgenden Betrachtungen soll vereinfachend angenommen werden, dass es sich um einen Hohlleiter mit ideal leitenden Wandungen handelt. Weiter sei er mit einem verlustfreien Dielektrikum (z.B. Luft) gefüllt. Unter diesen Voraussetzungen lässt sich die Gleichung (A.67) umschreiben zu

$$\frac{\partial^2 P(x)}{\partial x^2} \cdot \frac{1}{P(x)} + \left(\frac{\omega^2}{c^2} - \beta_z^2\right) = -\frac{\partial^2 Q(y)}{\partial y^2} \cdot \frac{1}{Q(y)} \tag{A.69}$$

wobei der Index z bei β_z die Ausbreitungsrichtung bezeichnet. Der Term $\frac{\omega^2}{c^2} - \beta_z$ wird auch als *cut-off-Wellenzahl* bezeichnet und durch

$$\beta_c^2 = \left(\frac{\omega^2}{c^2} - \beta_z^2\right) \tag{A.70}$$

ausgedrückt.
Betrachtet man einen Hohlleiter mit ideal leitenden Wandungen nach Bild A.1 mit den Innenmaßen a und b, so lassen sich mit dem Ansatz für H-Wellen nach Gleichung (A.65) die folgenden Randbedingungen formulieren

$$\frac{\partial H_z}{\partial x} = 0 \qquad \text{für } x = 0 \text{ und } x = a \tag{A.71}$$

$$\frac{\partial H_z}{\partial y} = 0 \qquad \text{für } y = 0 \text{ und } y = b \quad . \tag{A.72}$$

Lösungen der Gleichungen (A.67) und (A.68) sind

$$P(x) = H_0 \cdot \cos(k_x x) \tag{A.73}$$

$$Q(y) = \cos(k_y y) \tag{A.74}$$

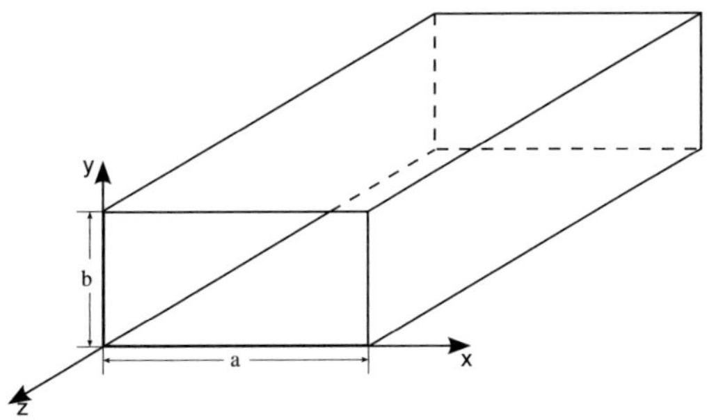

Bild A.1: Rechteckhohlleiter mit der Breite a und der Höhe b sowie zugehörigem Koordinatensystem

wobei

$$k_x = \frac{m\pi}{a} \qquad \text{(A.75)}$$

$$k_y = \frac{n\pi}{b} \qquad \text{(A.76)}$$

gelten muss, um die Randbedingungen nach Gleichung (A.71) und (A.72) zu erfüllen. H_0 ist eine frei wählbare komplexe Konstante.
Somit erhält man für den Fall der H_{mn}-Welle

$$H_z(x, y) = H_0 \cos\left(\frac{m\pi}{a}x\right)\cos\left(\frac{n\pi}{b}y\right) \quad . \qquad \text{(A.77)}$$

Die Größen m und n bezeichnen hierbei die Mode des Wellentypes im Hohlleiter. Bei den H-Moden gilt

$$m, n = 0, 1, 2, \ldots \qquad \text{(A.78)}$$

wobei der Fall $m = n = 0$ ausgeschlossen ist, da in diesem Fall keine Wellenausbreitung mehr erfolgt.

Unter der Voraussetzung eines verlustlosen Hohlleiters lassen sich mit der bekannten magnetischen Längskomponente H_z aus den Gleichungen (A.21) bis (A.24) alle weiteren

Feldgrößen bestimmen

$$E_x(x,y,z) = j\frac{\omega\mu}{\beta_c^2}\frac{n\pi}{b}H_0\cos\left(\frac{m\pi}{a}x\right)\sin\left(\frac{n\pi}{b}y\right)e^{j\beta_z z} \tag{A.79}$$

$$E_y(x,y,z) = -j\frac{\omega\mu}{\beta_c^2}\frac{m\pi}{a}H_0\sin\left(\frac{m\pi}{a}x\right)\cos\left(\frac{n\pi}{b}y\right)e^{j\beta_z z} \tag{A.80}$$

$$E_z(x,y,z) \equiv 0 \tag{A.81}$$

$$H_x(x,y,z) = -j\frac{\beta_z}{\beta_c^2}\frac{m\pi}{a}H_0\sin\left(\frac{m\pi}{a}x\right)\cos\left(\frac{n\pi}{b}y\right)e^{j\beta_z z} \tag{A.82}$$

$$H_y(x,y,z) = -j\frac{\beta_z}{\beta_c^2}\frac{n\pi}{b}H_0\cos\left(\frac{m\pi}{a}x\right)\sin\left(\frac{n\pi}{b}y\right)e^{j\beta_z z} \tag{A.83}$$

$$H_z(x,y,z) = H_0\cos\left(\frac{m\pi}{a}x\right)\cos\left(\frac{n\pi}{b}y\right)e^{j\beta_z z} \quad . \tag{A.84}$$

Der Feldwellenwiderstand für H-Wellen berechnet sich zu

$$Z_{\mathrm{F,H}} = \frac{E_y}{H_x} = -\frac{E_x}{H_y} = \frac{\omega\mu}{\beta_z} \quad . \tag{A.85}$$

Hierbei gilt allgemein [138]

$$\beta_z = \sqrt{\frac{\omega^2}{c^2} - \beta_c^2} \tag{A.86}$$

$$\beta_c = \sqrt{\left(\frac{m\pi}{a}\right)^2 + \left(\frac{n\pi}{b}\right)^2} \quad , \tag{A.87}$$

d.h. die cut-off-Wellenlänge β_c einer bestimmten Mode ist nur von den Abmessungen des Hohlleiters abhängig.

A.1.4.2 *E*-Wellen

Bei E-Wellen exisitiert nur eine elektrische Komponente E_z in Ausbreitungsrichtung, H_z ist identisch 0. Ausgehend von dieser sollen die weiteren Komponenten berechnet werden. Das Vorgehen ist analog zur Herleitung der H-Wellen im Hohleiter. Der Separationsansatz lautet für E-Wellen

$$E_z = P(x)\cdot Q(y) \tag{A.88}$$

und die Randbedingungen lauten nun

$$E_z = 0 \quad \text{für} \quad x=0 \quad \text{und} \quad x=a \tag{A.89}$$

$$E_z = 0 \quad \text{für} \quad y=0 \quad \text{und} \quad y=b \quad . \tag{A.90}$$

Als Lösung der separierten Gleichung (A.88) mit den Randbedingungen nach (A.89) und (A.90) erhält man somit

$$E_z(x, y) = E_0 \sin\left(\frac{m\pi}{a}x\right) \sin\left(\frac{n\pi}{b}y\right) \quad . \tag{A.91}$$

Unter den gemachten Voraussetzungen lassen sich mit der bekannten elektrischen Längskomponente E_z aus den Gleichungen (A.21) bis (A.24) alle weiteren Feldgrößen bestimmen

$$E_x(x, y z) = j\frac{\beta_z}{\beta_c^2}\frac{m\pi}{a} E_0 \cos\left(\frac{m\pi}{a}x\right) \sin\left(\frac{n\pi}{b}y\right) e^{j\beta_z z} \tag{A.92}$$

$$E_y(x, y, z) = j\frac{\beta_z}{\beta_c^2}\frac{n\pi}{b} E_0 \sin\left(\frac{m\pi}{a}x\right) \cos\left(\frac{n\pi}{b}y\right) e^{j\beta_z z} \tag{A.93}$$

$$E_z(x, y, z) = E_0 \sin\left(\frac{m\pi}{a}x\right) \sin\left(\frac{n\pi}{b}y\right) e^{j\beta_z z} \tag{A.94}$$

$$H_x(x, y, z) = j\frac{\omega\varepsilon}{\beta_c^2}\frac{n\pi}{b} E_0 \sin\left(\frac{m\pi}{a}x\right) \cos\left(\frac{n\pi}{b}y\right) e^{j\beta_z z} \tag{A.95}$$

$$H_y(x, y, z) = -j\frac{\omega\varepsilon}{\beta_c^2}\frac{m\pi}{a} E_0 \cos\left(\frac{m\pi}{a}x\right) \sin\left(\frac{n\pi}{b}y\right) e^{j\beta_z z} \tag{A.96}$$

$$H_z(x, y, z) \equiv 0 \quad . \tag{A.97}$$

Der Feldwellenwiderstand für E-Wellen berechnet sich hierbei zu

$$Z_{\mathrm{F,E}} = \frac{E_y}{H_x} = -\frac{E_x}{H_y} = \frac{\beta_z}{\omega\varepsilon} \quad . \tag{A.98}$$

A.1.5 Wellenausbreitung im Hohlleiter

Die Wellenausbreitung im Hohlleiter kann in drei Fälle unterteilt werden. Diese sind im Folgenden aufgeführt.

A.1.5.1 Normale Wellenausbreitung

Bei der normalen Wellenausbreitung gilt

$$\beta_z = \frac{\omega^2}{c_0^2} - \beta_c^2 > 0 \quad , \tag{A.99}$$

d.h. die Phasenkonstante β_z ist eine reelle Zahl. Damit ist die komplexe Ausbreitungskonstante γ für den Fall eines verlustlosen Hohlleiters rein imaginär. Die ausbreitende Welle erfährt lediglich eine Phasendrehung.
Die weiteren bestimmenden Gleichungen des Hohlleiters ergeben sich zu

$$\beta_z = \sqrt{\frac{\omega^2}{c_0^2} - \beta_c^2} = \sqrt{\frac{\omega^2}{c_0^2} - \left(\frac{m\pi}{a}\right)^2 - \left(\frac{n\pi}{b}\right)^2} \tag{A.100}$$

$$\lambda_z = \frac{2\pi}{\beta_z} = \frac{\lambda_0}{\sqrt{1-\left(\frac{\lambda_0}{\lambda_c}\right)^2}} \tag{A.101}$$

$$v_{Ph} = v_{Ph,z} = f\lambda_z = \frac{\omega}{\beta_z} = \frac{c_0}{\sqrt{1-\left(\frac{\lambda_0}{\lambda_c}\right)^2}} \tag{A.102}$$

$$v_{Gr} = \frac{\partial\omega}{\partial\beta_z} = c_0 \cdot \sqrt{1-\left(\frac{\lambda_0}{\lambda_c}\right)^2} \quad . \tag{A.103}$$

Hierin stellt v_{Ph} die Phasengeschwindigkeit und v_{Gr} die Gruppen- bzw. Energiegeschwindigkeit dar und es gilt weiter

$$v_{\mathrm{Ph}} \cdot v_{\mathrm{Gr}} = c_0^2 \quad . \tag{A.104}$$

A.1.5.2 cut-off-Frequenz

Als cut-off-Frequenz oder auch kritische Frequenz wird diejenige Frequenz bezeichnet, unterhalb der keine Wellenausbreitung mehr möglich ist. Es gilt dann

$$\beta_z = 0 \tag{A.105}$$

$$\beta_c = \frac{\omega}{c_0} = \beta_0 = \sqrt{\left(\frac{m\pi}{a}\right)^2 + \left(\frac{n\pi}{b}\right)^2} \tag{A.106}$$

$$f_c = \frac{\beta_c}{2\pi} c_0 = \frac{c_0}{\lambda_c} = \frac{c_0}{2}\sqrt{\left(\frac{m}{a}\right)^2 + \left(\frac{n}{b}\right)^2} \tag{A.107}$$

$$\lambda_c = \frac{c_0}{f_c} = \frac{2\pi}{\beta_c} = \frac{2}{\sqrt{\left(\frac{m\pi}{a}\right)^2 - \left(\frac{n\pi}{b}\right)^2}} \quad . \tag{A.108}$$

A.1.5.3 Aperiodische Dämpfung

Ist die Frequenz unterhalb der kritischen Frequenz, gilt

$$\beta_z^2 = \frac{\omega^2}{c_0^2} - \beta_c^2 < 0 \quad . \tag{A.109}$$

Die Phasenkonstante wird in diesem Fall imaginär, d.h. die Ausbreitungskonstante erhält einen reellen Anteil. In diesem Fall ist keine Wellenausbreitung mehr möglich und das Feld wird aperiodisch gedämpft.

Gleichung (A.109) lässt sich auch schreiben als [138]

$$\beta_z = -j\alpha_z \tag{A.110}$$

und damit

$$\begin{aligned}\alpha_z^2 &= \sqrt{\beta_c^2 - \beta_0^2} \\ &= \frac{2\pi}{\lambda_c}\sqrt{1-\left(\frac{\lambda_c}{\lambda_0}\right)^2} \quad .\end{aligned} \tag{A.111}$$

A.2 Zusammenhang zwischen Ausbreitungskonstante und Materialparametern

Für die komplexe Ausbreitungskonstante γ gilt

$$\gamma = j\omega\sqrt{\varepsilon_0\varepsilon_r\mu_0\mu_r} = \alpha + j\beta \quad . \tag{A.112}$$

Um daraus Beziehungen zwischen den Materialparametern ε_r, μ_r und der Dämpfungskonstante α bzw. der Phasenkonstante β abzuleiten, wird (A.112) zunächst nach Real- und Imaginärteil aufgelöst. Da nur nicht-magnetische Materialien betrachtet werden, soll $\mu_r = 1$ gelten. Damit folgt aus (A.112)

$$\begin{aligned}\gamma^2 &= -\omega^2\varepsilon_0\varepsilon_r\mu_0 \\ &= -\omega^2\varepsilon_0(\varepsilon_r' - j\varepsilon_r'')\mu_0 \\ &= -\omega^2\varepsilon_0\varepsilon_r'\mu_0 + j\omega^2\varepsilon_0\varepsilon_r''\mu_0 \\ &= \alpha^2 + 2j\alpha\beta - \beta^2 \quad .\end{aligned} \tag{A.113}$$

Aufspalten von (A.112) in Real- und Imaginärteil liefert für den Realteil

$$-\omega^2\varepsilon_0\varepsilon_r'\mu_0 = \alpha^2 - \beta^2 \tag{A.114}$$

und für den Imaginärteil

$$\omega^2\varepsilon_0\varepsilon_r''\mu_0 = 2\alpha\beta \quad . \tag{A.115}$$

Auflösen von (A.115) nach β und einsetzen in (A.114) ergibt

$$\begin{aligned}-\omega^2\varepsilon_0\varepsilon_r'\mu_0 &= \alpha^2 - \left(\frac{\omega^2\varepsilon_0\varepsilon_r''\mu_0}{2\alpha}\right)^2 \\ 4\alpha^4 + 4\alpha^2\omega^2\varepsilon_0\varepsilon_r''\mu_0 - \left(\omega^2\varepsilon_0\varepsilon_r''\mu_0\right)^2 &= 0 \quad .\end{aligned} \tag{A.116}$$

Schließlich erhält man aus (A.116) für die Dämpfungskonstante

$$\alpha = \omega\sqrt{\frac{\mu_0\varepsilon_0\varepsilon_\mathrm{r}'}{2}}\sqrt{\sqrt{1+\left(\frac{\varepsilon_\mathrm{r}''}{\varepsilon_\mathrm{r}'}\right)^2}-1} \quad . \tag{A.117}$$

Durch Einsetzen von (A.117) in (A.114) erhält man für die Phasenkonstante

$$\beta = \omega\sqrt{\frac{\mu_0\varepsilon_0\varepsilon_\mathrm{r}'}{2}}\sqrt{\sqrt{1+\left(\frac{\varepsilon_\mathrm{r}''}{\varepsilon_\mathrm{r}'}\right)^2}+1} \quad . \tag{A.118}$$

Für stark verlustbehaftete Medien mit $\tan\delta \gg 1$ lässt sich (A.117) durch die Näherung

$$\sqrt{\sqrt{1+\left(\frac{\varepsilon_\mathrm{r}''}{\varepsilon_\mathrm{r}'}\right)^2}-1} \approx \sqrt{\left(\frac{\varepsilon_\mathrm{r}''}{\varepsilon_\mathrm{r}'}\right)} \tag{A.119}$$

zu

$$\alpha \approx \omega\sqrt{\frac{\mu_0\varepsilon_0\varepsilon_\mathrm{r}''}{2}} \tag{A.120}$$

vereinfachen.
Im Fall von geringen Verlusten ($\tan\delta \leq 0{,}1$) gilt

$$\sqrt{1+\left(\frac{\varepsilon_\mathrm{r}''}{\varepsilon_\mathrm{r}'}\right)^2} \approx 1+\frac{1}{2}\left(\frac{\varepsilon_\mathrm{r}''}{\varepsilon_\mathrm{r}'}\right)^2 \quad . \tag{A.121}$$

Damit vereinfacht sich (A.117) zu

$$\alpha \approx \frac{\omega}{2}\varepsilon_\mathrm{r}''\sqrt{\frac{\mu_0\varepsilon_0}{\varepsilon_\mathrm{r}'}}. \tag{A.122}$$

A.3 Eigenschaften der Kontaminierungen und der verwendeten Materialien

Die in den nachfolgenden Abschnitten aufgeführten Eigenschaften beziehen sich, soweit nicht anders angegeben, jeweils auf Normaldruck (1013 hPa) und auf eine Temperatur von 300 K.

A.3.1 Komplexe Permittivität

Die Werte der Permittivität sind gemessene Werte und bei einer Frequenz von 2,45 GHz angegeben. Die Messungen der komplexen Permittivität wurden mit dem Hohlleitermessverfahren bzw. mit der Koaxialsonde durchgeführt, wie sie in Kapitel 3 beschrieben sind.

Tabelle A.1: Dielektrische Eigenschaften verwendeter Materialien

Material	ε_r'	ε_r''	$\tan\delta$
Sand trocken	2,4	0,03	0,0125
Sand 10 %	7,6	0,87	0,114
Sand 20 %	18,6	2,17	0,116
Erde trocken	2,3 - 3,9	0,07 - 0,36	0,02 - 0,17
Erde 10 %	3,1 - 9,3	1,14 - 2,75	0,12 - 0,88
Erde 20 %	6,2 - 16,6	2,49 - 6,0	0,15 - 0,96
Luft	1	0	0
Wasser	77,76	9,67	0,124
Benzin	3,406	0,139	0,041
Diesel	3,403	0,162	0,047
Öl	3,475	0,134	0,039
Aceton	19,79	0,811	0,041
Ethanol	7,38	7,118	0,964
Isopropanol	4,27	4,085	0,957

Der Verlauf der komplexen Permittivität von Benzin, Diesel und Öl über der Temperatur ist in Bild A.2 zu sehen.

A.3.2 Dynamische Viskosität von Flüssigkeiten und Gasen

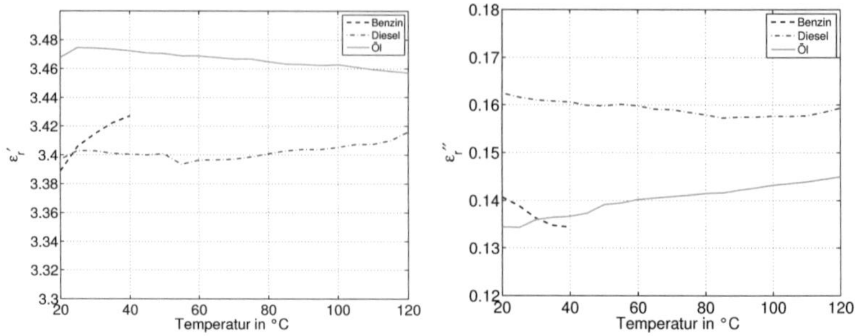

(a) Realteil (b) Imaginärteil

Bild A.2: Komplexe Permittivität von Benzin, Diesel und Öl bei 2,45 GHz über der Temperatur

Tabelle A.2: Physikalische Eigenschaften verschiedener Flüssigkeiten und Gase nach [70, 71, 150, 151, 153–155] bei 293,15 K (soweit nicht anders angegeben) und Normaldruck

Material	spezifische Wärmekapazität c_p in kJ/kgK	latente Verdampfungswärme Q_V in kJ/kg	Wärmeleitfähigkeit k in W/mK	Siedepunkt T_S in K
Wasser	4,181	2257	0,606	373,15
Benzin	2,28	348,9	0,130	303 - 488
Diesel	2,07	232,6	0,140	423 - 663
Motoröl	1,909		0,145	n.v.
Aceton	2,210	521,26	0,190	329,25
Benzol	1,699	394,82	0,158	353,25
Ethanol	2,432	854,10	0,167	351,55
Methanol	2,512	1100,29	0,202	337,65
Isopropanol	2,453	665,70	0,140	355,45
Luft (0 °C)	1,005	n.v.	0,0243	n.v.
Luft (20 °C)	1,005	n.v.	0,0257	n.v.
Luft (40 °C)	1,005	n.v.	0,0271	n.v.
Luft (60 °C)	1,009	n.v.	0,0285	n.v.
Luft (80 °C)	1,009	n.v.	0,0299	n.v.
Luft (100 °C)	1,009	n.v.	0,0314	n.v.
Luft (200 °C)	1,026	n.v.	0,0386	n.v.
Wasserdampf (100 °C)	2,013	n.v.	0,0217	n.v.
Wasserdampf (200 °C)	1,963	n.v.	0,0371	n.v.

Tabelle A.3: Dynamische Viskosität η verschiedener Gase und Flüssigkeiten nach [70, 71, 150, 151, 154, 155] bei 293,15 K (soweit nicht anders angegeben) und Normaldruck

Medium	η in Pas
Wasser (0 °C)	$1{,}792 \cdot 10^{-3}$
Wasser (20 °C)	$1{,}002 \cdot 10^{-3}$
Wasser (40 °C)	$0{,}653 \cdot 10^{-3}$
Wasser (60 °C)	$0{,}466 \cdot 10^{-3}$
Wasser (80 °C)	$0{,}355 \cdot 10^{-3}$
Wasser (100 °C)	$0{,}282 \cdot 10^{-3}$
Wasserdampf (100 °C)	$12{,}4 \cdot 10^{-6}$
Wasserdampf (200 °C)	$16{,}3 \cdot 10^{-6}$
Wasserdampf (300 °C)	$20{,}2 \cdot 10^{-6}$
Luft (0 °C)	$17{,}10 \cdot 10^{-6}$
Luft (20 °C)	$18{,}19 \cdot 10^{-6}$
Luft (40 °C)	$19{,}15 \cdot 10^{-6}$
Luft (60 °C)	$20{,}08 \cdot 10^{-6}$
Luft (80 °C)	$20{,}97 \cdot 10^{-6}$
Luft (100 °C)	$21{,}84 \cdot 10^{-6}$
Luft (200 °C)	$25{,}86 \cdot 10^{-6}$
Benzin	$0{,}27 \cdot 10^{-3} - 0{,}65 \cdot 10^{-3}$
Diesel	$2{,}0 \cdot 10^{-3} - 4{,}5 \cdot 10^{-3}$
Kerosin	$1{,}93 \cdot 10^{-3}$
Heizöl extraleicht	$5{,}1 \cdot 10^{-3}$
Heizöl leicht	$15{,}01 \cdot 10^{-3}$
Heizöl medium	$462{,}8 \cdot 10^{-3}$
Heizöl schwer	$7920{,}0 \cdot 10^{-3}$
Motoröl	$100 \cdot 10^{-3} - 874 \cdot 10^{-3}$
Isopropanol	$2{,}20 \cdot 10^{-3}$
Aceton	$0{,}324 \cdot 10^{-3}$
Ethanol	$1{,}190 \cdot 10^{-3}$
Methanol	$0{,}584 \cdot 10^{-3}$
Benzol	$0{,}647 \cdot 10^{-3}$

A.4 Zusammensetzung von Treibstoffen

Tabelle A.4: Zusammensetzung Ottokraftstoff, typische Anteile in Massenprozent [156]

Kohlenwasserstoff	C-Zahl	SuperPlus	Super	Normal
Summe Alkane/Cykloalkane		35 bis 55	40 bis 60	50 bis 65
Propan	3	<0,1	<0,1	<0,1
i-Butan/n-Butan	4	6,7	5,0	4,7
i-Pentan/n-Pentan	5	10,6	15,4	17,8
i-Hexan/n-Hexan	6	9,0	13,7	17,3
i-Heptan/n-Heptan	7	6,6	4,5	6,8
i-Octan/n-Octan	8	16,6	8,0	7,9
Nonane	9	0,8	1,3	1,3
Decane	10	1,1	1,1	2,5
Summe Alkene		0 bis 18	0 bis 18	0 bis 21
Butene	4	1,3	0,3	2,5
Pentene	5	3,8	3,0	3,3
Hexene	6	2,1	2,0	2,2
Heptene	7	0,8	0,8	0,9
Octene	8	0,3	0,4	0,4
Nonene	9	0,7	1,0	1,2
Decene	10	0,4	0,8	1,2
Summe Aromaten		25 bis 42	25 bis 42	25 bis 42
Benzol	6	0,5	0,8	0,7
Toluol	7	8,4	10,9	6,9
Xylole	8	8,1	6,0	5,5
Ethylbenzol	8	2,2	2,1	1,4
Trimethylbenzol	9	7,0	12,3	9,3

Tabelle A.5: Zusammensetzung Dieselkraftstoff, typische Anteile in Massenprozent [157]

Kohlenwasserstoff	Anteil
Summe Alkane (n- und i-Paraffine)	30 bis 50
im Bereich C10 bis C25	30 bis 50
im Bereich > C25	max. 0,5
Summe Cycloalkane (Naphthene)	25 bis 40
monocyclische	10 bis 20
dicyclische	15 bis 25
Summe Alkene (Olefine)	0,1 bis 5
Summe Aromaten	15 bis 30
Summe Monoaromaten	15 bis 28
Benzol/Toluol	praktisch nicht vorhanden
C8-Aromaten (Xylole, Ethylbenzol)	max. 0,2
C9-Aromaten	max. 1,0
Sonstige (z. B. Indane, Hydronaphtaline)	max. 28
Summe Diaromaten (z. B. alkylierte Naphtaline, Biphenyle)	1 bis 7
Summe Tri- und Tri(+)-Aromaten (z. B. alkylierte Anthracene)	0,2 bis 2
Summe polycyclische aromatische Kohlenwasserstoffe	2 bis 10

Literaturverzeichnis

[1] L. Van-Camp, B. Bujarrabal, A.R. Gentile, R.J.A. Jones, L. Montanarella, C. Olazabal, and S.K. Selvaradjou. Reports of the Technical Working Groups - est. under the Thematic Strategy for Soil Protection, Volume VI, Contamination and Land Management. *Reports of the Technical Working Groups Established under the Thematic Strategy for Soil Protection. EUR 21319 EN/4, Office for Official Publications of the European Communities*, Luxembourg, 2004.

[2] Danish Environment Protection Agency. Management of Contaminated Sites and Land in Central and Eastern Europe. Ad hoc International Working Group on Contaminated Land. Technical Report, Ministry of Environment and Energy, Danish Environment Protection Agency, Danish Cooperation for Environment in Eastern Europe, Copenhagen, 2000.

[3] P. Bardos and E.A. Vik. Clarinet - Remediation of Contaminated Land Technology Implementation in Europe. Technical Report, Umweltbundesamt Österreich, October 2002.

[4] A. Agel und E. Löbel ALSTOM Environmental Consult GmbH. Entscheidungsgrundlagen für Sicherungs- und Sanierungskonzepte für militärische Tanklager Ufoplan - FKZ 203 40 831 UBA-Text 28/99. Technical Report, Umweltbundesamt, Berlin, Februar 1999.

[5] J. Feiler. Entwicklung von Antennen zur Mikrowelleneinkopplung in verlustbehaftete Medien. Diplomarbeit am Institut für Höchstfrequenztechnik und Elektronik, Universität Karlsruhe (TH), 2005.

[6] M.B. Ripley, A.B. Harrison, W.B. Betts, and R.K. Dart. Mechanisms for Enhanced Biodegradation of Petroleum Hydrocarbons by a Microbe-Colonized Gas-Liquid Foam. *Journal of Applied Microbiology*, 92:22–31, 2002.

[7] P. Ilsley. *The Directory of Environmental Solutions*. University of York, UK, 1992.

[8] Umweltbundesamt. Data on the Environment. The State of the Environment in Germany, 2005.

[9] B. Vanheusden. Brownfield Redevelopment in the European Union. *Environmental Affairs*, 34:559–575, 2007.

[10] K.W. Schäfer et al. Dames & Moore GmbH & Co. KG. International Experience and Expertise in Registration Investigation, Assessment, and Clean-up of Contaminated Military Sites R&D Project 103 40 102/01. Technical Report, Umweltbundesamt, Berlin, 1995/1996.

[11] Heritage Department of Environment, Water and the Arts. Emission Estimation Technique Manual for Fuel and Organic Liquid Storage. Technical Report, Australian Government, May 2008.

[12] NATO CCMS Pilot Studies. Technical Report EPA/542/RE-98/002, U.S. Environmental Protection Agency, 1998.

[13] NATO CCMS, Evaluation of Demonstrated and Emerging Technologies for the Treatment and Clean-Up of Contaminated Land and Groundwater. Pilot Study Report 1985-2000. 2000 Update. Technical Report, U.S. Environmental Protection Agency, 2000.

[14] J. Okx. Common Factors in Decision Making and Their Implications for Decision Support for Contaminated Land in a Multiobjective Setting in United States Environmental Protection Agency NATO Commitee on Challenges to Modern Society: NATO/CCMS Pilot Study Evaluation of Demonstrated and Emerging Technologies for the Treatment and Clean-Up of Contaminated Land and Groundwater. Phase III 2000 Special Session Decision Support. Environmental Protection Agency, Technical Report EPA/542/R-00/011, 2000.

[15] C. Cedou. The French and European Sites Remediation Markets. In *Proceedings of the 6th International Conference-Exhibition on Soils, Sediments and Water, INTERSOL 2007*, 2007.

[16] European Environment Agency. Environment in the European Union at the Turn of the Century. Environmental Assessment Report No. 2. Technical Report, European Environment Agency, Office for Official Publications of the European Communities, Luxembourg, 1999.

[17] B. Jordi. Umweltressourcen in Franken. *Umwelt*, 01(01):24, 2009. Bundesamt für Umwelt, Schweizerische Eidgenossenschaft, 2009.

[18] C. Coker. Environmental Remediation by Composting. *BioCycle*, December 2006.

[19] U. Martensen. http://www.bundestag.de/bic/hib/2004/2004_244/02, Oktober 2004.

[20] M. Hämmann, S.K. Gupta, and J. Zihler. Evaluation Plan for the Reuse of Excavated Soil. *Proceedings of R'97, Recovery, Recycling, Re-integration, 3rd International Congress and Exhibition*, pp. 234–238, Genf, Schweiz, 1997.

[21] J. Warrelmann, K. Hettwer, W. Heyser, W. Püttmann, S. Gaab, U. Drewes und D. Vehlhaber. Handlungsempfehlung zur Beurteilung des natürlichen Schadstoffabbaus und -rückhaltes in der ungesättigten Bodenzone. *Umweltforschungsplan des Bundesministeriums für Umwelt, Naturschutz und Reaktorsicherheit, Forschungsbericht 298 76 712/02 UBA-FB 000874*, 2006.

[22] A. Low, D. Schleheck, M. Khou, V. Aagaard, M. Lee, and M. Manefield. Options for In Situ Remediation of Soil Contaminated with a Mixture of Perchlorinated Compounds. *Bioremediation Journal*, 11(3):113–124, 2007.

[23] B. Vallejo, A. Izquierdo, R. Blasco, P. Perez del Campo, and M.D. Luque de Castro. Bioremediation of an Area Contaminated by a Fuel Spill. *J. Environ. Monit.*, 3:274–280, 2001.

[24] C. Axtell, C.G. Johnston, and J.A. Bumpus. Bioremediation of Soil Contaminated with Explosives at the Naval Weapons Station Yorktown. *Soil and Sediment Contamination*, 9(6):537–548, 2000.

[25] Sächsisches Landesamt für Umwelt und Geologie. Manual for Biological Remediation Techniques. *Materialien zur Altlastenbehandlung Nr. 1/2000 Mikrobiologische Sanierungsverfahren*, 2006.

[26] E.Y. Hwang, W. Namkoong, and J.S. Park. Recycling of Remediated Soil for Effective Composting of Diesel-Contaminated Soil. *Compost Science & Utilization*, 9(2):143–148, 2001.

[27] T.F. Guerin. Co-composting of Residual Fuel Contamination in Soil. *Soil and Sediment Contamination*, 10(6):659–673, 2001.

[28] M. Negri, A. Manfredini, S. Saponaro, C. Sorlini, L. Bonomo, A. Valle, and E. Zanardini. Solid Phase Treatment of an Aged Soil Contaminated by Polycyclic Aromatic Hydrocarbons. *Journal of Environmental Science and Health Part A-Toxic/Hazardous Substances & Environmental Engineering*, A39:1–17, 2004.

[29] M. Nocentini and D. Pinelli. Biodegradation of PAHs in Aggregates of a Low Permeability Soil. *Soil and Sediment Contamination*, 10(2):211–226, 2001.

[30] R. Al-Daher, N. Al-Awadhi, A. Yateem, and M.T. Balba. Compost Soil Piles for Treatment of Oil-Contaminated Soil. *Soil and Sediment Contamination*, 10(2):197–209, 2001.

[31] K. Shewfelt, H. Lee, and R.G. Zytner. Optimization of Nitrogen for Bioventing of Gasoline Contaminated Soil. *J. Environ. Eng. Sci.*, 4:29–42, 2005.

[32] R.E. Hoeppel, R.E. Hinchee, and M.F. Arthur. Bioventing Soils Contaminated with Petroleum Hydrocarbons. *Journal of Industrial Microbiology*, 8:141–146, 1991.

[33] F.I. Khan, T. Husain, and R. Hejazi. An Overview and Analysis of Site Remediation Technologies. *Journal of Environmental Management*, 71:95–122, 2004.

[34] N. Cofield, A.P. Schwab, and M.K. Banks. Phytoremediation of Polycyclic Aromatic Hydrocarbons in Soil: Part I. Dissipation of Target Contaminants. *International Journal of Phytoremediation*, 9:355–370, 2007.

[35] P.H. Pritchard, J.G. Mueller, J.C. Rogers, F.V. Kremer, and J.A. Glaser. Oil Spill Bioremediation: Experiences, Lessons and Results from the Exxon Valdez Oil Spill in Alaska. *Biodegradation*, 3:315–335, 1992.

[36] S. Saponaro, L. Bonomo, M. Barbafieri, and G. Petruzzelli. Soil Washing Feasibility at a Manufacturing Gas Plant Site. *Soil and Sediment Contamination*, 11(5):751–767, 2002.

[37] A.P. Khodadoust, G.A. Sorial, G.J. Wilson, M.T. Suidan, R.A. Griffiths, and R.C. Brenner. Integrated System for Remediation of Contaminated Soils. *Journal of Environmental Engineering*, pp. 1033–1041, Nov. 1999.

[38] M.G.M. Alam and S. Tokunaga. Chemical Extraction of Arsenic from Contaminated Soil. *Journal of Environmental Science and Health Part A.*, 41:631–643, 2006.

[39] K. Zhu, W. Hart, and J. Yang. Remediation of Petroleum-Contaminated Loess Soil by Surfactant-Enhanced Flushing Technique. *Journal of Environmental Science and Health*, 40:1877–1893, 2005.

[40] V.K. Dhir, A. Fotinich, and S. Lingineni. Remediation of Simulated Soils Contaminated with Diesel. *Journal of Environmental Engineering*, pp. 36–46, January 1999.

[41] A. Goi, M. Trapido, N. Kulik, M.R.T. Palmroth, and T. Tuhkanen. Ozonation and Fenton Treatment for Remediation of Diesel Fuel Contaminated Soil. *Ozone: Science and Engineering*, 28:37–46, 2006.

[42] D. Amarante. Applying in Situ Chemical Oxidation. *Pollution Engineering*, pp. 40–42, February 2000.

[43] M. Valenti. Cleaning Up after Industry. *Mechanical Engineering*, pp. 64–67, 1999.

[44] H. Shang, J.P. Robinson, S.W. Kingman, C.E. Snape, and Q. Wu. Theoretical Study of Microwave Enhanced Thermal Decontamination of Oil Contaminated Waste. *Chem. Eng. Technol. 2007*, 30(1):121–130, 2007.

[45] M. Menendez and B. Fernandez. Industrial Park Remediation in Aviles. *Minerals & Energy*, 20(2):36–43, 2005.

[46] H. Black. The Hottest Thing in Remediation. *Environmental Health Perspectives*, 110(3):146–149, March 2002.

[47] W.A. Edelstein, E.T. Iben, O.M. Mueller, E.E. Uzgiris, H.R. Philipp, and P.B. Roemer. Radiofrequency Ground Heating for Soil Remediation: Science and Engineering. *Environmental Progress*, 13(4):247–252, November 1994.

[48] H.M. Buettner and W.D. Daily. Cleaning Contaminated Soil Using Electrical Heating and Air Stripping. *Journal of Environmental Engineering*, pp. 580–589, August 1995.

[49] U. Roland, M. Remmler, F.D. Kopinke, P.M. Becker, B. Ondruschka und S. Müller. In-Situ Remediation Using Radio-Frequency Heating. *Proceedings of the 6th International FZK/TNO Conference on Contaminated Soil (ConSoil 1998)*, p. 599, 1998.

[50] U. Roland, M. Koch, F.D. Kopinke, U. Nüchter, J. Mothes und H. Schreiber. Selektive Bodenerwärmung mittels Hochfrequenzenergie. *Umwelt*, pp. 38 - 41, Jan./Feb. 2001.

[51] U. Roland, F.D. Kopinke, F. Holzer, R. Blechschmidt und P. Hartin. Thermal Enhancement of Soil Remediation by Radio-Wave Application Results of Field Tests with Bioremediation and Soil Vapour Extraction. *Proceedings of the 8th International FZK/TNO Conference on Contaminated Soil, ConSoil*, Leipzig, Jan. 2003.

[52] Z. Kawala and T. Atamanczuk. Microwave-Enhanced Thermal Decontamination of Soil. *Environ. Sci. Technol.*, 32:2602–2607, 1998.

[53] R.A. Abramovitch, H.B. Zhou, M. Davis, and L. Peters. Decomposition of PCBs and other Polychlorinated Aromatics in Soil Using Microwave Energy. *Chemosphere*, 37(8):1427–1436, 1998.

[54] D. Acierno, A.A. Barba, and M. d'Amore. Microwaves in Soil Remediation from VOCs. 1: Heat and Mass Transfer Aspects. *AIChE Journal*, 49(7):1909–1921, 2003.

[55] S. Yuan, M. Tian, and X. Lu. Microwave Remediation of Soil Contaminated with Hexachlorobenzene. *Journal of Hazardous Materials*, B137:878–885, 2006.

[56] O.T. Farouki. *Thermal Properties of Soils*, volume 11 of *Series on Rock and Soil Mechanics*. Trans Tech Publications, 1986.

[57] R.J. Meredith, A.C. Metaxas. *Industrial Microwave Heating.* Peter Peregrinus Ltd., London, 1993.

[58] A.C. Metaxas. *Foundations of Electroheat.* John Wiley & Sons, Chichester, 1996.

[59] J. Thuery. *Microwaves: Industrial, Scientific and Medical Applications.* Artech House Boston, London, 1992.

[60] K.W. Hinkel. *Magnetrons.* Philips Technische Bibliothek: Reihe Elektronenroehren; 15. N.V. Philips Gloeilampenfabrieken, Eindhoven, 1961.

[61] I.N. Bronstein, K.A. Semendjajew, G. Musiol und H. Mühlig. *Taschenbuch der Mathematik.* Verlag Harri Deutsch, Frankfurt am Main, 1999.

[62] R.J. Meredith. *Engineers' Handbook of Industrial Microwave Heating.* Power Series 25. The Institution of Electrical Engineers, London, 1998.

[63] M.C. Dobson, F.T. Ulaby, M.T. Hallikainen, and M.A. El-Rayes. Microwave Dielectric Behavior of Wet Soil-Part II: Dielectric Mixing Models. *IEEE Transactions on Geoscience and Remote Sensing,* GE-23:35–46, 1985.

[64] N.R. Peplinski, F.T. Ulaby, and M.C. Dobson. Dielectric Properties of Soils in the 0.3–1.3-GHz Range. *IEEE Transactions on Geoscience and Remote Sensing* 33(3):803–807, 1995.

[65] N.R. Peplinski, F.T. Ulaby, and M.C. Dobson. Corrections to "Dielectric Properties of Soils in the 0.3–1.3-GHz Range". *IEEE Transactions on Geoscience and Remote Sensing* 33(6):1340, 1995.

[66] P.A. Tipler. *Physik.* Spektrum Akademischer Verlag, Heidelberg, 1998.

[67] F.P. Incropera. *Introduction to Heat Transfer.* Wiley, 5. ed., 2007.

[68] D.A. Nield and A. Bejan. *Convection in Porous Media.* Springer, 3. ed., 2006.

[69] K. El Ganaoui I.I. Bogdanov, and A.M. Kamp. Study of Electrical Heating Application for Heavy Oil Recovery. In *Proceedings of the COMSOL Conference 2008,* Hannover, 2008.

[70] J. d'Ans and E. Lax. *Taschenbuch für Chemiker und Physiker.* Springer Verlag, 1967.

[71] C.D. Hodgman. *Handbook of Chemistry and Physics.* The Chemical Rubber Publishing Company, 42.edition, 1960.

[72] K. Rossie. Die Diffusion von Wasserdampf in Luft bei Temperaturen bis 300 °C. *Forschung im Ingenieurwesen,* 19(2):49–58, 1953.

[73] M. Pauli, T. Kayser, and W. Wiesbeck. Material Parameter Measurement of Soils and Liquids with a Waveguide Setup. *Proceedings of ISEMA 2005, 6th International Conference on Electromagnetic Wave Interaction with Water and Moist Substances*, 2005.

[74] A. von Hippel. *Dielectric Materials and Applications*. Artech House, Boston, London, 1995.

[75] W.B. Westphal. Dielectric Constant and Loss Measurements of High Temperature Materials. Technical Report, M.I.T., Laboratory for Insulation Research, Cambridge, MA, TR182, 10.1963, 1963.

[76] W.B. Westphal and J. Iglesias. Dielectric Measurements on High-Temperature Materials. Technical Report, M.I.T., Laboratory for Insulation Research, Cambridge, MA, AFML-TR-70-138, 07.1970, 1970.

[77] W.B. Westphal. Dielectric Constant and Loss Data, Part I. Technical Report, M.I.T., Laboratory on Insulation Research, Cambridge, MA, AFML-TR-72-39, 04.1972, 1972.

[78] W.B. Westphal. Dielectric Constant and Loss Data, Part II. Technical Report, M.I.T., Laboratory for Insulation Research, Cambridge, MA, AFML-TR-74-250, Part II, 12.1975, 1975.

[79] M.N. Afsar, A. Bellemans, J.R. Birch, G.W. Chantry, R.N. Clarke, R.J. Cook, R. Finsy, O. Gottman, J. Goulon, R.G. Jones, U. Kaatze, E. Kestemont, H. Kilp, M. Mandel, R. Pottel, J-L. Rivail, C.B. Rosenberg, and R. Van Loon. A Comparison of Dielectric Measurement Methods for Liquids in the Frequency Range 1 GHz to 4 THz. *IEEE Transactions on Instrumentation and Measurement*, 29(4):283–288, 1980.

[80] M.N. Afsar, J.R. Birch, R.N. Clarke, and G.W. Chantry. The Measurement of the Properties of Materials. *Proceedings of the IEEE*, 1986.

[81] A. van Roggen. An Overview of Dielectric Measurements. *IEEE Transactions on Electrical Insulation*, 25(1):95–106, Feb. 1990.

[82] R.G. Geyer, J.H. Grosvenor Jr., M.D. Janezic, C.A. Jones, B. Riddle, C.M. Weil, and J. Baker-Jarvis. Dielectric Characterization of low-loss Materials A Comparison of Techniques. *IEEE Transactions on Dielectrics and Electrical Insulation*, 5(4):571–577, Aug. 1998.

[83] A.C. Lynch. Transmission Loss in a Waveguide Partially Filled with Dielectric. *Proceedings of the Institution of Electrical Engineers*, 121(10):1057 – 1058, October 1974.

[84] T. Zwick, A. Chandrasekhar, C.W. Baks, U.R. Pfeiffer, S. Brebels, and B.P. Gaucher. Determination of the Complex Permittivity of Packaging Materials at Millimeter-Wave Frequencies. *IEEE Transactions on Microwave Theory and Techniques*, 54(3):1001–1010, March 2006.

[85] M. Pauli, T. Kayser, and W. Wiesbeck. A Versatile Measurement System for the Determination of Dielectric Parameters of Various Materials. *Measurement Science and Technology*, 18(4):1046 – 1053, 2007.

[86] A.M. Nicolson and G.F. Ross. Measurement of the Intrinsic Properties of Materials by Time-Domain Techniques. *IEEE Transactions on Instrumentation and Measurement*, 19, no.4(4):377–382, 1970.

[87] D.K. Ghodgaonkar, V.V. Varadan, and V.K. Varadan. A Free-Space Method for Measurement of Dielectric Constants and Loss Tangents at Microwave Frequencies. *IEEE Transactions on Instrumentation and Measurement*, 38(3):789–793, June 1989.

[88] A.L. Cullen and P.K. Yu. The Accurate Measurement of Permittivity by Means of an Open Resonator. *Proc. R. Soc. Lond. A*, A325:493–509, 1971.

[89] N.J. Damaskos and B.J. Kelsall. Cavity Techniques for Substrate Proberties at Microwave/Millimeter-Wave Bands. *Microwave Journal*, pp. 112–124, Dec. 2003.

[90] A.P. Popov and M.D. Rotaru. Coaxial Probe Dielectric Measurements in the Presence of Airgaps. *Proceedings of 6th Electronics Packaging Technology Conference, 2004. EPTC 2004*, pp. 496–498, 2004.

[91] R.H. Cole, J.G. Berberian, S. Mashimo, G. Chryssikos, A. Burns, and E. Tombari. Time Domain Reflection Methods for Dielectric Measurements to 10 GHz. *Journal of Applied Physics*, 66(2):793–802, Jul. 1989.

[92] R. Becker. *Spatial Time Domain Reflectometry for Monitoring Transient Soil Moisture Profiles.* Dissertation am Institut für Wasser und Gewässerentwicklung der Universität Karlsruhe (TH), 2004.

[93] J. Krupka. Frequency Domain Complex Permittivity Measurements at Microwave Frequencies. *Measurement Science and Technology*, 17(6):R55 – R70, 2006.

[94] G.C. Topp, P.A. Ferre. Electromagnetic Wave Measurements of Soil Water Content: A State-of-the-Art. *Proceedings of the Fourth International Conference on Electromagnetic Wave Interaction with Water and Moist Substances*, 2001.

[95] G.C. Topp, S. Zegelin, and I. White. Impacts of the Real and Imaginary Components of Relative Permittivity on Time Domain Reflectometry Measurements in Soils. *Soil Sci. Soc. Am. J.*, 64:1244 - 1252, 2000.

[96] R. Nozaki and T.K. Bose. Broadband Complex Permittivity Measurement by Time-Tomain Spectroscopy. *IEEE Transactions on Instrumentation and Measurement*, 39:945 - 951, 1990.

[97] Agilent. Solutions for Measuring Permittivity and Permeability with LCR Meters and Impedance Analyzers. Technical Report, 2006.

[98] K. Kupfer, J. Neue. *Materialfeuchtemessung: Grundlagen, Messverfahren, Aplikationen, Normen*. Expert-Verlag, 1997.

[99] S. Ogourtsov. Valid Error Estimation for Complex Permittivity Measurements Using Partially Filled Microwave Resonators. *Microwave Electronics: Measurements, Identification, Application Conference, MEMIA 2001*, pp. 229–232, 18-20 Sept. 2001.

[100] M. Sucher and J. Fox. *Handbook of Microwave Measurements*, Volume 2. Brooklyn Polytechnic Inst. Press, Brooklyn, NY, 1963.

[101] L. Daiqing, C.F. Free, K.E.G. Pitt, and P.G. Barnwell. A Simple Method for Accurate Loss Tangent Measurement of Dielectrics Using a Microwave Resonant Cavity. *IEEE Microwave and Wireless Components Letters*, 11(3), March 2001.

[102] B. Riddle, J. Baker-Jarvis, and J. Krupka. Complex Permittivity Measurements of Common Plastics Over Variable Temperatures. *IEEE Transactions on Microwave Theory and Techniques*, 51(3):727–733, March 2003.

[103] R.G. Geyer, P. Kabos, and J. Baker-Jarvis. Dielectric Sleeve Resonator Techniques for Microwave Complex Permittivity Evaluation. *IEEE Transactions on Instrumentation and Measurement*, 51(2):383–392, 2002.

[104] J. Krupka, K. Derzakowski, B. Riddle, and J. Baker-Jarvis. A Dielectric Resonator for Measurements of Complex Permittivity of Low Loss Dielectric Materials as a Function of Temperature. *Measurement Science and Technology*, 9(10), 1998.

[105] K. Sarabandi. A Technique for Dielectric Measurement of Cylindrical Objects in a Rectangular Waveguide. *IEEE Transactions on Instrumentation and Measurement*, 43(6):793–798, Dec. 1994.

[106] E.L. Holzman. Wideband Measurement of the Dielectric Constant of an FR4 Substrate Using a Parallel-Coupled Microstrip Resonator. *IEEE Transactions on Microwave Theory and Techniques*, 54(7):3127–3130, Jul. 2006.

[107] P.A. Bernard and J.M. Gautray. Measurement of Dielectric Constant Using a Microstrip Ring Resonator. *IEEE Transactions on Microwave Theory and Techniques*, 39(3):592–292, March 1991.

[108] M. Pauli, T. Kayser, A. Lambrecht, and T. Zwick. Broadband Permittivity Measurements of Substrate Materials Using Ring Resonator Techniques. *Proceedings of the 12th International Conference on Microwave and High Frequency Heating, AMPERE*, Karlsruhe, Germany, Sep. 2009.

[109] S. Chen and M.N. Afsar. Fabry-Perot Open Resonator Technique for Dielectric Permittivity and Loss Tangent Measurements of Yttrium Iron Garnet. *IEEE Transactions on Magnetics*, 43(6):2734–2736, Jun 2007.

[110] H. Kogelnik and T. Li. Laser Beams and Resonators. *Proc. IEEE*, 45(10):1312–1328, Oct. 1966.

[111] A.L. Cullen and P.K. Yu. Complex Source-Point Theory of the Electromagnetic Open Resonator. *Proc. R. Soc. Lond. A, Math. Phys. Sci.*, 366:165–171, 1979.

[112] J. Munoz, M. Rojo, A. Parrefio, and J. Margineda. Automatic Measurement of Permittivity and Permeability at Microwave Frequencies Using Normal and Oblique Free-Wave Incidence with Focused Beam. *IEEE Transactions on Instrumentation and Measurement*, 47(4):886–892, Aug. 1998.

[113] M.A.B. Aris and D.K. Ghodgaonkar. Nondestructive and Noncontact Dielectric Measurement Method for high-loss Liquids Using Free Space Microwave Measurement System in 8–12.5 GHz Frequency Range. *Proceedings of the RF and Microwave Conference, 2004, RFM 2004*, pp. 169–176, 5-6 Oct. 2004.

[114] M.A.B. Aris, D.K. Ghodgaonkar, and N. Khadri. Nondestructive and Noncontact Dielectric Measurement Methods for low-loss Liquids Using Free Space Microwave Measurement System in 8–12.5 GHz Frequency Range. *Proceedings of the RF and Microwave Conference, 2004, RFM 2004*, pp. 182–189, 5-6 Oct. 2004.

[115] L.E.R. Petersson and G.S. Smith. An Estimate of the Error Caused by the Plane-Wave Approximation in Free-Space Dielectric Measurement Systems. *IEEE Transactions on Antennas and Propagation*, 50(6):878–887, June 2002.

[116] Agilent. 85070E Dielectric Probe Kit 200 MHz to 50 GHz. Technical Report, 2005.

[117] S.W. Kim, Y.S. Cho, S.Y. Hyung, S.Y. Kim. A Comparative Study on the Stability of four Different Conversion Models of Open-Ended Coaxial Probe. *Proceedings of the Fourth International Conference on Electromagnetic Wave Interaction with Water and Moist Substances*, 2001.

[118] N. Marcuvitz. *Waveguide Handbook.* McGraw-Hill, New York, 1951.

[119] S.I. Ganchev, N. Qaddoumi, S. Bakhtiari, and R. Zoughi. Calibration and Measurement of Dielectric Properties of Finite Thickness Composite Sheets with Open-Ended Coaxial Sensors. *IEEE Transactions on Instrumentation and Measurement,* 44(6):1023–1029, Dec. 1995.

[120] D. Misra, M. Chabbra, B.R. Epstein, M. Microtznik, and K.R. Foster. Noninvasive Electrical Characterization of Materials at Microwave Frequencies Using an Open-Ended Coaxial Line: Test of an Improved Calibration Technique. *IEEE Transactions on Microwave Theory and Techniques,* 38(1):8–14, Jan. 1990.

[121] T. Michna, K. Orzel, L. Zwirello und J. Liszewski. Messung dielektrischer Materialparameter. Projektarbeit am Institut für Höchstfrequenztechnik und Elektronik der Universität Karlsruhe (TH), 2006.

[122] T.W. Athey, M.A. Stuchly, and S.S. Stuchly. Measurement of Radio Frequency Permittivity of Biological Tissues with an Open-Ended Coaxial Line: Part I. *IEEE Transactions on Microwave Theory and Techniques,* MTT-30:82–86, 1982.

[123] E.C. Burdette, F.L. Cain, and J. Seals. In Vivo Probe Measurement Technique for Determining Dielectric Properties at VHF through Microwave Frequencies. *IEEE Transactions on Microwave Theory and Techniques,* MTT-28:414–427, 1980.

[124] K.C. Lawrence, S.O. Nelson, and G.B. Bartley Jr. Coaxial Dielectric Sensor for Cereal Grains. *Proceedings of IEEE Instrumentation and Measurement Technologie Conference.* St. Paul, Minnesota, USA, May 1998.

[125] M.D. Janezic and J.A. Jargon. Complex Permittivity Determination from Propagation Constant Measurements. *IEEE Microwave and Guided Wave Letters,* 9(2):76–78, Feb. 1999.

[126] Y. Wang and M.N. Afsar. Measurement of Complex Permittivity of Liquids Using Waveguide Techniques. *Progress in Electromagnetics Research,* 42:131–142, 2003.

[127] E. Vanzura, J. Baker-Jarvis, and W. Kissick. Improved Technique for Determining Complex Permittivity with the Transmission/Reflection Method. *IEEE Transactions on Microwave Theory and Techniques,* 38:1096–1103, Aug. 1990.

[128] J.M. Catala-Civera, A.J. Canos, F.L. Penaranda-Foix, and E. de los Reyes Davo. Accurate Determination of the Complex Permittivity of Materials with Transmission Reflection Measurements in Partially Filled Rectangular Waveguides. *IEEE Transactions on Microwave Theory and Techniques,* 51(1):16–24, Jan. 2003.

[129] M.J. Akhtar, L.E. Feher, and M. Thumm. Noninvasive Procedure for Measuring the Complex Permittivity of Resins, Catalysts, and other Liquids Using a Partially Filled Rectangular Waveguide Structure. *IEEE Transactions on Microwave Theory and Techniques*, 57(2):458–470, Feb. 2009.

[130] K.J. Bois, L.F. Handjojo, A.D. Benally, K. Mubarak, and R. Zoughi. Dielectric Plug-Loaded Two-Port Transmission Line Measurement Technique for Dielectric Property Characterization of Granular and Liquid Materials. *IEEE Transactions on Instrumentation and Measurement*, 48(6):1141–1148, Dec. 1999.

[131] T. Kayser, M. Pauli, and W. Wiesbeck. Particle Swarm Optimization for the Determination of Dielectric Material Parameters. *Proceedings of the 11th International Conference on Microwave and High Frequency Heating, AMPERE*, pp. 343–346, Oradea, Romania, Sep. 2007.

[132] M. Thumm, S. Kern und W. Wiesbeck. *Hochfrequenzmesstechnik: Verfahren und Messsysteme*. 2. Auflage, B.G. Teubner, 1998.

[133] F. Scheffer, P. Schachtschabel. *Lehrbuch der Bodenkunde*. 15. Auflage Neu bearb. und erw. von H.P. Blume Spektrum Lehrbuch. Spektrum, Akademischer Verlag, Heidelberg, 2002.

[134] M. Kummer. *Grundlagen der Mikrowellentechnik*. VEB Verlag Technik, Berlin, 1986.

[135] G. Nimtz. *Mikrowellen: Einführung in Theorie und Anwendung*. BI-Wissenschaftsverlag, Mannheim, 1990.

[136] H. Püschner. *Wärme durch Mikrowellen*. Philips Technische Bibliothek, Eindhoven, 1964.

[137] T. Zwick. Skriptum zur Vorlesung Hochfrequenztechnik, Institut für Hochfrequenztechnik und Elektronik der Universität Karlsruhe (TH), 2008.

[138] W. Wiesbeck. Skriptum Grundlagen der Hochfrequenztechnik, Institut für Höchstfrequenztechnik und Elektronik der Universität Karlsruhe (TH), 2007.

[139] R.C. Johnson. *Antenna Engineering Handbook*. McGraw-Hill Book Company, New York, 2nd ed., 1984.

[140] H. Meinke, F.W. Gundlach. *Taschenbuch der Hochfrequenztechnik*. Springer Verlag, Berlin, Heidelberg, 5. Auflage, 1992.

[141] T. Kayser, M. Pauli, and W. Wiesbeck. A Novel Antenna Design for Soil Decontamination with Microwaves. *Proceedings of the German Microwave Conference GeMiC*, Karlsruhe, March 2006.

[142] M. Pauli, V. Komarov, T. Kayser, and W. Wiesbeck. Impedance Matching of a Coaxial Antenna for Microwave In-Situ Processing of Polluted Soils. *Journal of Microwave Power and Electromagnetic Energy, submitted for publication*, 2010.

[143] Aberle Kunststoffverarbeitung. *www.aberle-kunststoffverarbeitung.de* Werkstoffrichtwerte.

[144] Kabelwerk Eupen AG. Datenblatt Koaxialkabel. Eupen, Belgium, 2010.

[145] J. Haala. *Analyse von Mikrowellenheizprozessen mittels selbstkonsistenter finiter Integrationsverfahren*. Dissertation am Institut für Höchstfrequenztechnik und Elektronik der Universität Karlsruhe (TH), 2000.

[146] D.B. Davidson. *Computational Electromagnetics for RF and Microwave Engineering*. Cambridge University Press, 2006.

[147] U. Kaatze. Complex Permittivity of Water as a Function of Frequency and Temperature. *J. Chem. Eng. Data*, 34:371–374, 1989.

[148] COMSOL®Multiphysics. *COMSOL AB Multiphysics Modelling and Engineering Simulation Software*, www.comsol.com, 2010.

[149] J.D. Jabro. Wator Vapor Diffusion Through Soil as Affected by Temperature and Aggregate Size. *Transp. Porous Med.*, 77:417–428, 2009.

[150] Holborn Europa Raffinerie GmbH. Spezifikationen Unverbleiter Ottokraftstoff nach DIN EN 228. Hamburg, 2002.

[151] Holborn Europa Raffinerie GmbH. Spezifikationen Dieselkraftstoff nach DIN EN 590. Hamburg, 2002.

[152] A.J. Baden-Fuller. *Mikrowellen*. Uni-Text. Vieweg, Braunschweig, 1974.

[153] American Petroleum Institute. Alcohols and Esthers. *Publication No. 4261, 3rd ed.*, 2001.

[154] ARAL Aktiengesellschaft. Sicherheitsdatenblatt Dieselkraftstoff. Bochum, 2004.

[155] ARAL Aktiengesellschaft. Sicherheitsdatenblatt Ottokraftstoff. Bochum, 2006.

[156] ARAL Aktiengesellschaft. Ottokraftstoffe. *Fachreihe Forschung und Technik*. Bochum, 2001.

[157] ARAL Aktiengesellschaft. Dieselkraftstoff. *Fachreihe Forschung und Technik*. Bochum, 2001.